工程量清单计价编制快学快用系列

市政工程清单计价编制快学快用

本书编委会 编

中国建材工业出版社

图书在版编目(CIP)数据

市政工程清单计价编制快学快用/《市政工程清单计价编制快学快用》编委会编.—北京:中国建材工业出版社,2013.8
(工程量清单计价编制快学快用系列)
ISBN 978-7-5160-0522-4

Ⅰ.①市… Ⅱ.①市… Ⅲ.①市政工程－工程造价－基本知识 Ⅳ.①TU723.3

中国版本图书馆CIP数据核字(2013)第175382号

市政工程清单计价编制快学快用
本书编委会 编

出版发行:	中国建材工业出版社
地　　址:	北京市西城区车公庄大街6号
邮　　编:	100044
经　　销:	全国各地新华书店
印　　刷:	北京紫瑞利印刷有限公司
开　　本:	850mm×1168mm 1/32
印　　张:	14
字　　数:	390千字
版　　次:	2013年8月第1版
印　　次:	2013年8月第1次
定　　价:	39.00元

本社网址:www.jccbs.com.cn
本书如出现印装质量问题,由我社发行部负责调换。电话:(010)88386906
对本书内容有任何疑问及建议,请与本书责编联系。邮箱:dayi51@sina.com

内 容 提 要

本书根据《建设工程工程量清单计价规范》(GB 50500—2013)和《市政工程工程量计算规范》(GB 50857—2013)，紧扣"快学快用"的理念进行编写，全面系统地介绍了市政工程工程量清单计价的基础理论和方式方法。全书主要内容包括工程量清单计价基础，市政工程工程量清单编制，土石方工程工程量计算，道路工程工程量计算，桥涵工程工程量计算，隧道工程工程量计算，管网工程工程量计算，水处理与生活垃圾处理工程工程量计算，路灯、钢筋及拆除工程工程量计算，措施项目，市政工程工程量清单计价编制，市政工程合同价款结算与支付等。

本书内容丰富实用，可供市政工程造价编制与管理人员使用，也可供高等院校相关专业师生学习时参考。

市政工程清单计价编制快学快用
编 委 会

主　编：李良因
副主编：张　超　孙邦丽
编　委：李建钊　徐梅芳　方　芳　王艳丽
　　　　张　娜　贾　宁　陆海军　刘海珍
　　　　孙世兵　秦大为　蒋林君　甘信忠
　　　　崔奉卫　秦礼光

前 言

工程造价是工程建设市场运行的核心内容，建筑市场存在着许多不规范的行为，大多数与工程造价有直接联系。工程量清单计价是建设工程招标投标中，按照国家统一的工程量清单计价规范及相关工程国家计量规范，由招标人提供工程数量，投标人自主报价，经评审低价中标的工程造价计价模式。采用工程量清单计价有利于发挥企业自主报价的能力，同时也有利于规范业主在工程招标中计价行为，有效改变招标单位在招标中盲目压价的行为，从而真正体现公开、公平、公正的原则，反映市场经济规律。

2012年12月25日，住房和城乡建设部发布了《建设工程工程量清单计价规范》（GB 50500—2013），及《房屋建筑与装饰工程工程量计算规范》（GB50854—2013）等9本工程量计算规范。这10本规范是在《建设工程工程量清单计价规范》（GB 50500—2008）的基础上，以原建设部发布的工程基础定额、消耗量定额、预算定额以及各省、自治区、直辖市或行业建设主管部门发布的工程计价定额为参考，以工程计价相关的国家或行业的技术标准、规范、规程为依据，收集近年来新的施工技术、工艺和新材料的项目资料，经过整理，在全国广泛征求意见后编制而成的，于2013年7月1日起正式实施。

《工程量清单计价编制快学快用系列》丛书即以《建设工程工程量清单计价规范》（GB 50500—2013）和《房屋建筑与装饰工程工程量计算规范》（GB 50854—2013）、《通用安装工程工程量计算规范》（GB 50856—2013）、《市政工程工程量计算规范》（GB 50857—2013）、《园林绿化工程工程量计算规范》（GB 50858—2013）等计价计量规范为依据编写而成。共包含以下分册：

1.《建筑工程清单计价编制快学快用》

2.《装饰装修工程清单计价编制快学快用》
3.《水暖工程清单计价编制快学快用》
4.《建筑电气工程清单计价编制快学快用》
5.《通风空调工程清单计价编制快学快用》
6.《市政工程清单计价编制快学快用》
7.《园林绿化工程清单计价编制快学快用》
8.《公路工程清单计价编制快学快用》

本套丛书主要具有以下特色：

(1) 丛书的编写严格参照 2013 版工程量清单计价规范及相关工程现行国家计量规范进行编写，对建设工程工程量清单计价方式、各相关工程的工程量计算规则及清单项目设置注意事项进行了详细阐述，并细致介绍了施工过程中工程合同价款约定、工程计量与价款支付、索赔与现场签证、工程价款调整、工程计价争议处理中应注意的各项要求。

(2) 丛书内容翔实、结构清晰、编撰体例新颖，在理论与实例相结合的基础上，注重应用理解，以更大限度地满足实际工作的需要，增加了图书的适用性和使用范围，提高了使用效果。

(3) 丛书直接以各工程具体应用为叙述对象，详细阐述了各工程量清单计价的实用知识，具有较高的实用价值，方便读者在工作中随时查阅学习。

丛书在编写过程中，参考或引用了有关部门、单位和个人的资料，得到了相关部门及工程造价咨询单位的大力支持与帮助，在此表示衷心感谢。限于编者的学识及专业水平和实践经验，丛书中难免有疏漏或不妥之处，恳请广大读者指正。

编 者

目 录

第一章 工程量清单计价基础 (1)

第一节 工程量清单计价概述 (1)
一、工程量清单计价过程 (1)
二、《建设工程工程量清单计价规范》简介 (2)

第二节 工程造价费用组成 (7)
一、建筑安装工程费用项目组成 (7)
二、建筑安装工程费用组成内容及参考计算方法 (10)

第三节 工程量清单计价相关规定 (21)
一、计价方式 (21)
二、发包人提供材料和机械设备 (23)
三、承包人提供材料和工程设备 (24)
四、计价风险 (25)

第四节 工程计价常用表格 (26)
一、工程计价表格的形式及填写要求 (27)
二、工程计价表格的使用范围 (62)

第二章 市政工程工程量清单编制 (64)

第一节 工程量清单编制概述 (64)
一、工程量清单编制依据 (64)
二、工程量清单编制一般规定 (64)
三、工程量清单编制程序 (65)

第二节 工程量清单编制方法 (65)
一、分部分项工程项目 (65)
二、措施项目 (73)
三、其他项目 (73)

四、规费和税金 ·· (76)

第三章　土石方工程工程量计算 ·· (78)

第一节　土方工程工程量计算 ·· (78)
一、挖一般土方 ·· (78)
二、挖沟槽、基坑土方 ·· (86)
三、暗挖土方 ·· (89)
四、挖淤泥、流砂 ·· (90)

第二节　石方工程工程量计算 ·· (92)
一、挖一般石方 ·· (92)
二、挖沟槽、基坑石方 ·· (94)

第三节　回填方及土石方运输工程量计算 ·· (97)
一、回填方 ·· (97)
二、余方弃置 ·· (98)

第四节　土石方工程计价相关问题及说明 ·· (99)
一、清单计价相关问题及说明 ·· (99)
二、全统市政定额土石方工程说明 ·· (99)

第四章　道路工程工程量计算 ·· (102)

第一节　道路工程概述 ·· (102)
一、城市道路的组成 ·· (102)
二、道路工程识读 ·· (103)

第二节　路基处理工程量计算 ·· (104)
一、预压地基、强夯地基及振冲密实 ·· (104)
二、掺料 ·· (107)
三、袋装砂井和塑料排水板 ·· (110)
四、桩地基 ·· (113)
五、地基注浆、褥垫层及土工合成材料 ·· (119)
六、排水沟、截水沟及盲沟 ·· (121)

第三节　道路基层与面层工程量计算 ·· (123)
一、道路基层 ·· (123)

二、道路路面 ……………………………………………… (126)

第四节　人行道及其他工程量计算 ……………………… (128)
　　一、人行道工程 …………………………………………… (128)
　　二、侧(平、缘)石 ………………………………………… (131)
　　三、检查井升降 …………………………………………… (132)
　　四、树池砌筑 ……………………………………………… (133)
　　五、预制电缆沟铺设 ……………………………………… (135)

第五节　道路交通管理设施工程量计算 ………………… (135)
　　一、道路交通管理设施内容 ……………………………… (135)
　　二、人(手)孔井、电缆保护管 …………………………… (139)
　　三、标杆、标志板及视线诱导器 ………………………… (140)
　　四、标线、标记、横道线和环形检测线圈 ……………… (141)
　　五、值警亭、隔离护栏及架空走线 ……………………… (144)
　　六、信号灯、设备控制机箱及管内配线 ………………… (145)
　　七、防撞筒(墩)、警示柱及减速垄 ……………………… (147)
　　八、其他道路交通管理设施 ……………………………… (147)

第六节　全统市政定额道路工程说明 …………………… (149)

第五章　桥涵工程工程量计算 ……………………… (150)

第一节　桥涵工程概述 …………………………………… (150)
　　一、桥涵工程构造 ………………………………………… (150)
　　二、桥梁分类 ……………………………………………… (151)
　　三、桥梁工程 ……………………………………………… (153)

第二节　桩基工程工程量计算 …………………………… (153)
　　一、预制钢筋混凝土方(管)桩及钢管桩 ………………… (153)
　　二、灌注桩 ………………………………………………… (157)
　　三、截桩头及声测管 ……………………………………… (161)

第三节　基坑与边坡支护工程量计算 …………………… (161)
　　一、圆木桩及预制钢筋混凝土板桩 ……………………… (161)
　　二、地下连续墙、咬合灌注桩及型钢水泥土搅拌墙 …… (163)
　　三、锚杆(索)、土钉及喷射混凝土 ……………………… (164)

第四节 混凝土构件工程量计算 ……………………… (166)
一、现浇混凝土构件 …………………………………… (166)
二、预制混凝土构件 …………………………………… (178)

第五节 砌筑与立交箱涵工程量计算 ……………………… (181)
一、砌筑工程 …………………………………………… (181)
二、立交箱涵工程 ……………………………………… (185)

第六节 钢结构工程工程量计算 …………………………… (190)
一、钢构件 ……………………………………………… (190)
二、悬(斜拉)索、钢拉杆 ……………………………… (192)

第七节 装饰及其他工程工程量计算 ……………………… (193)
一、装饰工程 …………………………………………… (193)
二、其他工程 …………………………………………… (195)

第八节 桥涵工程计价相关问题及说明 …………………… (202)
一、清单计价相关问题及说明 ………………………… (202)
二、全统市政定额桥涵工程说明 ……………………… (202)

第六章 隧道工程工程量计算 ……………………………… (208)

第一节 隧道工程概述 ……………………………………… (208)
一、隧道的分类 ………………………………………… (208)
二、隧道的组成 ………………………………………… (208)

第二节 隧道岩石开挖与衬砌工程量计算 ………………… (209)
一、隧道岩石开挖 ……………………………………… (209)
二、岩石隧道衬砌 ……………………………………… (212)

第三节 盾构掘进工程量计算 ……………………………… (220)
一、盾构吊装、拆除与掘进 …………………………… (220)
二、衬砌壁后压浆和预制钢筋混凝土管片 …………… (222)
三、管片设置密封条、隧道洞口柔性接缝环和管片嵌缝 …… (224)
四、盾构机调头、转场运输及盾构基座 ……………… (225)

第四节 管节顶升及旁通道工程量计算 …………………… (226)
一、管节垂直顶升 ……………………………………… (226)
二、安装止水框、连系梁、取排水头和阴极保护装置 …… (227)

三、隧道内旁通道开挖及结构混凝土……………………………(229)
四、其他工程………………………………………………………(230)

第五节　隧道沉井工程量计算……………………………………(232)
一、沉井………………………………………………………………(232)
二、钢封门……………………………………………………………(233)

第六节　混凝土结构工程量计算…………………………………(234)
一、混凝土构件………………………………………………………(234)
二、其他结构混凝土…………………………………………………(236)

第七节　沉管隧道工程量计算……………………………………(238)
一、预制沉管底垫层与钢底板………………………………………(238)
二、预制沉管混凝土…………………………………………………(239)
三、沉管外壁防锚层、鼻托垂直剪力键、端头钢壳与钢封门……(241)
四、沉管管段浮运临时系统…………………………………………(242)
五、航道疏浚与沉管河床基槽开挖…………………………………(242)
六、钢筋混凝土块石、基槽抛铺碎石………………………………(244)
七、沉管管节浮运与沉放连接………………………………………(245)
八、砂肋软体排覆盖与沉管水下压石………………………………(246)
九、沉管接缝处理与沉管底部压浆固封充填………………………(248)

第八节　全统市政定额隧道工程说明……………………………(248)

第七章　管网工程工程量计算……………………………………(257)

第一节　管道铺设工程量计算……………………………………(257)
一、各类管道铺设……………………………………………………(257)
二、管道架空跨越与隧道(沟、管)内管道…………………………(259)
三、水平导向钻进及夯管……………………………………………(260)
四、工作坑、顶管……………………………………………………(262)
五、土壤加固、新旧管连接与临时放水管线………………………(264)
六、方沟、渠道与警示带铺设………………………………………(265)

第二节　管道配件及支架制作安装工程量计算…………………(269)
一、管件、阀门安装…………………………………………………(269)
二、管道附件安装……………………………………………………(271)

三、支架制作安装 …………………………………… (274)

　第三节　管道附属构筑物工程量计算 ………………… (277)

　　一、井类工程 ………………………………………… (277)

　　二、出水口、化粪池与雨水口 ……………………… (280)

　第四节　管网工程计价相关问题及说明 ……………… (282)

　　一、清单计价相关问题及说明 ……………………… (282)

　　二、全统市政定额管网工程说明 …………………… (283)

第八章　水处理与生活垃圾处理工程工程量计算 …… (301)

　第一节　水处理工程工程量计算 ……………………… (301)

　　一、水处理构筑物 …………………………………… (301)

　　二、水处理设备 ……………………………………… (311)

　第二节　生活垃圾处理工程工程量计算 ……………… (318)

　　一、垃圾卫生填埋 …………………………………… (318)

　　二、垃圾焚烧 ………………………………………… (323)

　第三节　清单计价相关问题及说明 …………………… (324)

　　一、水处理工程清单计价相关问题及说明 ………… (324)

　　二、生活垃圾处理清单计价相关问题及说明 ……… (324)

第九章　路灯、钢筋及拆除工程工程量计算 ………… (325)

　第一节　路灯工程工程量计算 ………………………… (325)

　　一、变配电设备工程 ………………………………… (325)

　　二、10kV以下架空线路工程 ………………………… (338)

　　三、电缆工程 ………………………………………… (341)

　　四、配管、配线工程 ………………………………… (345)

　　五、照明器具安装工程 ……………………………… (348)

　　六、防雷接地装置工程 ……………………………… (352)

　　七、电气调整试验 …………………………………… (355)

　　八、路灯工程清单计价相关问题及说明 …………… (357)

　第二节　钢筋与拆除工程工程量计算 ………………… (357)

　　一、钢筋工程 ………………………………………… (357)

二、拆除工程 …………………………………………… (361)

第十章 措施项目 …………………………………… (364)

第一节 单价措施项目 ………………………………… (364)
一、脚手架工程 ………………………………………… (364)
二、混凝土模板及支架 ………………………………… (365)
三、围堰 ………………………………………………… (369)
四、便道及便桥 ………………………………………… (370)
五、洞内临时设施 ……………………………………… (371)
六、大型机械设备进出场及安拆 ……………………… (371)
七、施工排水、降水 …………………………………… (372)
八、处理、监测、监控 ………………………………… (373)

第二节 总价措施项目 ………………………………… (374)
一、安全文明施工 ……………………………………… (374)
二、其他总价措施项目 ………………………………… (375)

第十一章 市政工程工程量清单计价编制 ………… (377)

第一节 市政工程招标控制价编制 …………………… (377)
一、一般规定 …………………………………………… (377)
二、招标控制价编制与复核 …………………………… (378)
三、投诉与处理 ………………………………………… (380)

第二节 市政工程投标报价编制 ……………………… (381)
一、一般规定 …………………………………………… (381)
二、投标报价编制与复核 ……………………………… (382)

第三节 市政工程竣工结算编制 ……………………… (385)
一、一般规定 …………………………………………… (385)
二、竣工结算编制与复核 ……………………………… (385)

第四节 工程造价鉴定 ………………………………… (387)
一、一般规定 …………………………………………… (387)
二、取证 ………………………………………………… (388)
三、鉴定 ………………………………………………… (389)

第十二章　市政工程合同价款结算与支付 …………… (391)

第一节　合同价款约定 ………………………………… (391)
一、一般规定 ………………………………………… (391)
二、合同价款约定内容 ……………………………… (392)

第二节　工程计量 ……………………………………… (393)
一、一般规定 ………………………………………… (393)
二、单价合同的计量 ………………………………… (394)
三、总价合同的计量 ………………………………… (395)

第三节　合同价款调整与支付 ………………………… (395)
一、合同价款调整 …………………………………… (395)
二、合同价款期中支付 ……………………………… (415)
三、竣工结算价款支付 ……………………………… (420)
四、合同解除的价款结算与支付 …………………… (425)

第四节　合同价款争议的解决 ………………………… (427)
一、监理或造价工程师暂定 ………………………… (427)
二、管理机构的解释和认定 ………………………… (428)
三、协商和解 ………………………………………… (428)
四、调解 ……………………………………………… (429)
五、仲裁、诉讼 ……………………………………… (430)

第五节　工程计价资料与档案 ………………………… (431)
一、工程计价资料 …………………………………… (431)
二、计价档案 ………………………………………… (432)

参考文献 ………………………………………………… (433)

第一章　工程量清单计价基础

工程量清单计价是指在建设工程招投标工作中,招标人或受其委托、具有相应资质的工程造价咨询人员依据国家统一的工程量计算规范编制招标工程量清单,由投标人依据招标工程量清单自主报价,并按照经评审合理低价中标的工程计价模式。

第一节　工程量清单计价概述

一、工程量清单计价过程

工程量清单计价的基本过程可以描述为在统一工程量计算规则的基础上,制定工程量清单项目设置规则,根据具体工程的施工图纸计算出各个清单项目的工程量,再根据各种渠道所获得的工程造价信息和经验数据计算得到工程造价。工程量清单计价的基本过程如图1-1所示。

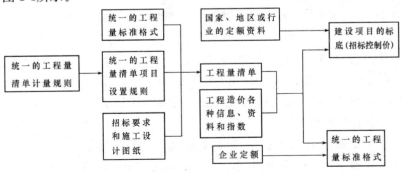

图 1-1　工程量清单计价的基本过程

二、《建设工程工程量清单计价规范》简介

(一)规范编制过程

定额计价产生以来,工程预算定额在相当长一段时期内成为我国建设工程承发包计价、定价的法定依据。但随着市场经济体制的建立,我国在工程施工发包与承包中开始初步实行招投标制度,无论是编制标底还是投标报价,传统的工程造价管理方式都不能适应招投标的要求。

为适应我国加入世界贸易组织后与国际惯例接轨,以及社会主义市场经济发展的需要,2003年2月17日,建设部以第119号公告批准发布了国家标准《建设工程工程量清单计价规范》(GB 50500—2003)。自2003年7月1日清单计价规范实施起,我国工程造价从传统的以预算定额为主的计价方式向国际上通行的工程量清单计价模式转变,工程量清单计价政策的全面推行,规范了建设工程工程量清单计价行为,统一了建设工程工程量清单的编制和计价方法,在工程建设领域受到了广泛的关注与积极的响应,并在各地和有关部门的工程建设中得到了有效的推行,积累了宝贵的经验,取得了丰硕的成果。但在执行中,也反映出一些不足之处。

因此,为了完善工程量清单计价工作,原建设部标准定额司从2006年开始,组织有关单位和专家对清单计价规范的正文部分进行修订。

2008年7月9日,历经两年多的起草、论证和多次修改,住房和城乡建设部以第63号公告,发布了《建设工程工程量清单计价规范》(GB 50500—2008),从2008年12月1日起实施。新规范的出台,对巩固工程量清单计价改革的成果,进一步规范工程量清单计价行为具有十分重要的意义。

2008版清单计价规范的颁布实施,对于规范工程实施阶段的计价行为起到了良好的作用,但由于规范的附录部分没有进行修订,还存在有待修改与完善的地方。为此,住房和城乡建设部标准定额司根据相关通知与要求,从2009年开始组织有关单位对2008版清单计价规

范进行全面修订。2012年12月25日,历经研究确定编制大纲、编制与初审、初步征求意见与修改、专家审查与修改、再次征求意见与修改、召开规范审查会、完成报批稿及报批等阶段,住房和城乡建设部发布了《建设工程工程量清单计价规范》(GB 50500—2013)(以下简称"13计价规范")和《房屋建筑与装饰工程工程量计算规范》(GB 50854—2013)、《仿古建筑工程工程量计算规范》(GB 50855—2013)、《通用安装工程工程量计算规范》(GB 50856—2013)、《市政工程工程量计算规范》(GB 50857—2013)、《园林绿化工程工程量计算规范》(GB 50858—2013)、《矿山工程工程量计算规范》(GB 50859—2013)、《构筑物工程工程量计算规范》(GB 50860—2013)、《城市轨道交通工程工程量计算规范》(GB 50861—2013)、《爆破工程工程量计算规范》(GB 50862—2013)等9本计量规范(以下简称"13工程计量规范"),全部10本规范于2013年7月1日起实施。

(二)规范编制指导思想与修编原则

1. 规范编制指导思想与原则

根据原建设部第107号令《建筑工程施工发包与承包计价管理办法》,结合我国工程造价管理现状,总结有关省市工程量清单试点的经验,参照国际上有关工程量清单计价通行的做法,编制中遵循的指导思想是按照政府宏观调控、市场竞争形成价格的要求,创造公平、公正、公开竞争的环境,以建立全国统一的、有序的建筑市场,既要与国际惯例接轨,又考虑我国的工程造价管理实际情况。

编制工作除了遵循上述指导思想外,主要坚持以下几项原则:

(1)政府宏观调控、企业自主报价、市场竞争形成价格。

按照政府宏观调控、市场竞争形成价格的指导思想,为规范发包方与承包方计价行为,确定了工程量清单计价的原则、方法和必须遵守的规则,包括统一项目编码、项目名称、计量单位、工程量计算规则等。留给企业自主报价,参与市场竞争的空间,将属于企业性质的施工方法、施工措施和人工、材料、机械的消耗量水平、取费等由企业来确定,给企业充分选择的权利,以促进生产力的发展。

(2) 与现行预算定额既有机结合又有所区别。

《建设工程工程量清单计价规范》在编制过程中,以现行的《全国统一工程预算定额》为基础,特别是项目划分、计量单位、工程量计算规则等方面,尽可能多地与定额衔接。有机结合的原因主要是:预算定额是我国经过几十年实践的总结,这些内容具有一定的科学性和实用性;与工程预算定额有所区别的主要原因是:预算定额是按照计划经济的要求制定发布贯彻执行的,其中,有许多不适应《建设工程工程量清单计价规范》编制指导思想的内容,主要表现在:①定额项目是国家规定以工序为划分项目的原则;②施工工艺、施工方法是根据大多数企业的施工方法综合取定的;③工、料、机消耗量是根据"社会平均水平"综合测定的;④取费标准是根据不同地区平均测算的。因此,企业报价时就会表现为平均主义,企业不能结合项目具体情况、自身技术管理水平自主报价,不能充分调动企业加强管理的积极性。

(3) 既考虑我国工程造价管理的现状,又尽可能与国际惯例接轨。

《建设工程工程量清单计价规范》要根据我国当前工程建设市场发展的形势,逐步解决定额计价中与当前工程建设市场不相适应的因素,适应我国社会主义市场经济发展的需要,适应与国际接轨的需要,积极稳妥地推行工程量清单计价。因此,在编制中,既借鉴了世界银行、菲迪克(FIDIK)、英联邦国家以及香港等的一些做法,同时,也结合了我国现阶段的具体情况。如:实体项目的设置方面,就结合了当前按专业设置的一些情况;有关名词尽量沿用国内习惯,如措施项目就是国内的习惯叫法,国外称为开办项目;措施项目的内容则借鉴了部分国外的做法。

2. "13 计价规范"和"13 工程计量规范"的修编原则

(1) "13 计价规范"修编原则。

1) 依法原则。建设工程计价活动受《中华人民共和国合同法》、《中华人民共和国招标投标法》等多部法律、法规的管辖,因而"13 计价规范"对规范条文做到依法设置。

2) 权责对等原则。在建设工程施工活动中,不论发包人或承包人,有权利就必然有责任,清单计价规范中杜绝只有权利没有责任的条款。

3)公平交易原则。建设工程计价从本质上讲,就是发包人与承包人之间的交易价格,在社会主义市场经济条件下应做到公平进行。"13 计价规范"中对计价风险的分类、风险幅度及合理分担等做了具体规定。

4)可操作性原则。"13 计价规范"尽量避免条文点到就止,十分重视条文有无可操作性。

5)从约原则。建设工程计价活动是发承包双方在法律框架下签约、履约的活动。因此,遵从合同约定,履行合同义务是双方的应尽之责。"13 计价规范"在条文上坚持"按合同约定"的规定,但在合同约定不明或没有约定的情况下,发承包双方发生争议时不能协商一致,规范的规定就会在处理争议方面发挥积极作用。

(2)"13 工程计量规范"修编原则。

1)项目编码唯一性原则。"13 工程计量规范"对项目编码的方式保持 2003 版和 2008 版清单计价规范的方式不变。前两位定义为每本计量规范的代码,使每个项目清单的编码都是唯一的,没有重复。

2)项目设置简明适用原则。"13 工程计量规范"在项目设置上以符合工程实际、满足计价需要为前提,力求增加新技术、新工艺、新材料的项目,删除技术规范已经淘汰的项目。

3)项目特征满足组价原则。在项目特征上,"13 工程计量规范"对凡是体现项目自身价值的都作出规定,不以工作内容已有,而不在项目特征中作出要求。"13 工程计量规范"对工程计价无实质影响的、对应由投标人根据施工方案自行确定的,以及对应由投标人根据当地材料供应及构件配料决定的项目特征描述都不作规定,对应由施工措施解决并充分体现竞争要求的,注明了特征描述时不同的处理方式。

4)计量单位方便计量原则。计量单位应以方便计量为前提,注意与现行工程定额的规定衔接。如有两个或两个以上计量单位均可满足某一工程项目计量要求的,均予以标注,由招标人根据工程实际情况选用。

5)工程量计算规则统一原则。对使用两个或两个以上计量单位的,分别规定了不同计量单位的工程量计算规则;对易引起争议的,用文字加以说明。

(三)2013版清单计价规范简介

"13计价规范"及"13工程计量规范"是在《建设工程工程量清单计价规范》(GB 50500—2008)(以下简称"08计价规范")基础上,以原建设部发布的工程基础定额、消耗量定额、预算定额以及各省、自治区、直辖市或行业建设主管部门发布的工程计价定额为参考,以工程计价相关的国家或行业的技术标准、规范、规程为依据,收集近年来新的施工技术、工艺和新材料的项目资料,经过整理,在全国广泛征求意见后编制而成。

"13计价规范"共设置16章、54节、329条,各章名称为:总则、术语、一般规定、工程量清单编制、招标控制价、投标报价、合同价款约定、工程计量、合同价款调整、合同价款期中支付、竣工结算与支付、合同解除的价款结算与支付、合同价款争议的解决、工程造价鉴定、工程计价资料与档案和工程计价表格。相比"08计价规范"而言,分别增加了11章、37节、192条。

"13计价规范"适用于建设工程发承包及实施阶段的招标工程量清单、招标控制价、投标报价的编制,工程合同价款的约定,竣工结算的办理以及施工过程中的工程计量、合同价款支付、施工索赔与现场签证、合同价款调整和合同价款争议的解决等计价活动。相对于"08计价规范","13计价规范"将"建设工程工程量清单计价活动"修改为"建设工程发承包及实施阶段的计价活动",从而对清单计价规范的适用范围进一步进行了明确,表明了不分何种计价方式,建设工程发承包及实施阶段的计价活动必须执行"13计价规范"。之所以规定"建设工程发承包及实施阶段的计价活动",主要是因为工程建设具有周期长、金额大、不确定因素多的特点,从而决定了建设工程计价具有分阶段计价的特点,建设工程决策阶段、设计阶段的计价要求与发承包及实施阶段的计价要求是有区别的,这就避免了因理解上的歧义而发生纠纷。

"13 计价规范"规定:"建设工程发承包及实施阶段的工程造价应由分部分项工程费、措施项目费、其他项目费、规费和税金组成。"这说明了不论采用什么计价方式,建设工程发承包及实施阶段的工程造价均由这五部分组成,这五部分也称之为建筑安装工程费。

根据原人事部、原建设部《关于印发〈造价工程师执业制度暂行规定〉的通知》(人发[1996]77 号)、《注册造价工程师管理办法》(建设部第 150 号令)以及《全国建设工程造价员管理办法》(中价协[2011]021 号)的有关规定,"13 计价规范"规定:"招标工程量清单、招标控制价、投标报价、工程计量、合同价款调整、合同价款结算与支付以及工程造价鉴定等工程造价文件的编制与核对,应由具有专业资格的工程造价人员承担。""承担工程造价文件的编制与核对的工程造价人员及其所在单位,应对工程造价文件的质量负责。"

另外,由于建设工程造价计价活动不仅要客观反映工程建设的投资,更应体现工程建设交易活动的公正、公平的原则,因此"13 计价规范"规定,工程建设双方,包括受其委托的工程造价咨询方,在建设工程发承包及实施阶段从事计价活动均应遵循客观、公正、公平的原则。

第二节　工程造价费用组成

一、建筑安装工程费用项目组成

2013 年 7 月 1 日起施行的《建筑安装工程费用项目组成》中规定:建筑安装工程费用项目按费用构成要素组成划分为人工费、材料费、施工机具使用费、企业管理费、利润、规费和税金(图 1-2),按工程造价形成顺序划分为分部分项工程费、措施项目费、其他项目费、规费和税金(图 1-3)。

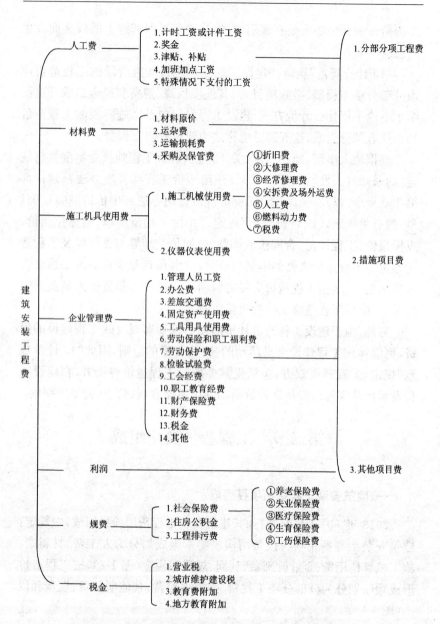

图 1-2 建筑安装工程费用项目组成表(按费用构成要素划分)

第一章 工程量清单计价基础

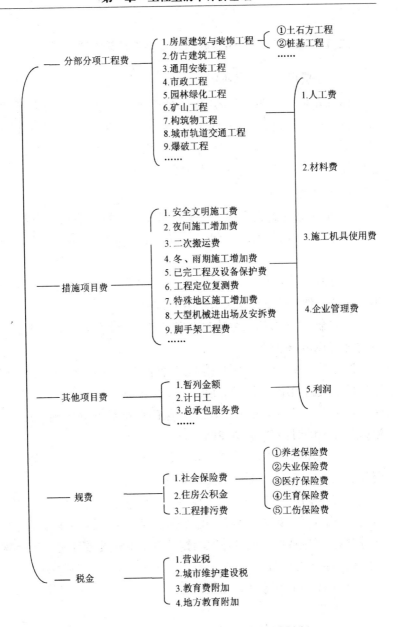

图1-3 建筑安装工程费用项目组成表(按造价形成划分)

二、建筑安装工程费用组成内容及参考计算方法

(一)按费用构成要素划分

建筑安装工程费按照费用构成要素划分,由人工费、材料(包含工程设备,下同)费、施工机具使用费、企业管理费、利润、规费和税金组成。其中,人工费、材料费、施工机具使用费、企业管理费和利润包含在分部分项工程费、措施项目费、其他项目费中。

1. 人工费

(1)人工费的组成内容。人工费是指按工资总额构成规定,支付给从事建筑安装工程施工的生产工人和附属生产单位工人的各项费用。内容包括:

1)计时工资或计件工资,是指按计时工资标准和工作时间或对已做工作按计件单价支付给个人的劳动报酬。

2)奖金,是指对超额劳动和增收节支支付给个人的劳动报酬。如节约奖、劳动竞赛奖等。

3)津贴补贴,是指为了补偿职工特殊或额外的劳动消耗和因其他特殊原因支付给个人的津贴,以及为了保证职工工资水平不受物价影响支付给个人的物价补贴。如流动施工津贴、特殊地区施工津贴、高温(寒)作业临时津贴、高空津贴等。

4)加班加点工资,是指按规定支付的在法定节假日工作的加班工资和在法定日工作时间外延时工作的加点工资。

5)特殊情况下支付的工资,是指根据国家法律、法规和政策规定,因病、工伤、产假、计划生育假、婚丧假、事假、探亲假、定期休假、停工学习、执行国家或社会义务等原因按计时工资标准或计时工资标准的一定比例支付的工资。

(2)人工费的参考计算方法。

1)公式1:

$$人工费 = \sum(工日消耗量 \times 日工资单价) \quad (1-1)$$

$$日工资单价 = \frac{生产工人平均月工资(计时计件)+平均月}{年平均每月法定工作日}$$

(1-2)

注:公式1主要适用于施工企业投标报价时自主确定人工费,也是工程造价管理机构编制计价定额确定定额人工单价或发布人工成本信息的参考依据。

2) 公式2:

$$人工费 = \sum (工程工日消耗量 \times 日工资单价) \quad (1-3)$$

日工资单价是指施工企业平均技术熟练程度的生产工人在每工作日(国家法定工作时间内)按规定从事施工作业应得的日工资总额。

工程造价管理机构确定日工资单价应通过市场调查,根据工程项目的技术要求,参考实物工程量人工单价综合分析确定,最低日工资单价不得低于工程所在地人力资源和社会保障部门所发布的最低工资标准的:普工1.3倍、一般技工2倍、高级技工3倍。

工程计价定额不可只列一个综合工日单价,应根据工程项目技术要求和工种差别适当划分多种日人工单价,确保各分部工程人工费的合理构成。

注:公式2适用于工程造价管理机构编制计价定额时确定定额人工费,是施工企业投标报价的参考依据。

2. 材料费

(1)材料费的组成内容。材料费是指施工过程中耗费的原材料、辅助材料、构配件、零件、半成品或成品、工程设备的费用。内容包括:

1)材料原价,是指材料、工程设备的出厂价格或商家供应价格。

2)运杂费,是指材料、工程设备自来源地运至工地仓库或指定堆放地点所发生的全部费用。

3)运输损耗费,是指材料在运输装卸过程中不可避免的损耗。

4)采购及保管费,是指为组织采购、供应和保管材料、工程设备的过程中所需要的各项费用。包括采购费、仓储费、工地保管费、仓储损耗。其中工程设备是指构成或计划构成永久工程一部分的机电设备、金属结构设备、仪器装置及其他类似的设备和装置。

(2)材料费的参考计算方法。

1)材料费:

$$材料费 = \sum(材料消耗量 \times 材料单价) \qquad (1-4)$$

$$材料单价=[(材料原价+运杂费)\times[1+运输损耗率(\%)]] \\ \times[1+采购保管费率(\%)] \qquad (1-5)$$

2)工程设备费:

$$工程设备费 = \sum(工程设备量 \times 工程设备单价) \qquad (1-6)$$

$$工程设备单价=(设备原价+运杂费)\times[1+采购保管费率(\%)] \qquad (1-7)$$

3. 施工机具使用费

(1)施工机具使用费的组成内容。施工机具使用费是指施工作业所发生的施工机械、仪器仪表使用费或其租赁费。

1)施工机械使用费,以施工机械台班耗用量乘以施工机械台班单价表示,施工机械台班单价应由下列七项费用组成:

①折旧费,指施工机械在规定的使用年限内,陆续收回其原值的费用。

②大修理费,指施工机械按规定的大修理间隔台班进行必要的大修理,以恢复其正常功能所需的费用。

③经常修理费,指施工机械除大修理以外的各级保养和临时故障排除所需的费用。包括为保障机械正常运转所需替换设备与随机配备工具附具的摊销和维护费用,机械运转中日常保养所需润滑与擦拭的材料费用及机械停滞期间的维护和保养费用等。

④安拆费及场外运费,安拆费指施工机械(大型机械除外)在现场进行安装与拆卸所需的人工、材料、机械和试运转费用以及机械辅助设施的折旧、搭设、拆除等费用;场外运费指施工机械整体或分体自停放地点运至施工现场或由一施工地点运至另一施工地点的运输、装

卸、辅助材料及架线等费用。

⑤人工费,指机上司机(司炉)和其他操作人员的人工费。

⑥燃料动力费,指施工机械在运转作业中所消耗的各种燃料及水、电等。

⑦税费,指施工机械按照国家规定应缴纳的车船使用税、保险费及年检费等。

2)仪器仪表使用费,是指工程施工所需使用的仪器仪表的摊销及维修费用。

(2)施工机具使用费参考计算方法。

1)施工机械使用费:

$$施工机械使用费 = \sum(施工机械台班消耗量 \times 机械台班单价) \quad (1-8)$$

$$\begin{aligned}机械台班单价 =& 台班折旧费 + 台班大修费 + 台班经常修理费 + \\& 台班安拆费及场外运费 + 台班人工费 + 台班燃料动力费 + \\& 台班车船税费\end{aligned} \quad (1-9)$$

注:工程造价管理机构在确定计价定额中的施工机械使用费时,应根据《建筑施工机械台班费用计算规则》结合市场调查编制施工机械台班单价。施工企业可以参考工程造价管理机构发布的台班单价,自主确定施工机械使用费的报价,如租赁施工机械,公式为:施工机械使用费=∑(施工机械台班消耗量×机械台班租赁单价)

2)仪器仪表使用费:

$$仪器仪表使用费 = 工程使用的仪器仪表摊销费 + 维修费 \quad (1-10)$$

4. 企业管理费

(1)企业管理费的组成内容。企业管理费是指建筑安装企业组织施工生产和经营管理所需的费用。内容包括:

1)管理人员工资,是指按规定支付给管理人员的计时工资、奖金、津贴补贴、加班加点工资及特殊情况下支付的工资等。

2)办公费,是指企业管理办公用的文具、纸张、账表、印刷、邮电、书报、办公软件、现场监控、会议、水电、烧水和集体取暖降温(包括现场临时宿舍取暖降温)等费用。

3)差旅交通费,是指职工因公出差、调动工作的差旅费、住勤补助费,市内交通费和误餐补助费,职工探亲路费,劳动力招募费,职工退休、退职一次性路费,工伤人员就医路费,工地转移费以及管理部门使用的交通工具的油料、燃料等费用。

4)固定资产使用费,是指管理和试验部门及附属生产单位使用的属于固定资产的房屋、设备、仪器等的折旧、大修、维修或租赁费。

5)工具用具使用费,是指企业施工生产和管理使用的不属于固定资产的工具、器具、家具、交通工具和检验、试验、测绘、消防用具等的购置、维修和摊销费。

6)劳动保险和职工福利费,是指由企业支付的职工退职金、按规定支付给离休干部的经费,集体福利费、夏季防暑降温、冬季取暖补贴、上下班交通补贴等。

7)劳动保护费,是企业按规定发放的劳动保护用品的支出。如工作服、手套、防暑降温饮料以及在有碍身体健康的环境中施工的保健费用等。

8)检验试验费,是指施工企业按照有关标准规定,对建筑以及材料、构件和建筑安装物进行一般鉴定、检查所发生的费用,包括自设试验室进行试验所耗用的材料等费用。不包括新结构、新材料的试验费,对构件做破坏性试验及其他特殊要求检验试验的费用和建设单位委托检测机构进行检测的费用,对此类检测发生的费用,由建设单位在工程建设其他费用中列支。但对施工企业提供的具有合格证明的材料进行检测不合格的,该检测费用由施工企业支付。

9)工会经费,是指企业按《工会法》规定的全部职工工资总额比例计提的工会经费。

10)职工教育经费,是指按职工工资总额的规定比例计提,企业为职工进行专业技术和职业技能培训,专业技术人员继续教育、职工职业技能鉴定、职业资格认定以及根据需要对职工进行各类文化教育所发生的费用。

11) 财产保险费,是指施工管理用财产、车辆等的保险费用。

12) 财务费,是指企业为施工生产筹集资金或提供预付款担保、履约担保、职工工资支付担保等所发生的各种费用。

13) 税金,是指企业按规定缴纳的房产税、车船使用税、土地使用税、印花税等。

14) 其他,包括技术转让费、技术开发费、投标费、业务招待费、绿化费、广告费、公证费、法律顾问费、审计费、咨询费、保险费等。

(2) 企业管理费的参考计算方法。

1) 以分部分项工程费为计算基础:

$$企业管理费费率(\%) = \frac{生产工人年平均管理费}{年有效施工天数 \times 人工单价} \times 人工费占分部分项工程费比例(\%)$$

(1-11)

2) 以人工费和机械费合计为计算基础:

$$企业管理费费率(\%) = \frac{生产工人年平均管理费}{年有效施工天数 \times (人工单价 + 每一工日机械使用费)} \times 100\%$$

(1-12)

3) 以人工费为计算基础:

$$企业管理费费率(\%) = \frac{生产工人年平均管理费}{年有效施工天数 \times 人工单价} \times 100\%$$

(1-13)

注:上述公式适用于施工企业投标报价时自主确定管理费,是工程造价管理机构编制计价定额确定企业管理费的参考依据。

工程造价管理机构在确定计价定额中企业管理费时,应以定额人工费或(定额人工费+定额机械费)作为计算基数,其费率根据历年工程造价积累的资料,辅以调查数据确定,列入分部分项工程和措施项目中。

5. 利润

利润是指施工企业完成所承包工程获得的盈利。

(1) 施工企业根据企业自身需求并结合建筑市场实际自主确定,列入报价中。

（2）工程造价管理机构在确定计价定额中利润时，应以定额人工费或（定额人工费＋定额机械费）作为计算基数，其费率根据历年工程造价积累的资料，并结合建筑市场实际确定，以单位（单项）工程测算，利润在税前建筑安装工程费的比重可按不低于 5% 且不高于 7% 的费率计算。利润应列入分部分项工程和措施项目中。

6. 规费

（1）规费的组成内容。规费是指按国家法律、法规规定，由省级政府和省级有关权力部门规定必须缴纳或计取的费用。包括：

1）社会保险费。

①养老保险费，是指企业按照规定标准为职工缴纳的基本养老保险费。

②失业保险费，是指企业按照规定标准为职工缴纳的失业保险费。

③医疗保险费，是指企业按照规定标准为职工缴纳的基本医疗保险费。

④生育保险费，是指企业按照规定标准为职工缴纳的生育保险费。

⑤工伤保险费，是指企业按照规定标准为职工缴纳的工伤保险费。

2）住房公积金，是指企业按规定标准为职工缴纳的住房公积金。

3）工程排污费，是指按规定缴纳的施工现场工程排污费。

其他应列而未列入的规费，按实际发生计取。

（2）规费的参考计算方法。

1）社会保险费和住房公积金：

社会保险费和住房公积金应以定额人工费为计算基础，根据工程所在地省、自治区、直辖市或行业建设主管部门规定费率计算。

社会保险费和住房公积金 = $\sum$（工程定额人工费 ×

社会保险费和住房公积金费率）

(1-14)

式中,社会保险费和住房公积金费率可以每万元发承包价的生产工人人工费和管理人员工资含量与工程所在地规定的缴纳标准综合分析取定。

2)工程排污费:

工程排污费等其他应列而未列入的规费应按工程所在地环境保护等部门规定的标准缴纳,按实计取列入。

7. 税金

税金是指国家税法规定的应计入建筑安装工程造价内的营业税、城市维护建设税、教育费附加以及地方教育附加。

(1)税金计算公式:

$$税金 = 税前造价 \times 综合税率(\%) \quad (1-15)$$

(2)综合税率按下列规定确定:

1)纳税地点在市区的企业

$$综合税率(\%) = \frac{1}{1-3\%-(3\%\times 7\%)-(3\%\times 3\%)-(3\%\times 2\%)} - 1$$

$$(1-16)$$

2)纳税地点在县城、镇的企业

$$综合税率(\%) = \frac{1}{1-3\%-(3\%\times 5\%)-(3\%\times 3\%)-(3\%\times 2\%)} - 1$$

$$(1-17)$$

3)纳税地点不在市区、县城、镇的企业

$$综合税率(\%) = \frac{1}{1-3\%-(3\%\times 1\%)-(3\%\times 3\%)-(3\%\times 2\%)} - 1$$

$$(1-18)$$

4)实行营业税改增值税的,按纳税地点现行税率计算。

(二)按造价形成划分

建筑安装工程费按照工程造价形成,由分部分项工程费、措施项目费、其他项目费、规费、税金组成。分部分项工程费、措施项目费、其他项目费包含人工费、材料费、施工机具使用费、企业管理费和利润。

1. 分部分项工程费

(1)分部分项工程费的组成内容。分部分项工程费是指各专业工程的分部分项工程应予列支的各项费用。

1)专业工程,是指按现行国家计量规范划分的房屋建筑与装饰工程、仿古建筑工程、通用安装工程、市政工程、园林绿化工程、矿山工程、构筑物工程、城市轨道交通工程、爆破工程等各类工程。

2)分部分项工程,指按现行国家计量规范对各专业工程划分的项目。如房屋建筑与装饰工程划分的土石方工程、地基处理与桩基工程、砌筑工程、钢筋及钢筋混凝土工程等。

各类专业工程的分部分项工程划分见现行国家或行业计量规范。

(2)分部分项工程的参考计算方法。

$$\text{分部分项工程费} = \sum(\text{分部分项工程量} \times \text{综合单价}) \quad (1-19)$$

式中,综合单价包括人工费、材料费、施工机具使用费、企业管理费和利润以及一定范围的风险费用(下同)。

2. 措施项目费

(1)措施项目费的组成内容。措施项目费是指为完成建设工程施工,发生于该工程施工前和施工过程中的技术、生活、安全、环境保护等方面的费用。内容包括:

1)安全文明施工费。

①环境保护费,是指施工现场为达到环保部门要求所需要的各项费用。

②文明施工费,是指施工现场文明施工所需要的各项费用。

③安全施工费,是指施工现场安全施工所需要的各项费用。

④临时设施费,是指施工企业为进行建设工程施工所必须搭设的生活和生产用的临时建筑物、构筑物和其他临时设施费用。包括临时设施的搭设、维修、拆除、清理费或摊销费等。

2)夜间施工增加费,是指因夜间施工所发生的夜班补助费、夜间施工降效、夜间施工照明设备摊销及照明用电等费用。

3) 二次搬运费,是指因施工场地条件限制而发生的材料、构配件、半成品等一次运输不能到达堆放地点,必须进行二次或多次搬运所发生的费用。

4) 冬雨季施工增加费,是指在冬季或雨季施工需增加的临时设施、防滑、排除雨雪,人工及施工机械效率降低等费用。

5) 已完工程及设备保护费,是指竣工验收前,对已完工程及设备采取的必要保护措施所发生的费用。

6) 工程定位复测费,是指工程施工过程中进行全部施工测量放线和复测工作的费用。

7) 特殊地区施工增加费,是指工程在沙漠或其边缘地区、高海拔、高寒、原始森林等特殊地区施工增加的费用。

8) 大型机械设备进出场及安拆费,是指机械整体或分体自停放场地运至施工现场或由一个施工地点运至另一个施工地点,所发生的机械进出场运输及转移费用及机械在施工现场进行安装、拆卸所需的人工费、材料费、机械费、试运转费和安装所需的辅助设施的费用。

9) 脚手架工程费,是指施工需要的各种脚手架搭、拆、运输费用以及脚手架购置费的摊销(或租赁)费用。

措施项目及其包含的内容详见各类专业工程的现行国家或行业计量规范。

(2) 措施项目费的参考计算方法。

1) 国家计量规范规定应予计量的措施项目,其计算公式为:

$$措施项目费 = \sum(措施项目工程量 \times 综合单价) \quad (1\text{-}20)$$

2) 国家计量规范规定不宜计量的措施项目计算方法如下:

① 安全文明施工费。

$$安全文明施工费 = 计算基数 \times 安全文明施工费费率(\%) \quad (1\text{-}21)$$

计算基数应为定额基价(定额分部分项工程费+定额中可以计量的措施项目费)、定额人工费或(定额人工费+定额机械费),其费率由工程造价管理机构根据各专业工程的特点综合确定。

② 夜间施工增加费。

夜间施工增加费＝计算基数×夜间施工增加费费率(％)(1-22)

③二次搬运费。

$$二次搬运费＝计算基数×二次搬运费费率(\%) \quad (1-23)$$

④冬雨季施工增加费

$$冬雨季施工增加费＝计算基数×冬雨季施工增加费费率(\%)$$
$$(1-24)$$

⑤已完工程及设备保护费。

$$已完工程及设备保护费＝计算基数×$$
$$已完工程及设备保护费费率(\%)$$
$$(1-25)$$

上述②～⑤项措施项目的计费基数应为定额人工费或(定额人工费＋定额机械费)，其费率由工程造价管理机构根据各专业工程特点和调查资料综合分析后确定。

3. 其他项目费

(1)其他项目费的组成内容。

1)暂列金额，是指建设单位在工程量清单中暂定并包括在工程合同价款中的一笔款项。用于施工合同签订时尚未确定或者不可预见的所需材料、工程设备、服务的采购，施工中可能发生的工程变更、合同约定调整因素出现时的工程价款调整以及发生的索赔、现场签证确认等的费用。

2)计日工，是指在施工过程中，施工企业完成建设单位提出的施工图纸以外的零星项目或工作所需的费用。

3)总承包服务费，是指总承包人为配合、协调建设单位进行的专业工程发包，对建设单位自行采购的材料、工程设备等进行保管以及施工现场管理、竣工资料汇总整理等服务所需的费用。

(2)其他项目费的参考计算方法。

1)暂列金额由建设单位根据工程特点，按有关计价规定估算，施工过程中由建设单位掌握使用、扣除合同价款调整后如有余额，归建设单位。

2)计日工由建设单位和施工企业按施工过程中的签证计价。

3)总承包服务费由建设单位在招标控制价中根据总包服务范围和有关计价规定编制,施工企业投标时自主报价,施工过程中按签约合同价执行。

4. 规费

同前述"按费用构成要素划分"的相关内容。

5. 税金

同前述"按费用构成要素划分"的相关内容。

(三)相关问题的说明

(1)各专业工程计价定额的使用周期原则上为5年。

(2)工程造价管理机构在定额使用周期内,应及时发布人工、材料、机械台班价格信息,实行工程造价动态管理,如遇国家法律、法规、规章或相关政策变化以及建筑市场物价波动较大时,应适时调整定额人工费、定额机械费以及定额基价或规费费率,使建筑安装工程费能反映建筑市场实际。

(3)建设单位在编制招标控制价时,应按照各专业工程的计量规范和计价定额以及工程造价信息编制。

(4)施工企业在使用计价定额时除不可竞争费用外,其余仅作参考,由施工企业投标时自主报价。

第三节 工程量清单计价相关规定

一、计价方式

(1)使用国有资金投资的建设工程发承包,必须采用工程量清单计价。国有投资的资金包括国家融资资金、国有资金为主的投资资金。

1)国有资金投资的工程建设项目包括:

①使用各级财政预算资金的项目。

②使用纳入财政管理的各种政府性专项建设资金的项目。

③使用国有企事业单位自有资金,并且国有资产投资者实际拥有控制权的项目。

2)国家融资资金投资的工程建设项目包括:

①使用国家发行债券所筹资金的项目。

②使用国家对外借款或者担保所筹资金的项目。

③使用国家政策性贷款的项目。

④国家授权投资主体融资的项目。

⑤国家特许的融资项目。

3)国有资金为主的工程建设项目是指国有资金占投资总额50%以上,或虽不足50%但国有投资者实质上拥有控股权的工程建设项目。

(2)非国有资金投资的建设工程,"13 计价规范"鼓励采用工程量清单计价方式,但是否采用,由项目业主自主确定。

(3)不采用工程量清单计价的建设工程,应执行"13 计价规范"中除工程量清单等专门性规定外的其他规定。

(4)实行工程量清单计价应采用综合单价法,不论分部分项工程项目、措施项目、其他项目,还是以单价形式或以总价形式表现的项目,其综合单价的组成内容均包括完成该项目所需的、除规费和税金以外的所有费用。

(5)根据《中华人民共和国安全生产法》、《中华人民共和国建筑法》、《建设工程安全生产管理条例》、《安全生产许可证条例》等法律、法规的规定,建设部办公厅印发了《建筑工程安全防护、文明施工措施费及使用管理规定》(建办[2005]89 号),将安全文明施工费纳入国家强制性标准管理范围,其费用标准不予竞争,并规定"投标方安全防护、文明施工措施的报价,不得低于依据工程所在地工程造价管理机构测定费率计算所需费用总额的 90%"。2012 年 2 月 14 日,财政部、国家安全生产监督管理总局印发《企业安全生产费用提取和使用管理办去》(财企[2012]16 号)规定:"建设工程施工企业提取的安全费用列入工程造价,在竞标时,不得删减,列入标外管理"。

"13计价规范"规定措施项目清单中的安全文明施工费必须按国家或省级、行业建设主管部门的规定费用标准计算,招标人不得要求投标人对该项费用进行优惠,投标人也不得将该项费用参与市场竞争。此处的安全文明施工费包括《建筑安装工程费用项目组成》(建标[2013]44号)中措施费的文明施工费、环境保护费、临时设施费、安全施工费。

(6)根据建设部、财政部印发的《建筑安装工程费用项目组成》(建标[2013]44号)的规定,规费是政府和有关权力部门规定必须缴纳的费用。税金是国家按照税法预先规定的标准,强制地、无偿地要求纳税人缴纳的费用。它们都是工程造价的组成部分,但是其费用内容和计取标准都不是发、承包人能自主确定的,更不是由市场竞争决定的。因而"13计价规范"规定:"规费和税金必须按国家或省级、行业建设主管部门的规定计算,不得作为竞争性费用"。

二、发包人提供材料和机械设备

《建设工程质量管理条例》第14条规定:"按照合同约定,由建设单位采购建筑材料、建筑构配件和设备的,建设单位应当保证建筑材料、建筑构配件和设备符合设计文件和合同要求";《中华人民共和国合同法》第283条规定:"发包人未按照约定的时间和要求提供原材料、设备、场地、资金、技术资料的,承包人可以顺延工程日期,并有权要求赔偿停工、窝工等损失"。"13计价规范"根据上述法律条文对发包人提供材料和机械设备的情况进行了如下约定:

(1)发包人提供的材料和工程设备(以下简称甲供材料)应在招标文件中按照规定填写《发包人提供材料和工程设备一览表》,写明甲供材料的名称、规格、数量、单价、交货方式、交货地点等。承包人投标时,甲供材料价格应计入相应项目的综合单价中,签约后,发包人应按合同约定扣除甲供材料款,不予支付。

(2)承包人应根据合同工程进度计划的安排,向发包人提交甲供材料交货的日期计划。发包人应按计划提供。

(3)发包人提供的甲供材料如规格、数量或质量不符合合同要求，或由于发包人原因发生交货日期延误、交货地点及交货方式变更等情况的，发包人应承担由此增加的费用和(或)工期延误，并应向承包人支付合理利润。

(4)发承包双方对甲供材料的数量发生争议不能达成一致的，应按照相关工程的计价定额同类项目规定的材料消耗量计算。

(5)若发包人要求承包人采购已在招标文件中确定为甲供材料的，材料价格应由发承包双方根据市场调查确定，并应另行签订补充协议。

三、承包人提供材料和工程设备

《建设工程质量管理条例》第 29 条规定："施工单位必须按照工程设计要求、施工技术标准和合同约定，对建筑材料、建筑构配件、设备和商品混凝土进行检验，检验应当有书面记录和专人签字；未经检验或者检验不合格的，不得使用。""13 计价规范"根据此法律条文对承包人提供材料和机械设备的情况进行了如下约定：

(1)除合同约定的发包人提供的甲供材料外，合同工程所需的材料和工程设备应由承包人提供，承包人提供的材料和工程设备均应由承包人负责采购、运输和保管。

(2)承包人应按合同约定将采购材料和工程设备的供货人及品种、规格、数量和供货时间等提交发包人确认，并负责提供材料和工程设备的质量证明文件，满足合同约定的质量标准。

(3)对承包人提供的材料和工程设备经检测不符合合同约定的质量标准，发包人应立即要求承包人更换，由此增加的费用和(或)工期延误应由承包人承担。对发包人要求检测承包人已具有合格证明的材料、工程设备，但经检测证明该项材料、工程设备符合合同约定的质量标准，发包人应承担由此增加的费用和(或)工期延误，并向承包人支付合理利润。

四、计价风险

(1)建设工程发承包,必须在招标文件、合同中明确计价中的风险内容及其范围,不得采用无限风险、所有风险或类似语句规定计价中的风险内容及范围。

风险是一种客观存在的、会带来损失的、不确定的状态。它具有客观性、损失性、不确定性的特点,并且风险始终是与损失相联系的。工程施工发包是一种期货交易行为,工程建设本身又具有单件性和建设周期长的特点。在工程施工过程中影响工程施工及工程造价的风险因素很多,但并非所有的风险都是承包人能预测、能控制和应承担其造成损失的。

工程施工招标发包是工程建设交易方式之一,一个成熟的建设市场应是一个体现交易公平性的市场。在工程建设施工发包中实行风险共担和合理分摊原则是实现建设市场交易公平性的具体体现,是维护建设市场正常秩序的措施之一。其具体体现则是应在招标文件或合同中对发、承包双方各自应承担的风险内容及其风险范围或幅度进行界定和明确,而不能要求承包人承担所有风险或无限度风险。

根据我国工程建设特点,投标人应完全承担的风险是技术风险和管理风险,如管理费和利润;应有限度承担的是市场风险,如材料价格、施工机械使用费等的风险;应完全不承担的是法律、法规、规章和政策变化的风险。

(2)由于下列因素出现,影响合同价款调整的,应由发包人承担:

1)由于国家法律、法规、规章或有关政策出台导致工程税金、规费等发生变化的。

2)对于根据我国目前工程建设的实际情况,各省、自治区、直辖市建设行政主管部门均根据当地人力资源和社会保障行政主管部门的有关规定发布人工成本信息或人工费调整,对此关系职工切身利益的人工费进行调整的,但承包人对人工费或人工单价的报价高于发布的除外。

3)按照《中华人民共和国合同法》第63条规定:"执行政府定价或

者政府指导价的,在合同约定的交付期限内价格调整时,按照交付的价格计价。逾期交付标的物的,遇价格上涨时,按照原价格执行;价格下降时,按照新价格执行。逾期提取标的物或者逾期付款的,遇价格上涨时,按照新价格执行;价格下降时,按照原价格执行"。因此,对政府定价或政府指导价管理的原材料价格按照相关文件规定进行合同价款调整的。

因承包人原因导致工期延误的,应按本书后叙"合同价款调整"中"法律法规变化"和"物价变化"中的有关规定进行处理。

(3)对于主要由市场价格波动导致的价格风险,如工程造价中的建筑材料、燃料等价格风险,应由发承包双方合理分摊,并按规定填写《承包人提供主要材料和工程设备一览表》作为合同附件;当合同中没有约定,发承包双方发生争议时,应按"13计价规范"的相关规定调整合同价款。

"13计价规范"中提出承包人所承担的材料价格的风险宜控制在5%以内,施工机械使用费的风险可控制在10%以内,超过者予以调整。

(4)由于承包人使用机械设备、施工技术以及组织管理水平等自身原因造成施工费用增加的,应由承包人全部承担。

(5)当不可抗力发生,影响合同价款时,应按本书后叙"合同价款调整"中"不可抗力"的相关规定处理。

第四节 工程计价常用表格

工程量清单与计价宜采用统一的格式。"13计价规范"对工程计价表格,按工程量清单、招标控制价、投标报价、竣工结算和工程造价鉴定等各个计价阶段共设计了5种封面和22种(类)表样。各省、自治区、直辖市建设行政主管部门和行业建设主管部门可根据本地区、本行业的实际情况,在"13计价规范"规定的工程计价表格的基础上进行补充完善。工程计价表格的设置应满足工程计价的需要,方便使用。

一、工程计价表格的形式及填写要求

(一)工程计价文件封面

1. 招标工程量清单封面(封-1)

_____工程

招标工程量清单

招 标 人：_____
（单位盖章）

造价咨询人：_____
（单位盖章）

年　月　日

封-1

《招标工程量清单封面》(封-1)填写要点：

招标工程量清单封面应填写招标工程项目的具体名称，招标人应盖单位公章，如委托工程造价咨询人编制，还应加盖工程造价咨询人所在单位公章。

2. 招标控制价封面(封-2)

```
_____工程

            招标控制价



        招 标 人:_____
              (单位盖章)


        造价咨询人:_____
              (单位盖章)




            年  月  日
```

封-2

《招标控制价封面》(封-2)填写要点:

招标控制价封面应填写招标工程项目的具体名称,招标人应盖单位公章,如委托工程造价咨询人编制,还应加盖工程造价咨询人所在单位公章。

3. 投标总价封面(封-3)

```
_____工程

        投 标 总 价




        投 标 人：_____
              （单位盖章）


        年    月    日
```

封-3

《投标总价封面》(封-3)填写要点：
投标总价封面应填写投标工程项目的具体名称,投标人应盖单位公章。

4. 竣工结算书封面(封-4)

_____工程

竣工结算书

发 包 人：_____
（单位盖章）

承 包 人：_____
（单位盖章）

造价咨询人：_____
（单位盖章）

年　　月　　日

封-4

《竣工结算书封面》(封-4)填写要点

竣工结算书封面应填写竣工工程的具体名称，发承包双方应盖单位公章，如委托工程造价咨询人办理的，还应加盖工程造价咨询人所在单位公章。

5. 工程造价鉴定意见书封面(封-5)

<u>　　　　　　　　　　</u>**工程**

编号：××[2×××]××号

工程造价鉴定意见书

造价咨询人：<u>　　　　　　</u>
（单位盖章）

年　月　日

封-5

《工程造价鉴定意见书封面》(封-5)填写要点：

工程造价鉴定意见书封面应填写鉴定工程项目的具体名称，填写意见书文号，工程造价咨询人盖所在单位公章。

(二)工程计价文件扉页

1. 招标工程量清单扉页(扉-1)

_____ 工程

招标工程量清单

招 标 人：_____　　造价咨询人：_____
　　　　　（单位盖章）　　　　　　　　　　（单位资质专用章）

法定代表人　　　　　　　　　　　法定代表人
或其授权人：_____　　或其授权人：_____
　　　　　（签字或盖章）　　　　　　　　　　（签字或盖章）

编 制 人：_____　　复 核 人：_____
　　（造价人员签字盖专用章）　　　（造价工程师签字盖专用章）

编制时间：　年　　月　　日　　复核时间：　年　　月　　日

扉-1

《招标工程量清单扉页》(扉-1)填写要点：

(1)本封面由招标人或招标人委托的工程造价咨询人编制招标工程量清单时填写。

(2)招标人自行编制工程量清单的，编制人员必须是在招标人单位注册的造价人员，由招标人盖单位公章，法定代表人或其授权人签字或盖章；当编制人是注册造价工程师时，由其签字盖执业专用章；当编制人是造价员时，由其在编制人栏签字盖专用章，并应由注册造价工程师复核，在复核人栏签字盖执业专用章。

(3)招标人委托工程造价咨询人编制工程量清单的，编制人员必须是在工程造价咨询人单位注册的造价人员。由工程造价咨询人盖单位资质专用章,法定代表人或其授权人签字或盖章;当编制人是注册造价工程师时,由其签字盖执业专用章;当编制人是造价员时,由其在编制人栏签字盖专用章,并应由注册造价工程师复核,在复核人栏签字盖执业专用章。

2. 招标控制价扉页(扉-2)

_____ 工程

招标控制价

招标控制价(小写):_____

(大写):_____

招 标 人:_____　　造价咨询人:_____
　　　　　(单位盖章)　　　　　　　　　　　(单位资质专用章)

法定代表人　　　　　　　　　　　法定代表人
或其授权人:_____　或其授权人:_____
　　　　　(签字或盖章)　　　　　　　　　　(签字或盖章)

编 制 人:_____　　复 核 人:_____
　　(造价人员签字盖专用章)　　　(造价工程师签字盖专用章)

编制时间: 年 月 日　　复核时间: 年 月 日

扉-2

《招标控制价扉页》(扉-2)填写要点:

(1)本封面由招标人或招标人委托的工程造价咨询人编制招标控制价时填写。

(2)招标人自行编制招标控制价的,编制人员必须是在招标人单位注册的造价人员,由招标人盖单位公章,法定代表人或其授权人签字或盖章;当编制人是注册造价工程师时,由其签字盖执业专用章;当编制人是造价员时,由其在编制人栏签字盖专用章,并应由注册造价工程师复核,在复核人栏签字盖执业专用章。

(3)招标人委托工程造价咨询人编制招标控制价的,编制人员必须是在工程造价咨询人单位注册的造价人员。由工程造价咨询人盖单位资质专用章,法定代表人或其授权人签字或盖章;当编制人是注册造价工程师时,由其签字盖执业专用章;当编制人是造价员时,由其在编制人栏签字盖专用章,并应由注册造价工程师复核,在复核人栏签字盖执业专用章。

3. 投标总价扉页(扉-3)

投 标 总 价

招 标 人:＿＿＿＿＿＿＿＿＿＿＿＿＿＿＿

工程名称:＿＿＿＿＿＿＿＿＿＿＿＿＿＿＿

投标总价(小写):＿＿＿＿＿＿＿＿＿＿＿＿

　　　　(大写):＿＿＿＿＿＿＿＿＿＿＿＿

投 标 人:＿＿＿＿＿＿＿＿＿＿＿＿＿＿＿

(单位盖章)

法定代表人
或其授权人:＿＿＿＿＿＿＿＿＿＿＿＿＿＿

(签字或盖章)

编 制 人:＿＿＿＿＿＿＿＿＿＿＿＿＿＿＿

(造价人员签字盖专用章)

时　　间:　　年　　月　　日

扉-3

《投标总价扉页》(扉-3)填写要点:

(1)本扉页由投标人编制投标报价时填写。

(2)投标人编制投标报价时,编制人员必须是在投标人单位注册的造价人员。由投标人盖单位公章,法定代表人或其授权签字或盖章;编制的造价人员(造价工程师或造价员)签字盖执业专用章。

4. 竣工结算总价扉页(扉-4)

_____工程

竣工结算总价

签约合同价(小写):_____　　(大写):_____
竣工结算价(小写):_____　　(大写):_____
发 包 人:_____　承 包 人:_____　造价咨询人:_____
　　（单位盖章）　　　　（单位盖章）　　（单位资质专用章）

法定代表人　　　　　　法定代表人　　　　　　法定代表人
或其授权人:_____　或其授权人:_____　或其授权人:_____
　（签字或盖章）　　　　（签字或盖章）　　　　（签字或盖章）

编 制 人:_____　　　　核 对 人:_____
　（造价人员签字盖专用章）　　（造价工程师签字盖专用章）

编制时间:　年　月　日　　核对时间:　年　月　日

扉-4

《竣工结算总价扉页》(扉-4)填写要点:

(1)承包人自行编制竣工结算总价,编制人员必须是承包人单位注册的造价人员。由承包人盖单位公章,法定代表人或其授权人签字或盖章;编制的造价人员(造价工程师或造价员)签字盖执业专用章。

(2)发包人自行核对竣工结算时,核对人员必须是在发包人单位注册的造价工程师。由发包人盖单位公章,法定代表人或其授权人签字或盖章,核对的造价工程师签字盖执业专用章。

(3)发包人委托工程造价咨询人核对竣工结算时,核对人员必须是在工程造价咨询人单位注册的造价工程师。由发包人盖单位公章,法定代表人或其授权人签字或盖章;工程造价咨询人盖单位资质专用章,法定代表人或其授权人签字或盖章,核对的造价工程师签字盖执业专用章。

(4)除非出现发包人拒绝或不答复承包人竣工结算书的特殊情况,竣工结算办理完毕后,竣工结算总价封面发承包双方的签字、盖章应当齐全。

5. 工程造价鉴定意见书扉页(扉-5)

_____工程
工程造价鉴定意见书
鉴定结论:
造价咨询人:_____
(盖单位章及资质专用章)
法定代表人:_____
(签字或盖章)
造价工程师:_____
(签字盖专用章)
年   月   日

扉-5

《**工程造价鉴定意见书扉页**》(扉-5)填写要点:

工程造价鉴定意见书扉页应填写工程造价鉴定项目的具体名称,

工程造价咨询人应盖单位资质专用章,法定代表人或其授权人签字或盖章,造价工程师签字盖执业专用章。

(三)工程计价总说明(表-01)

总说明

工程名称： 第 页共 页

表-01

《工程计价总说明》(表-01)填写要点:

本表适用于工程计价的各个阶段。对工程计价的不同阶段,《总说明》(表-01)中说明的内容是有差别的,要求也有所不同。

(1)工程量清单编制阶段。工程量清单中总说明应包括的内容有:①工程概况:如建设地址、建设规模、工程特征、交通状况、环保要求等;②工程招标和专业工程发包范围;③工程量清单编制依据;④工程质量、材料、施工等的特殊要求;⑤其他需要说明的问题。

(2)招标控制价编制阶段。招标控制价中总说明应包括的内容有:①采用的计价依据;②采用的施工组织设计;③采用的材料价格来源;④综合单价中风险因素、风险范围(幅度);⑤其他等。

(3)投标报价编制阶段。投标报价总说明应包括的内容有:①采用的计价依据;②采用的施工组织设计;③综合单价中包含的风险因素,风险范围(幅度);④措施项目的依据;⑤其他有关内容的说明等。

(4)竣工结算编制阶段。竣工结算中总说明应包括的内容有:①工程概况;②编制依据;③工程变更;④工程价款调整;⑤索赔;⑥其他等。

(5)工程造价鉴定阶段。工程造价鉴定书总说明应包括的内容有:①鉴定项目委托人名称、委托鉴定的内容;②委托鉴定的证据材料;③鉴定的依据及使用的专业技术手段;④对鉴定过程的说明;⑤明确的鉴定结论;⑥其他需说明的事宜等。

(四)工程计价汇总表

1. 建设项目招标控制价/投标报价汇总表(表-02)

建设项目招标控制价/投标报价汇总表

工程名称:　　　　　　　　　　　　　　　　　　　　第 页共 页

序号	单项工程名称	金额(元)	其 中:(元)		
			暂估价	安全文明施工费	规费
	合　计				

注:本表适用于建设项目招标控制价或投标报价的汇总。

表-02

《建设项目招标控制价/投标报价汇总表》(表-02)填写要点:

(1)由于编制招标控制价和投标报价包含的内容相同,只是对价格的处理不同,因此,招标控制价和投标报价汇总表使用同一表格。实践中,对招标控制价或投标报价可分别印制本表格。

(2)使用本表格编制投标报价时,汇总表中的投标总价与投标中标函中投标报价金额应当一致。如不一致时以投标中标函中填写的大写金额为准。

2. 单项工程招标控制价/投标报价汇总表(表-03)

单项工程招标控制价/投标报价汇总表

工程名称:　　　　　　　　　　　　　　　　　　　　第 页共 页

序号	单位工程名称	金额(元)	其 中		
			暂估价(元)	安全文明施工费(元)	规费(元)
	合　计				

注:本表适用于单项工程招标控制价或投标报价的汇总。暂估价包括分部分项工程中的暂估价和专业工程暂估价。

表-03

3. 单位工程招标控制价/投标报价汇总表(表-04)

单位工程招标控制价/投标报价汇总表

工程名称：　　　　　　　　标段：　　　　　　　　第 页共 页

序号	汇总内容	金额(元)	其中:暂估价(元)
1	分部分项工程		
1.1			
1.2			
1.3			
1.4			
2	措施项目		
2.1	其中:安全文明施工费		
3	其他项目		
3.1	其中:暂列金额		
3.2	其中:专业工程暂估价		
3.3	其中:计日工		
3.4	其中:总承包服务费		
4	规费		
5	税金		
招标控制价合计＝1＋2＋3＋4＋5			

注：本表适用于单位工程招标控制价或投标报价的汇总，如无单位工程划分，单项工程也使用本表汇总。

表-04

4. 建设项目竣工结算汇总表(表-05)

建设项目竣工结算汇总表

工程名称：　　　　　　　　　　　　　　　　第 页共 页

序号	单项工程名称	金额(元)	其　　中	
			安全文明施工费(元)	规费(元)
	合　计			

表-05

5. 单项工程竣工结算汇总表(表-06)

单项工程竣工结算汇总表

工程名称：　　　　　　　　　　　　　　　　　　　　第　页共　页

序号	单位工程名称	金额(元)	其中	
			安全文明施工费(元)	规费(元)
	合　计			

表-06

6. 单位工程竣工结算汇总表(表-07)

单位工程竣工结算汇总表

工程名称：　　　　　　　标段：　　　　　　　　　　第　页共　页

序号	汇总内容	金额(元)
1	分部分项工程	
1.1		
1.2		
1.3		
1.4		
1.5		
2	措施项目	
2.1	其中:安全文明施工费	
3	其他项目	
3.1	其中:专业工程结算价	
3.2	其中:计日工	
3.3	其中:总承包服务费	
3.4	其中:索赔与现场鉴证	
4	规费	
5	税金	
	竣工结算总价合计＝1+2+3+4+5	

注:如无单位工程划分,单项工程也使用本表汇总。

表-07

(五)分部分项工程和措施项目计价表

1. 分部分项工程和单价措施项目清单与计价表(表-08)

分部分项工程和单价措施项目清单与计价表

工程名称：　　　　　　　　　标段：　　　　　　　　第　页共　页

序号	项目编码	项目名称	项目特征描述	计量单位	工程量	金额(元)		
						综合单价	合价	其中:暂估价
				本页小计				
				合　计				

注：为计取规费等使用，可在表中增设其中："定额人工费"。

表-08

《分部分项工程和单价措施项目清单与计价表》(表-08)填写要点：

(1)本表依据"08计价规范"中《分部分项工程量清单与计价表》和《措施项目清单与计价表(二)》合并而来。单价措施项目和分部分项工程项目清单编制与计价均使用本表。

(2)本表不只是编制招标工程量清单的表式，也是编制招标控制价、投标报价和竣工结算的最基本用表。

(3)编制工程量清单时使用本表，在"工程名称"栏应填写详细具体的工程称谓，对于房屋建筑而言，习惯上并无标段划分，可不填写"标段"栏，但相对于管道敷设、道路施工，则往往以标段划分，此时，应填写"标段"栏，其他各表涉及此类设置，道理相同。

(4)由于各省、自治区、直辖市以及行业建设主管部门对规费计取基础的不同设置，为了计取规费等的使用，使用本表时可在表中增设其中："定额人工费"。

(5)编制招标控制价时，使用本表"综合单价"、"合计"以及"其中：暂估价"按"13计价规范"的规定填写。

(6)编制投标报价时，投标人对表中的"项目编码"、"项目名称"、"项目特征"、"计量单位"、"工程量"均不应作改动。"综合单价"、"合价"自主决定填写,对其中的"暂估价"栏,投标人应将招标文件中提供了暂估材料单价的暂估价计入综合单价,并应计算出暂估单价的材料在"综合单价"及其"合价"中的具体数额,因此,为更详细反应暂估价情况,也可在表中增设一栏"综合单价"其中的"暂估价"。

(7)编制竣工结算时,使用本表可取消"暂估价"。

2. 综合单价分析表(表-09)

综合单价分析表

工程名称:　　　　　　　标段:　　　　　　　第　页共　页

项目编码				项目名称			计量单位		
清单综合单价组成明细									
定额编号	定额名称	定额单位	数量	单　价			人员费	材料费	机械费	管理费和利润
				人工费	材料费	机械费	管理费和利润				
人工单价			小　计						
元/工日			未计价材料费						
清单项目综合单价									
材料费明细	主要材料名称、规格、型号			单位	数量	单价(元)	合价(元)	暂估单价(元)	暂估合价(元)
	其他材料费								
	材料费小计								

注:1. 如不使用省级或行业建设主管部门发布的计价依据,可不填定额项目、编号等。
　　2. 招标文件提供了暂估单价的材料,按暂估的单价填入表内"暂估单价"栏及"暂估合价"栏。

表-09

《综合单价分析表》(表-09)填写要点:

(1)工程量清单单价分析表是评标委员会评审和判别综合单价组成和价格完整性、合理性的主要基础,对因工程变更、工程量偏差等原因调整综合单价也是必不可少的基础价格数据来源。采用经评审的最低投标价法评标时,本表的重要性更为突出。

(2)本表集中反映了构成每一个清单项目综合单价的各个价格要素的价格及主要的"工、料、机"消耗量。投标人在投标报价时,需要对每一个清单项目进行组价,为了使组价工作具有可追溯性(回复评标质疑时尤其需要),需要表明每一个数据的来源。

(3)本表一般随投标文件一同提交,作为竞标价的工程量清单的组成部分,以便中标后,作为合同文件的附属文件。投标人须知中需要就分析表提交的方式作出规定,该规定需要考虑是否有必要对分析表的合同地位给予定义。

(4)编制综合单价分析表时,对辅助性材料不必细列,可归并到其他材料费中以金额表示。

(5)编制招标控制价,使用本表应填写使用的省级或行业建设主管部门发布的计价定额名称。

(6)编制投标报价,使用本表可填写使用的企业定额名称,也可填写省级或行业建设主管部门发布的计价定额,如不使用则不填写。

(7)编制工程结算时,应在已标价工程量清单中的综合单价分析表中将确定的调整过后人工单价、材料单价等进行置换,形成调整后的综合单价。

3. 综合单价调整表(表-10)

综合单价调整表

工程名称:　　　　　　　标段:　　　　　　　第　页共　页

序号	项目编码	项目名称	已标价清单综合单价(元)					调整后综合单价(元)				
			综合单价	其中				综合单价	其中			
				人工费	材料费	机械费	管理费和利润		人工费	材料费	机械费	管理费和利润

造价工程师(签章):　　　　　造价人员(签章):
发包人代表(签章):　　　　　承包人代表(签章):
　　　　日期:　　　　　　　　　　日期:

注:综合单价调整应附调整依据。

表-10

《综合单价调整表》(表-10)填写要点：

综合单价调整表适用于各种合同约定调整因素出现时调整综合单价，各种调整依据应附于表后。填写时应注意，项目编码和项目名称必须与已标价工程量清单操持一致，不得发生错漏，以免发生争议。

4. 总价措施项目清单与计价表(表-11)

总价措施项目清单与计价表

工程名称：　　　　　　　　　标段：　　　　　　　　第　页共　页

序号	项目编码	项目名称	计算基础	费率(%)	金额(元)	调整费率(%)	调整后金额(元)	备注
		安全文明施工费						
		夜间施工增加费						
		二次搬运费						
		冬雨季施工增加费						
		已完工程及设备保护费						
		合　计						

编制人(造价人员)：　　　　　　　　　复核人(造价工程师)：

注：1. "计算基础"中安全文明施工费可为"定额基价"、"定额人工费"或"定额人工费＋定额机械费"，其他项目可为"定额人工费"或"定额人工费＋定额机械费"。
2. 按施工方案计算的措施费，若无"计算基础"和"费率"的数值，也可只填"金额"数值，但应在备注栏说明施工方案出处或计算方法。

表-11

《总价措施项目清单与计价表》(表-11)填写要点：

(1)编制招标工程量清单时，表中的项目可根据工程实际情况进行增减。

(2)编制招标控制价时，计费基础、费率应按省级或行业建设主管部门的规定计取。

(3)编制投标报价时,除"安全文明施工费"必须按"13计价规范"的强制性规定,按省级、行业建设主管部门的规定计取外,其他措施项目均可根据投标施工组织设计自主报价。

(六)其他项目计价表

1. 其他项目清单与计价汇总表(表-12)

其他项目清单与计价汇总表

工程名称:　　　　　　　　标段:　　　　　　　　第 页共 页

序号	项目名称	金额(元)	结算金额(元)	备注
1	暂列金额			明细详见表-12-1
2	暂估价			
2.1	材料(工程设备)暂估价/结算价	—		明细详见表-12-2
2.2	专业工程暂估价/结算价			明细详见表-12-3
3	计日工			明细详见表-12-4
4	总承包服务费			明细详见表-12-5
5	索赔与现场签证			明细详见表-12-6
	合　计			

注:材料(工程设备)暂估单价计入清单项目综合单价,此处不汇总。

表-12

《其他项目清单与计价汇总表》(表-12)填写要点：

(1)编制招标工程量清单，应汇总"暂列金额"和"专业工程暂估价"，以提供给投标人报价。

(2)编制招标控制价，应按有关计价规定估算"计日工"和"总承包服务费"。如招标工程量清单中未列"暂列金额"，应按有关规定编列。

(3)编制投标报价，应按招标文件工程量清单提供的"暂列金额"和"专业工程暂估价"填写金额，不得变动。"计日工"、"总承包服务费"自主确定报价。

(4)编制或核对竣工结算，"专业工程暂估价"按实际分包结算价填写，"计日工"、"总承包服务费"按双方认可的费用填写，如发生"索赔"或"现场签证"费用，按双方认可的金额计入本表。

2. 暂列金额明细表(表-12-1)

暂列金额明细表

工程名称：　　　　　　　　标段：　　　　　　　　第　页共　页

序号	项目名称	计量单位	暂定金额(元)	备注
1				
2				
3				
4				
5				
6				
7				
8				
9				
10				
11				
合 计				

注：此表由招标人填写，如不能详列，也可只列暂定金额总额，投标人应将上述暂列金额计入投标总价中。

表-12-1

《暂列金额明细表》(表-12-1)填写说明：

暂列金额在实际履约过程中可能发生,也可能不发生。本表要求招标人能将暂列金额与拟用项目列出明细,但如确实不能详列也可只列暂定金额总额,投标人应将上述暂列金额计入投标总价中。

3. 材料(工程设备)暂估单价及调整表(表-12-2)

材料(工程设备)暂估单价及调整表

工程名称: 　　　　　　　　标段: 　　　　　　　　第　页共　页

序号	材料(工程设备)名称、规格、型号	计量单位	数量		暂估(元)		确认(元)		差额(元)		备注
			暂估	确认	单价	合价	单价	合价	单价	合价	
	合　计										

注:此表由招标人填写"暂估单价",并在备注栏说明暂估单价的材料、工程设备拟用在哪些清单项目上,投标人应将上述材料、工程设备暂估单价计入工程量清单综合单价报价中。

表-12-2

《材料(工程设备)暂估单价及调整表》(表-12-2)填写要点:

暂估价是在招标阶段预见肯定要发生,只是因为标准不明确或者需要由专业承包人完成,暂时无法确定材料、工程设备的具体价格而采用的一种临时性计价方式。暂估价的材料、工程设备数量应在表内填写，拟用项目应在本表备注栏给予补充说明。

"13计价规范"要求招标人针对每一类暂估价给出相应的拟用项目，即按照材料、工程设备的名称分别给出，这样的材料、工程设备暂估价能够纳入到清单项目的综合单价中。

4. 专业工程暂估价及结算价表（表-12-3）

专业工程暂估价及结算价表

工程名称：　　　　　　　标段：　　　　　　　第　页共　页

序号	工程名称	工作内容	暂估金额（元）	结算金额（元）	差额±（元）	备注
		合计				

注：此表"暂估金额"由招标人填写，招标人应将"暂估金额"计入投标总价中。结算时按合同约定结算金额填写。

表-12-3

《专业工程暂估价及结算价表》（表-12-3）填写要点：

专业工程暂估价应在表内填写工程名称、工作内容、暂估金额、投标人应将上述金额计入投标总价中。专业工程暂估价项目及其表中列明的专业工程暂估价，是指分包人实施专业工程的含税金后的完整价，除了合同约定的发包人应承担的总包管理、协调、配合和服务责任所对应的总承包服务费以外，承包人为履行其总包管理、配合、协调和服务所需产生的费用应该包括在投标报价中。

5. 计日工表(表-12-4)

计日工表

工程名称：　　　　　　　　标段：　　　　　　　第　页共　页

编号	项目名称	单位	暂定数量	实际数量	综合单价(元)	合价(元)	
						暂定	实际
一	人工						
1							
2							
3							
4							
		人工小计					
二	材料						
1							
2							
3							
4							
5							
		材料小计					
三	施工机械						
1							
2							
3							
4							
		施工机械小计					
四、企业管理费和利润							
		总　　计					

注：此表项目名称、暂定数量由招标人填写，编制招标控制价时，单价由招标人按有关规定确定；投标时，单价由投标人自主确定，按暂定数量计算合价计入投标总价中；结算时，按发承包双方确定的实际数量计算合价。

表-12-4

《计日工表》(表-12-4)填写要点：

(1)编制工程量清单时，"项目名称"、"单位"、"暂定数量"由招标人填写。

(2)编制招标控制价时，人工、材料、机械台班单价由招标人按有关计价规定填写并计算合价。

(3)编制投标报价时，人工、材料、机械台班单价由投标人自主确定，按已给暂估数量计算合价计入投标总价中。

6. 总承包服务费计价表(表-12-5)

总承包服务费计价表

工程名称：　　　　　　　　标段：　　　　　　　　第　页共　页

序号	项目名称	项目价值(元)	服务内容	计算基础	费率(%)	金额(元)
1	发包人发包专业工程					
2	发包人提供材料					
	合　计	—		—	—	—

注：此表项目名称、服务内容由招标人填写，编制招标控制价时，费率及金额由招标人按有关计价规定确定；投标时，费率及金额由投标人自主报价，计入投标总价中。

表-12-5

《总承包服务费计价表》(表-12-5)填写要点:

(1)编制招标工程量清单时,招标人应将拟定进行专业分包的专业工程、自行采购的材料设备等决定清楚,填写项目名称、服务内容,以便投标人决定报价。

(2)编制招标控制价时,招标人按有关计价规定计价。

(3)编制投标报价时,由投标人根据工程量清单中的总承包服务内容,自主决定报价。

(4)办理竣工结算时,发承包双方应按承包人已标价工程量清单中的报价计算,如发承包双方确定调整的,按调整后的金额计算。

7. 索赔与现场签证计价汇总表(表-12-6)

索赔与现场签证计价汇总表

工程名称:　　　　　　　标段:　　　　　　　第 页共 页

序号	签证及索赔项目名称	计量单位	数量	单价(元)	合价(元)	索赔及签证依据
—	本页小计	—	—	—		—
—	合 计	—	—	—		—

注:签证及索赔依据是指经双方认可的签证单和索赔依据的编号。

表-12-6

《索赔与现场签证计价汇总表》(表-12-6)填写要点:

本表是对发承包双方签证认可的"费用索赔申请(核准)表"和"现场签证表"的汇总。

8. 费用索赔申请(核准)表(表-12-7)

费用索赔申请(核准)表

工程名称：_____ 标段：_____ 第 页共 页

致：_____(发包人全称) 　　根据施工合同条款_____条的约定，由于_____原因，我方要求索赔金额(大写)_____元，(小写)_____元，请予核准。 附：1. 费用索赔的详细理由和依据： 　　2. 索赔金额的计算： 　　3. 证明材料： 　　　　　　　　　　　　　　　　　　　　　　　　　承包人(章) 造价人员_____　　　承包人代表_____　　　日　期_____

复核意见： 　　根据施工合同条款_____条的约定，你方提出的费用索赔申请经复核： 　　□不同意此项索赔，具体意见见附件。 　　□同意此项索赔，索赔金额的计算，由造价工程师复核 　　　　监理工程师_____ 　　　　日　　　期_____	复核意见： 　　根据施工合同条款_____条的约定，你方提出的费用索赔申请经复核，索赔金额为(大写)_____元，(小写)_____元。 　　　　造价工程师_____ 　　　　日　　　期_____

审核意见： 　□不同意此项索赔。 　□同意此项索赔，与本期进度款同期支付。 　　　　　　　　　　　　　　　　　　　　　　　　发包人(章) 　　　　　　　　　　　　　　　　　　　　　　　　发包人代表_____ 　　　　　　　　　　　　　　　　　　　　　　　　日　　期_____

注：1. 在选择栏中的"□"内作标识"√"。
　　2. 本表一式四份，由承包人填报，发包人、监理人、造价咨询人、承包人各存一份。

表-12-7

《费用索赔申请(核准)表》(表-12-7)填写要点：

填写本表时，承包人代表应按合同条款的约定，阐述原因，附上索赔证据、费用计算报发包人，经监理工程师复核(按照发包人的授权不论是监理工程师或发包人现场代表均可)，经造价工程师(此处造价工程师可以是发包人现场管理人员，也可以是发包人委托的工程造价咨询企业的人员)复核具体费用，经发包人审核后生效，该表以在选择栏中"□"内作标识"√"表示。

9. 现场签证表(表-12-8)

现场签证表

工程名称：_____　　标段：_____　　第　页共　页

施工部位		日　期	
致：_____(发包人全称) 　　根据_____(指令人姓名)　年　月　日的口头指令或你方_____(或监理人)　年　月　日的书面通知,我方要求完成此项工作应支付价款金额为(大写)_____元,(小写)_____元,请予核准。 附:1.签证事由及原因: 　　2.附图及计算式: 　　　　　　　　　　　　　　　　　　　　　　　　　　　承包人(章) 造价人员_____　　承包人代表_____　　日　期_____			
复核意见： 你方提出的此项签证申请经复核： □不同意此项签证,具体意见见附件。 □同意此项签证,签证金额的计算,由造价工程师复核。 　　　监理工程师_____ 　　　日　　期_____		复核意见： □此项签证按承包人中标的计日工单价计算,金额为(大写)_____元,(小写)_____元。 □此项签证因无计日工单价,金额为(大写)_____元,(小写)_____。 　　　造价工程师_____ 　　　日　　期_____	
审核意见： □不同意此项签证。 □同意此项签证,价款与本期进度款同期支付。 　　　　　　　　　　　　　　　　　　　　　发包人(章) 　　　　　　　　　　　　　　　　　　　　　发包人代表_____ 　　　　　　　　　　　　　　　　　　　　　日　期_____			

注：1. 在选择栏中的"□"内作标识"√"。
　　2. 本表一式四份,由承包人在收到发包人(监理人)的口头或书面通知后填写,发包人、监理人、造价咨询人、承包人各存一份。

表-12-8

《现场签证表》(表-12-8)填写要点：

本表是对"计日工"的具体化，考虑到招标时，招标人对计日工项目的预估难免会有遗漏，带来实际施工发生后，无相应的计日工单价时，现场签证只能包括单价一并处理，因此，在汇总时，有计日工单价的，可归并于计日工，如无计日工单价，归并于现场签证，以示区别。

(七)规费、税金项目计价表(表-13)

规费、税金项目计价表

工程名称：　　　　　　　标段：　　　　　　　第　页共　页

序号	项目名称	计算基础	计算基数	计算费率(%)	金额(元)
1	规费	定额人工费			
1.1	社会保险费	定额人工费			
(1)	养老保险费	定额人工费			
(2)	失业保险费	定额人工费			
(3)	医疗保险费	定额人工费			
(4)	工伤保险费	定额人工费			
(5)	生育保险费	定额人工费			
1.2	住房公积金	定额人工费			
1.3	工程排污费	按工程所在地环境保护部门收取标准，按实计入			
2	税金	分部分项工程费＋措施项目费＋其他项目费＋规费－按规定不计税的工程设备金额			
		合　计			

编制人：　　　　　　　复核人(造价工程师)：

表-13

《规费、税金项目计价表》(表-13)填写要点：

本表按住房和城乡建设部、财政部印发的《建筑安装工程费用项目组成》(建标[2013]44号)列举的规费项目列项，在施工实践中，有的规费项目，如工程排污费，并非每个工程所在地都要征收，实践中可作为按实计算的费用处理。

(八)工程计量申请(核准)表(表-14)

工程计量申请(核准)表

工程名称： 标段： 第 页共 页

序号	项目编码	项目名称	计量单位	承包人申请数量	发包人核实数量	发承包人确认数量	备注
承包人代表 日期：	监理工程师： 日期：		造价工程师： 日期：		发包人代表： 日期：		

表-14

《工程计量申请(核准)表》(表-14)填写要点：

本表填写的"项目编码"、"项目名称"、"计量单位"应与已标价工程量清单中一致，承包人应在合同约定的计量周期结束时，将申报数量填写在申报数量栏，发包人核对后如与承包人填写的数量不一致，则在核实数量栏填上核实数量，经发承包双方共同核对确认的计量结果填在确认数量栏。

(九)合同价款支付申请(核准)表

合同价款支付申请(复核)表是合同履行、价款支付的重要凭证。"13计价规范"对此类表格共设计了5种，包括专用于预付款支付的《预付款支付申请(核准)表》(表-15)、用于施工过程中无法计量的总价项目及总价合同进度款支付的《总价项目进度款支付分解表》(表-16)、专用于进度款支付的《进度款支付申请(核准)表》(表-17)、专用于竣工结算价款支付的《竣工结算款支付申请(核准)表》(表-18)和用于缺陷责任期到期，承包人履行了工程缺陷修复责任后，对其预留的质量保证金最终结算的《最终结清支付申请(核准)表》(表-19)。

合同价款支付申请(复核)表包括的5种表格，均由承包人代表在每个计量周期结束后发包人提出，由发包人授权的现场代表复核工程量,由发包人授权的造价工程师复核应付款项,经发包人批准实施。

1. 预付款支付申请(核准)表(表-15)

预付款支付申请(核准)表

工程名称:_____ 标段:_____ 第 页共 页

致:_____(发包人全称)

我方根据施工合同的约定,现申请支付工程预付款额为(大写)_____(小写_____),请予核准。

序号	名 称	申请金额(元)	复核金额(元)	备 注
1	已签约合同价款金额			
2	其中:安全文明施工费			
3	应支付的预付款			
4	应支付的安全文明施工费			
5	合计应支付的预付款			

承包人(章)

造价人员_____ 承包人代表_____ 日 期_____

复核意见: □与合同约定不相符,修改意见见附件。 □与合同约定相符,具体金额由造价工程师复核。 监理工程师_____ 日 期_____	复核意见: 你方提出的支付申请经复核,应支付预付款金额为(大写)_____(小写_____)。 造价工程师_____ 日 期_____

审核意见:
□不同意。
□同意,支付时间为本表签发后的15天内。

发包人(章)
发包人代表_____
日 期_____

注:1. 在选择栏上的"□"内作标识"√"。
    2. 本表一式四份,由承包人填报,发包人、监理人、造价咨询人、承包人各存一份。

表-15

2. 总价项目进度款支付分解表(表-16)

总价项目进度款支付分解表

工程名称： 标段： 单位：元

序号	项目名称	总价金额	首次支付	二次支付	三次支付	四次支付	五次支付	
	安全文明施工费							
	夜间施工增加费							
	二次搬运费							
	社会保险费							
	住房公积金							
	合　计							

编制人(造价人员)： 复核人(造价工程师)：

注：1. 本表应由承包人在投标报价时根据发包人在招标文件明确的进度款支付周期与报价填写，签订合同时，发承包双方可就支付分解协商调整后作为合同附件。
2. 单价合同使用本表，"支付"栏时间应与单价项目进度款支付周期相同。
3. 总价合同使用本表，"支付"栏时间应与约定的工程计量周期相同。

表-16

3. 进度款支付申请(核准)表(表-17)

进度款支付申请(核准)表

工程名称：_____　　标段：_____　　编号：_____

致：_____ (发包人全称)

我方于_____至_____期间已完成了_____工作,根据施工合同的约定,现申请支付本周期的合同款额为(大写)_____(小写_____),请予核准。

序号	名　称	实际金额(元)	申请金额(元)	复核金额(元)	备注
1	累计已完成的合同价款				
2	累计已实际支付的合同价款				
3	本周期合计完成的合同价款				
3.1	本周期已完成单价项目的金额				
3.2	本周期应支付的总价项目的金额				
3.3	本周期已完成的计日工价款				
3.4	本周期应支付的安全文明施工费				
3.5	本周期应增加的合同价款				
4	本周期合计应扣减的金额				
4.1	本周期应抵扣的预付款				
4.2	本周期应扣减的金额				
5	本周期应支付的合同价款				

附：上述3、4详见附件清单。

　　　　　　　　　　　　　　　　　　　　　　　　承包人(章)
　　造价人员_____　承包人代表_____　日　期_____

复核意见：
　□与实际施工情况不相符,修改意见见附件。
　□与实际施工情况相符,具体金额由造价工程师复核。

　　　　监理工程师_____
　　　　日　　期_____

复核意见：
　你方提出的支付申请经复核,本周期已完成合同款额为(大写)_____(小写_____),本周期应支付金额为(大写)_____(小写_____)。

　　　　造价工程师_____
　　　　日　　期_____

审核意见：
　□不同意。
　□同意,支付时间为本表签发后的15天内。

　　　　　　　　　　　　　　　　　　发包人(章)
　　　　　　　　　　　　　　　　　　发包人代表_____
　　　　　　　　　　　　　　　　　　日　　期_____

注：1. 在选择栏中的"□"内作标识"√"。
　　2. 本表一式四份,由承包人填报,发包人、监理人、造价咨询人、承包人各存一份。

表-17

4. 竣工结算款支付申请(核准)表(表-18)

竣工结算款支付申请(核准)表

工程名称： 　　　　　　　标段： 　　　　　　　编号：

致：_____(发包人全称)

　　我方于_____至_____期间已完成合同约定的工作,工程已经完工,根据施工合同的约定,现申请支付竣工结算合同款额为(大写)_____(小写_____),请予核准。

序号	名　称	申请金额(元)	复核金额(元)	备　注
1	竣工结算合同价款总额			
2	累计已实际支付的合同价款			
3	应预留的质量保证金			
4	应支付的竣工结算款金额			

造价人员_____　承包人代表_____

承包人(章)
日　期_____

复核意见： □与实际施工情况不相符,修改意见见附件。 □与实际施工情况相符,具体金额由造价工程师复核。 监理工程师_____ 日　期_____	复核意见： 　　你方提出的竣工结算款支付申请经复核,竣工结算款总额为(大写)_____(小写_____),扣除前期支付以及质量保证金后应支付金额为(大写)_____(小写_____)。 造价工程师_____ 日　期_____
审核意见： □不同意。 □同意,支付时间为本表签发后的15天内。 　　　　　　　　　　　　　　　　　　　发包人(章) 　　　　　　　　　　　　　　　　　　　发包人代表_____ 　　　　　　　　　　　　　　　　　　　日　期_____	

注：1. 在选择栏中的"□"内作标识"√"。
　　2. 本表一式四份,由承包人填报,发包人、监理人、造价咨询人、承包人各存一份。

表-18

5. 最终结清支付申请(核准)表(表-19)

最终结清支付申请(核准)表

工程名称：　　　　　　　　　标段：　　　　　　　　编号：

致：_____(发包人全称)

我方于_____至_____期间已完成了缺陷修复工作，根据施工合同的约定，现申请支付最终结清合同款额为(大写)_____(小写_____)，请予核准。

序号	名　称	申请金额(元)	复核金额(元)	备注
1	已预留的质量保证金			
2	应增加因发包人原因造成缺陷的修复金额			
3	应扣减承包人不修复缺陷、发包人组织修复的金额			
4	最终应支付的合同价款			

上述3、4详见附件清单。

　　　　　　　　　　　　　　　　　　　　　　承包人(章)
造价人员_____　承包人代表_____　　日　期_____

复核意见： □与实际施工情况不相符，修改意见见附件。 □与实际施工情况相符，具体金额由造价工程师复核。 　　　监理工程师_____ 　　　日　期_____	复核意见： 　你方提出的支付申请经复核，最终应支付金额为(大写)_____(小写_____)。 　　　造价工程师_____ 　　　日　期_____

审核意见：
□不同意。
□同意，支付时间为本表签发后的15天内。

　　　　　　　　　　　　　　　　　　　　　　发包人(章)
　　　　　　　　　　　　　　　　　　　　　　发包人代表_____
　　　　　　　　　　　　　　　　　　　　　　日　期_____

注：1. 在选择栏中的"□"内作标识"√"。如监理人已退场，监理工程师栏可空缺。
　　2. 本表一式四份，由承包人填报，发包人、监理人、造价咨询人、承包人各存一份。

表-19

(十) 主要材料、工程设备一览表

1. 发包人提供材料和工程设备一览表（表-20）

发包人提供材料和工程设备一览表

工程名称：　　　　　　　标段：　　　　　　　第 页共 页

序号	材料(工程设备)名称、规格、型号	单位	数量	单价(元)	交货方式	送达地点	备注

注：此表由招标人填写，供投标人在投标报价、确定总承包服务费时参考。

表-20

2. 承包人提供主要材料和工程设备一览表（适用于造价信息差额调整法）（表-21）

承包人提供主要材料和工程设备一览表（适用于造价信息差额调整法）

工程名称：　　　　　　　标段：　　　　　　　第 页共 页

序号	名称、规格、型号	单位	数量	风险系数(%)	基准单价(元)	投标单价(元)	发承包人确认单价(元)	备注

注：1. 此表由招标人填写除"投标单价"栏的内容，投标人在投标时自主确定投标单价。
　　2. 招标人应优先采用工程造价管理机构发布的单价作为基准单价，未发布的，通过市场调查确定其基准单价。

表-21

3. 承包人提供主要材料和工程设备一览表(适用于价格指数差额调整法)(表-22)

承包人提供主要材料和工程设备一览表
(适用于价格指数调整法)

工程名称： 　　　　标段： 　　　　第 页共 页

序号	名称、规格、型号	变值权重 B	基本价格指数 F_0	现行价格指数 F_t	备注
	定值权重 A		—	—	
	合　　计	1	—	—	

注:1. "名称、规格、型号"、"基本价格指数"栏由招标人填写,基本价格指数应首先采用工程造价管理机构发布的价格指数,没有时,可采用发布的价格代替。如人工、机械费也采用本法调整,由招标人在名称"名称"栏填写。

2. "变值权重"栏由投标人根据该项人工、机械费和材料、工程设备价值在投标总报价中所占比例填写,1减去其比例为定值权重。

3. "现行价格指数"按约定付款证书相关周期最后一天的前42天的各项价格指数填写,该指数应首先采用工程造价管理机构发布的价格指数,没有时,可采用发布的价格代替。

表-22

二、工程计价表格的使用范围

1. 工程量清单编制

(1)工程量清单编制使用表格包括:封-1、扉-1、表-01、表-08、表-11、表-12(不含表-12-6～表-12-8)、表-13、表-20、表-21或表-22。

(2)扉页应按规定的内容填写、签字、盖章,由造价员编制的工程量清单应有负责审核的造价工程师签字、盖章。受委托编制的工程量清单,应有造价工程师签字、盖章以及工程造价咨询人盖章。

2. 招标控制价、投标报价、竣工结算编制

(1)招标控制价使用表格包括:封-2、扉-2、表-01、表-02、表-03、表-04、表-08、表-09、表-11、表-12(不含表-12-6～表-12-8)、表-13、表-20、表-21或表-22。

(2)投标报价使用的表格包括:封-3、扉-3、表-01、表-02、表-03、表-04、表-08、表-09、表-11、表-12(不含表-12-6～表-12-8)、表-13、表-16、招标文件提供的表-20、表-21或表-22。

(3)竣工结算使用的表格包括:封-4、扉-4、表-01、表-05、表-06、表-07、表-08、表-09、表-10、表-11、表-12、表-13、表-14、表-15、表-16、表-17、表-18、表-19、表-20、表-21或表-22。

(4)扉页应按规定的内容填写、签字、盖章,除承包人自行编制的投标报价和竣工结算外,受委托编制的招标控制价、投标报价、竣工结算,由造价员编制的应有负责审核的造价工程师签字、盖章以及工程造价咨询人盖章。

3. 工程造价鉴定

(1)工程造价鉴定使用表格包括:封-5、扉-5、表-01、表-05～表-20、表-21或表-22。

(2)扉页应按规定内容填写、签字、盖章,应有承担鉴定和负责审核的注册造价工程师签字、盖执业专用章。

第二章　市政工程工程量清单编制

第一节　工程量清单编制概述

一、工程量清单编制依据

招标工程量清单的内容体现了招标人要求投标人完成的工程项目、工作内容及相应的工程数量。

编制招标工程量清单的依据如下：
(1)"13 计价规范"和相关工程的国家计量规范。
(2)国家或省级、行业建设主管部门颁发的计价定额和办法。
(3)建设工程设计文件及相关资料。
(4)与建设工程有关的标准、规范、技术资料。
(5)拟定的招标文件。
(6)施工现场情况、地勘水文资料、工程特点及常规施工方案。
(7)其他相关资料。

二、工程量清单编制一般规定

(1)招标工程量清单应由招标人负责编制，若招标人不具有编制工程量清单的能力，则可根据《工程造价咨询企业管理办法》(建设部第 149 号令)的规定，委托具有工程造价咨询性质的工程造价咨询人编制。

(2)招标工程量清单必须作为招标文件的组成部分，其准确性(数量不算错)和完整性(不缺项漏项)应由招标人负责。招标人应将工程量清单连同招标文件一起发(售)给投标人。投标人依据工程量清单进行投标报价时，对工程量清单不负有核实的义务，更不具有修改和调整的权力。如招标人委托工程造价咨询人编制工程量清单，其责任仍由招标人负责。

(3)招标工程量清单是工程量清单计价的基础，应作为编制招标控制价、投标报价、计算或调整工程量以及工程索赔等的依据之一。

(4)招标工程量清单应以单位(项)工程为单位编制，应由分部分项工程项目清单、措施项目清单、其他项目清单、规费和税金项目清单组成。

三、工程量清单编制程序

(1)熟悉图纸和招标文件。

(2)了解施工现场的有关情况。

(3)划分项目、确定分部分项工程项目清单和单价措施项目清单的项目名称、项目编码。

(4)确定分部分项工程项目清单和单价措施项目清单的项目特征。

(5)计算分部分项工程项目清单和单价措施项目的工程量。

(6)编制清单(分部分项工程项目清单、措施项目清单、其他项目清单)。

(7)复核、编写总说明、扉页、封面。

(8)装订。

第二节　工程量清单编制方法

一、分部分项工程项目

分部分项工程项目清单应根据《市政工程工程量计算规范》(GB 50857—2013)附录规定的项目编码、项目名称、项目特征、计量单位和工程量计算规则进行编制。

(一)项目编码

项目编码按《市政工程工程量计算规范》(GB 50857—2013)附录项目编码栏内规定的9位数字另加3位顺序码共12位阿拉伯数字组成。其中一、二位(一级)为专业工程代码;三、四位(二级)为专业工程附录分类顺序码;五、六位(三级)为分部工程顺序码;七、八、九位(四级)为分项工程项目名称顺序码;十至十二位(五级)为清单项目名称顺序码,第五级编码应根据拟建工程的工程量清单项目名称设置。

1. 第一、二位专业工程代码

根据《市政工程工程量计算规范》(GB 50857—2013)的规定,市政工程专业工程代码为04。其他相关专业工程代码分别为:房屋建筑与装饰工程为01,仿古建筑为02,通用安装工程为03,园林绿化工程为05,矿山工程为06,构筑物工程为07,城市轨道交通工程为08,爆破工程为09。

2. 第三、四位专业工程附录分类顺序码(相当于章)

以市政工程为例,在《市政工程工程量计算规范》(GB 50857—2013)附录中,市政工程共分为11部分,其各自专业工程附录分类顺序码分别为:附录A土石方工程,附录分类顺序码01;附录B道路工程,附录分类顺序码02;附录C桥涵工程,附录分类顺序码03;附录D隧道工程,附录分类顺序码04;附录E管网工程,附录分类顺序码05;附录F水处理工程,附录分类顺序码06;附录G生活垃圾处理工程,附录分类顺序码07;附录H路灯工程,附录分类顺序码08;附录J钢筋工程,附录分类顺序码09;附录K拆除工程,附录分类顺序码10;附录L措施项目,附录分类顺序码11。

3. 第五、六位分部工程顺序码(相当于章中的节)

以市政工程中道路工程为例,在《市政工程工程量计算规范》(GB 50857—2013)附录B中,道路工程共分为5节,其各自分部工程顺序码分别为:B.1路基处理,分部工程顺序码01;B.2道路基层,分部工程顺序码02;B.3道路面层,分部工程顺序码03;B.4人行道及其他,分部工程顺序码04,B.5交通管理设施,分部工程顺序码05。

4. 第七、八、九位分项工程项目名称顺序码

以道路工程中道路面层为例,在《市政工程工程量计算规范》(GB 50857—2013)附录D.3中,道路面层共分为9项,其各自分项工程项目名称顺序码分别为:沥青表面处治001,沥青贯入式002,透层、粘层003,封层004,黑色碎石005,沥青混凝土006,水泥混凝土007,填料面层008,弹性面层009。

5. 第十至十二位清单项目名称顺序码

以道路面层工程中沥青贯入式为例,按《市政工程工程量计算规范》(GB 50857—2013)的有关规定,沥青贯入式需描述的清单项目特征包括:沥青品种、石料规格、厚度。清单编制人在对沥青贯入式进行编码时,即可在全国统一九位编码010401003的基础上,根据不同的沥青品种、石料规格、厚度等因素,对十至十二位编码自行设置,编制出清单项目名称顺序码001、002、003、004……

清单编制人在自行设置编码时应注意以下几点:

(1)编制工程量清单时应注意对项目编码的设置不得有重码,一个项目编码对应一个项目名称、计量单位、计算规则、工作内容、综合单价,因而清单编制人在自行设置编码时,以上五项中只要有一项不同,就应另设编码。例如,同一个单位工程中分别有M10水泥砂浆砌筑370mm导流筒和M7.5水泥砂浆砌筑370mm导流筒,这两个项目虽然都是导流筒,但砌筑砂浆强度等级不同,因而,这两个项目的综合单价就不同,故第五级编码就应分别设置,其编码分别为040601013001(M10水泥砂浆砌筑导流筒)和040601013002(M7.5水泥砂浆砌筑导流筒)。特别应注意的当同一标段(或合同段)的一份工程量清单中含有多个单项或单位工程且工程量清单是以单项或单位工程为编制对象时,应注意项目编码中的十至十二位的设置不得重码。例如一个标段(或合同段)的工程量清单中含有三个单项或单位工程,每一单项或单位工程中都有项目特征相同的现浇混凝土基础,在工程量清单中又需反映三个不同单项或单位工程的现浇混凝土基础工程量时,此时工程量清单应以单项或单位工程为编制对象,第一个单项或单位工程的现浇混凝土基础的项目编码为040303002001,第二个单项或单位工程的现浇混凝土基础的项目编码为040303002002,第三个单项或单位工程的现浇混凝土基础的项目编码为040303002003,并分别列出各单项或单位工程现浇混凝土基础的工程量。

(2)项目编码不应再设副码,因第五级编码的编码范围从001至999共有999个,对于一个项目即使特征有多种类型,也不会超过999个,在实际工程应用中足够使用。如用040601013001-1(副码)、040601013001-2(副码)编码,分别表示M10水泥砂浆砌筑导流筒和M7.5水泥砂浆砌筑导流筒,就是错误的表示方法。

(3)同一个单位工程中第五级编码不应重复。即同一性质项目,只要形成的综合单价不同,第五级编码就应分别设置。如水泥砂浆抹面中的混凝土墙面抹面和砖墙面抹面,其第五级编码就应分别设置。

(4)清单编制人在自行设置编码时,并项要慎重考虑。如某桥梁工程混凝土墩台水泥砂浆抹灰与混凝土防撞护栏水泥砂浆抹灰的砂浆配合比与厚度都相同,但这两个项目的施工难易程度有所不同,因而要慎重考虑并项。

(二)项目名称

项目名称应按《市政工程工程量计算规范》(GB 50857—2013)的规定,根据拟建工程实际确定。在实际填写过程中,"项目名称"有两种填写方法:一是完全保持《市政工程工程量计算规范》(GB 50857—2013)的项目名称不变;二是根据工程实际在《市政工程工程量计算规范》(GB 50857—2013)的项目名称下另行确定详细名称。

(三)工程量

工程量清单中所列工程量应按《市政工程工程量计算规范》(GB 50857—2013)规定的工程量计算规则计算。"13 计价规范"中规定:"工程量必须按照相关工程现行国家计量规范规定的工程量计算规则计算。"这就明确了不论采用何种计价方式,市政工程工程量必须按照

《市政工程工程量计算规范》(GB 50857—2013)规定的工程量计算规则计算。采用统一的工程量计算规则,对于规范工程建设各方的计量计价行为,有效减少计量争议具有十分重要的意义。

投标人投标报价时,应在综合单价中考虑施工中的各种损耗和需要增加的工程量。

(四)计量单位

计量单位应按《市政工程工程量计算规范》(GB 50857—2013)规定的计量单位确定。有些项目工程量计算规范中有两个或两个以上计量单位,应根据拟建工程项目的实际,选择最适宜表现该项目特征并方便计量的单位。如桥涵工程中的声测管项目,《市政工程工程量计算规范》(GB 50857—2013)中以 t 和 m 两个计量单位表示,此时就应根据工程项目的特点,选择其中一个即可。

(五)项目特征

工程量清单的项目特征是确定一个清单项目综合单价不可缺少的主要依据。对工程量清单项目的特征描述具有十分重要的意义,其主要体现包括三个方面:①项目特征是区分清单项目的依据。工程量清单项目特征是用来表述分部分项清单项目的实质内容,用于区分计价规范中同一清单条目下各个具体的清单项目。没有项目特征的准确描述,对于相同或相似的清单项目名称,就无从区分。②项目特征是确定综合单价的前提。由于工程量清单项目的特征决定了工程实体的实质内容,必然直接决定了工程实体的自身价值。因此,工程量清单项目特征描述得准确与否,直接关系到工程量清单项目综合单价的准确确定。③项目特征是履行合同义务的基础。实行工程量清单计价,工程量清单及其综合单价是施工合同的组成部分,因此,如果工程量清单项目特征的描述不清甚至漏项、错误,从而引起在施工过程中的更改,都会引起分歧,导致纠纷。

在按《市政工程工程量计算规范》(GB 50857—2013)对市政工程量清单项目的特征进行描述时,应注意"项目特征"与"工作内容"的区别。"项目特征"是工程项目的实质,决定着工程量清单项目的价值大小，而"工作内容"主要讲的是操作程序，是承包人完成能通过验收的工程项目所必须要操作的工序。在《市政工程工程量计算规范》(GB 50857—2013)中，工程量清单项目与工程量计算规则、工作内容具有一一对应的关系，当采用《市政工程工程量计算规范》(GB 50857—2013)进行计价时，工作内容即有规定，无需再对其进行描述。而"项目特征"栏中的任何一项都影响着清单项目的综合单价的确定，招标人应高度重视分部分项工程项目清单项目特征的描述，任何不描述或描述不清，均会在施工合同履约过程中产生分歧，导致纠纷、索赔。

例如混凝土防撞护栏，按照《市政工程工程量计算规范》(GB 50857—2013)编码为040303018项目中"项目特征"栏的规定，发包人在对工程量清单项目进行描述时，就必须要对混凝土防撞护栏的断面、混凝土强度等级等进行详细的描述，因为这其中任何一项的不同都直接影响到混凝土防撞护栏的综合单价。而在该项"工作内容"栏中阐述了混凝土防撞护栏应包括模板制作、安装、拆除，混凝土拌合、运输、浇筑，养护等施工工序，这些工序即便发包人不提，承包人为完成合格的混凝土防撞护栏工程也必然要经过，因而发包人在对工程量清单项目进行描述时就没有必要对混凝土防撞护栏的施工工序对承包人提出规定。

正因为此，在编制工程量清单时，必须对项目特征进行准确而且全面的描述，准确地描述工程量清单的项目特征对于准确地确定工程量清单项目的综合单价具有决定性的作用。

在对清单的项目特征描述时，可按下列要点进行：

(1)必须描述的内容：

1)涉及正确计量的内容必须描述。如对于门窗若采用"樘"计量，则1樘门或窗有多大，直接关系到门窗的价格，对门窗洞口或框外围尺寸进行描述是十分必要的。

2)涉及结构要求的内容必须描述。如混凝土构件的混凝土的强度等级，因混凝土强度等级不同，其价格也不同，必须描述。

3)涉及材质要求的内容必须描述。如油漆的品种，是调和漆还是硝基清漆等；管材的材质，是钢管还是塑料管等；还需要对管材的规格、型号进行描述。

4）涉及安装方式的内容必须描述。如管网工程中的管道的连接方式就必须描述。

（2）可不描述的内容：

1）对计量计价没有实质影响的内容可以不描述。如对现浇混凝土柱的高度、断面大小等的特征规定可以不描述，因为混凝土构件是按"m^3"计量，对此的描述实质意义不大。

2）应由投标人根据施工方案确定的可以不描述。

3）应由投标人根据当地材料和施工要求确定的可以不描述。如对混凝土构件中的混凝土拌合料使用的石子种类及粒径、砂的种类的特征规定可以不描述。因为混凝土拌合料使用砾石还是碎石，使用粗砂还是中砂、细砂或特细砂，除构件本身有特殊要求需要指定外，主要取决于工程所在地砂、石子材料的供应情况。至于石子的粒径大小主要取决于钢筋配筋的密度。

4）应由施工措施解决的可以不描述。如对现浇混凝土板、梁的标高的特征规定可以不描述。因为同样的板或梁，都可以将其归并在同一个清单项目中，但由于标高的不同，将会导致因楼层的变化对同一项目提出多个清单项目，不同的楼层其工效是不一样的，但这样的差异可以由投标人在报价中考虑，或在施工措施中去解决。

（3）可不详细描述的内容：

1）无法准确描述的可不详细描述。如土壤类别，由于我国幅员辽阔，南北东西差异较大，特别是对于南方来说，在同一地点，由于表层土与表层土以下的土壤，其类别是不相同的，要求清单编制人准确判定某类土壤的所占比例是困难的，在这种情况下，可考虑将土壤类别描述为合格，注明由投标人根据地勘资料自行确定土壤类别，决定报价。

2）施工图纸、标准图集标注明确的，可不再详细描述。对这些项目可采取详见××图集或××图号的方式，对不能满足项目特征描述要求的部分,仍应用文字描述。由于施工图纸、标准图集是发承包双方都应遵守的技术文件,这样描述可以有效减少在施工过程中对项目理解的不一致。

3)有一些项目可不详细描述,但清单编制人在项目特征描述中应注明由投标人自定。如土方工程中的"取土运距"、"弃土运距"等。首先要求清单编制人决定在多远取土或取、弃土运往多远是困难的;其次,由投标人根据在建工程施工情况统筹安排,自主决定取、弃土方的运距可以充分体现竞争的要求。

4)如清单项目的项目特征与现行定额中某些项目的规定是一致的,也可采用见×定额项目的方式进行描述。

(4)项目特征的描述方式。描述清单项目特征的方式大致可分为"问答式"和"简化式"两种。其中"问答式"是指清单编写人按照工程计价软件上提供的规范,在要求描述的项目特征上采用答题的方式进行描述,如描述混凝土楼梯清单项目特征时,可采用"1. 结构:板式楼梯;2. 底板厚度:150mm;3. 混凝土强度等级:C20";"简化式"是对需要描述的项目特征内容根据当地的用语习惯,采用口语化的方式直接表述,省略了规范上的描述要求,如同样在描述混凝土楼梯清单项目特征时,可采用"钢筋混凝土板式楼梯,楼梯底板厚度150mm,混凝土强度等级C20。"

(六)补充项目

随着科学技术日新月异的发展,工程建设中新材料、新技术、新工艺不断涌现,规范附录所列的工程量清单项目不可能包罗万象,很难避免新项目出现。因此,"13 工程计量规范"规定在实际编制工程量清单时,当出现规范附录中未包括的清单项目时,编制人应作补充。补充项目的编码由各专业工程代码(如市政工程04)与 B 和三位阿拉伯数字组成,并应从×B001 起顺序编制,同一招标工程的项目不得重码。补充的工程量清单中需附有补充项目的名称、项目特征、计量单位、工程量计算规则、工作内容。不能计量的措施项目,需附有补充项目的名称、工作内容及包含范围。

二、措施项目

措施项目是指为完成工程项目施工，发生于该工程施工准备和施工过程中的技术、生活、安全、环境保护等方面的非工程实体项目。措施项目清单应根据拟建工程的实际情况列项。

(1)能计量的措施项目(即单价措施项目)，与分部分项工程项目清单一样，编制工程量清单时必须列出项目编码、项目名称、项目特征、计量单位。

(2)对不能计量，《市政工程工程量计算规范》(GB 50857—2013)中仅列出项目编码、项目名称，未列出项目特征、计量单位和工程量计算规则的措施项目(即总价措施项目)，编制工程量清单时可仅按项目编码、项目名称确定清单项目，不必描述其项目特征和确定其计量单位。

三、其他项目

其他项目清单是指分部分项清单项目和措施项目以外，该工程项目施工中可能发生的其他费用项目和相应数量的清单。

(1)其他项目清单宜按照下列内容列项：

1)暂列金额。暂列金额是招标人在工程量清单中暂定并包括在合同价款中的一笔款项。清单计价规范中明确规定暂列金额用于施工合同签订时尚未确定或者不可预见的所需材料、设备、服务的采购，施工中可能发生的工程变更、合同约定调整因素出现时的工程价款调整以及发生的索赔、现场签证确认等的费用。

不管采用何种合同形式，工程造价理想的标准是，一份合同的价格就是其最终的竣工结算价格，或者至少两者应尽可能接近。我国规定对政府投资工程实行概算管理，经项目审批部门批复的设计概算是工程投资控制的刚性指标，即使商业性开发项目也有成本的预先控制问题，否则，无法相对准确预测投资的收益和科学合理地进行投资控制。但工程建设自身的特性决定了工程的设计需要根据工程进展不断地进行优化和调整,业主需求可能会随工程建设进展出现变化,工程建设过程还会存在一些不能预见、不能确定的因素。消化这些因素必然会影响合同价格的调整,暂列金额正是为这类不可避免的价格调整而设立,以便达到合理确定和有效控制工程造价的目标。

另外,暂列金额列入合同价格不等于就属于承包人所有了,即使是总价包干合同,也不等于列入合同价格的所有金额就属于承包人,是否属于承包人应得金额取决于具体的合同约定,只有按照合同约定程序实际发生后,才能成为承包人的应得金额,纳入合同结算价款中。扣除实际发生金额后的暂列金额余额仍属于发包人所有。设立暂列金额并不能保证合同结算价格就不会再出现超过合同价格的情况,是否超出合同价格完全取决于工程量清单编制人暂列金额预测的准确性,以及工程建设过程是否出现了其他事先未预测到的事件。

2)暂估价。暂估价是指招标阶段直至签订合同协议时,招标人在招标文件中提供的用于支付必然发生但暂时不能确定价格的材料以及专业工程的金额。暂估价包括材料暂估单价、工程设备暂估单价和专业工程暂估价。暂估价类似于 FIDIC 合同条款中的 Prime Cost Items,在招标阶段预见肯定要发生,只是因为标准不明确或者需要由专业承包人完成,暂时无法确定价格。暂估价数量和拟用项目应当结合工程量清单中的"暂估价表"予以补充说明。

为方便合同管理,需要纳入分部分项工程项目清单综合单价中的暂估价应只是材料费、工程设备费,以方便投标人组价。

专业工程的暂估价一般应是综合暂估价,应当包括除规费和税金以外的管理费、利润等取费。总承包招标时,专业工程设计深度往往是不够的,一般需要交由专业设计人设计,国际上,出于提高可建造性考虑,一般由专业承包人负责设计,以发挥其专业技能和专业施工经验的优势。这类专业工程交由专业分包人完成是国际工程的良好实践,目前在我国工程建设领域也已经比较普遍。公开透明地合理确定这类暂估价的实际开支金额的最佳途径,就是通过施工总承包人与工程建设项目招标人共同组织的招标。

3)计日工。计日工是为解决现场发生的零星工作的计价而设立的,其为额外工作和变更的计价提供了一个方便快捷的途径。计日工适用的所谓零星工作一般是指合同约定之外的或者因变更而产生的、工程量清单中没有相应项目的额外工作,尤其是那些时间不允许事先商定价格的额外工作。计日工以完成零星工作所消耗的人工工时、材料数量、机械台班进行计量,并按照计日工表中填报的适用项目的单价进行计价支付。

国际上常见的标准合同条款中,大多数都设立了计日工(Daywork)计价机制。但在我国以往的工程量清单计价实践中,由于计日工项目的单价水平一般要高于工程量清单项目的单价水平,因而经常被忽略。从理论上讲,由于计日工往往是用于一些突发性的额外工作,缺少计划性,承包人在调动施工生产资源方面难免不影响已经计划好的工作,生产资源的使用效率也有一定的降低,客观上造成超出常规的额外投入。另外,其他项目清单中计日工往往是一个暂定的数量,其无法纳入有效的竞争。所以合理的计日工单价水平一定是要高于工程量清单的价格水平的。为获得合理的计日工单价,发包人在其他项目清单中对计日工一定要给出暂定数量,并需要根据经验尽可能估算一个较接近实际的数量。

4)总承包服务费。总承包服务费是为了解决招标人在法律、法规允许的条件下进行专业工程发包,以及自行供应材料、设备,并需要总承包人对发包的专业工程提供协调和配合服务,对供应的材料、设备提供收、发和保管服务以及进行施工现场管理时发生,并向总承包人支付的费用。招标人应预计该项费用并按投标人的投标报价向投标人支付该项费用。

(2)为保证工程施工建设的顺利实施,投标人在编制招标工程量清单时应对施工过程中可能出现的各种不确定因素对工程造价的影响进行估算,列出一笔暂列金额。暂列金额可根据工程的复杂程度、设计深度、工程环境条件(包括地质、水文、气候条件等)进行估算,一般可按分部分项工程费的 10%~15% 作为参考。

(3)暂估价中的材料、工程设备暂估单价应根据工程造价信息或参照市场价格估算,列出明细表;专业工程暂估价应分不同专业,按有关计价规定估算,列出明细表。

(4)计日工应列出项目名称、计量单位和暂估数量。

(5)总承包服务费应列出服务项目及其内容等。

(6)出现上述第(1)条中未列的项目,应根据工程实际情况补充。如办理竣工结算时就需将索赔及现场鉴证列入其他项目中。

四、规费和税金

(一)规费

规费是根据省级政府或省级有关权力部门规定必须缴纳的,应计入建筑安装工程造价的费用。根据住房和城乡建设部、财政部"关于印发《建筑安装工程费用项目组成》的通知"(建标[2013]44号)的规定,规费主要包括社会保险费、住房公积金、工程排污费,其中社会保险费包括养老保险费、医疗保险费、失业保险费、工伤保险费和生育保险费;税金主要包括营业税、城市维护建设税、教育费附加和地方教育附加。规费作为政府和有关权力部门规定必须缴纳的费用,政府和有关权力部门可根据形势发展的需要,对规费项目进行调整,因此,清单编制人对《建筑安装工程费用项目组成》中未包括的规费项目,在编制规费项目清单时应根据省级政府或省级有关权力部门的规定列项。

规费项目清单应按照下列内容列项:

(1)社会保险费:包括养老保险费、失业保险费、医疗保险费、工伤保险费、生育保险费。

(2)住房公积金。

(3)工程排污费。

相对于"08计价规范","13计价规范"对规费项目清单进行了以下调整:

(1)根据《中华人民共和国社会保险法》的规定,将"08计价规范"使用的"社会保障费"更名为"社会保险费",将"工伤保险费、生育保险费"列入社会保险费。

(2)根据十一届全国人大常委会第 20 次会议将《中华人民共和国建筑法》第四十八条由"建筑施工企业必须为从事危险作业的职工办理意外伤害保险,支付保险费"修改为"建筑施工企业应当依法为职工参加工伤保险缴纳工伤保险费。鼓励企业为从事危险作业的职工办理意外伤害保险,支付保险费"。由于建筑法将意外伤害保险由强制改为鼓励,因此,"13 计价规范"中规费项目增加了工伤保险费,删除了意外伤害保险,将其列入企业管理费中列支。

(3)根据《财政部、国家发展改革委关于公布取消和停止征收 100 项行政事业性收费项目的通知》(财综[2008]78 号)的规定,工程定额测定费从 2009 年 1 月 1 日起取消,停止征收。因此,"13 计价规范"中规费项目取消了工程定额测定费。

(二)税金

根据住房和城乡建设部、财政部"关于印发《建筑安装工程费用项目组成》的通知"(建标[2013]44 号)的规定,目前我国税法规定应计入建筑安装工程造价的税种包括营业税、城市建设维护税、教育费附加和地方教育附加。如国家税法发生变化,税务部门依据职权增加了税种,应对税金项目清单进行补充。

税金项目清单应按下列内容列项:

(1)营业税。

(2)城市维护建设税。

(3)教育费附加。

(4)地方教育附加。

根据《财政部关于统一地方教育政策有关内容的通知》(财综[2011]98 号)的有关规定,相对于"08 计价规范","13 计价规范"在税金项目增列了地方教育附加项目。

第三章 土石方工程工程量计算

土石方工程通常是道路、桥涵、隧道、市政管网工程施工的组成部分。充分了解工程的地形、地貌、地质及施工环境等情况，以便于确定施工方法，确定工程量并计算劳动力、施工机具以作为工程量清单计价的依据。

第一节 土方工程工程量计算

一、挖一般土方

1. 场地平整土方量计算

开挖时首先应进行场地平整，场地平整土方量计算通常采用方格网法，其主要计算步骤如下：

(1)把施工场地划分成边长为 a 的若干个方格网，通常 a 的大小由场地的大小及平整程度来定。

(2)确定各方格角点的自然标高。确定方法主要有两种：一种是根据等高线运用插入法求得，主要适用于高差起伏不大的场地；另一种是用水准仪直接测量各角点标高，主要适用于高差起伏较大的场地。

(3)确定方格点设计标高。

(4)计算场地各方格角点的施工高度。施工高度即是各方格角点的挖填高度。

(5)确定零线。零线为挖方区与填方区的分界线，在求零线之前，须先求得零点。零点位于方格边线上既不挖、也不填的点，零点位于施工高度变号的两相邻角点之间，方格中各零点位置确定后，相邻零点的连线即为零线。

(6)计算各方格挖、填方量。根据各方格角点的施工高度和零线的位置,通常有方格网内四角全为挖方或填方;三角棱体、三角锥体全为挖方或填方;方格网内一对角线为零线,另两角点一为挖方一为填方;方格网内三角为挖(填)方、一角为填(挖)方;方格网内两角为挖方、两角为填方五种情况。

常用的方格网计算公式见表3-1。

表3-1　　　　　方格网点常用计算公式

序号	图 示	计 算 方 式
1		方格网内四角全为挖方或填方: $V=\dfrac{a^2}{4}(h_1+h_2+h_3+h_4)$
2		三角锥体,当三角锥体全为挖方或填方: $F=\dfrac{a^2}{2}$;$V=\dfrac{a^2}{6}(h_1+h_2+h_3)$
3		方格网内,一对角线为零线,另两角点一为挖方一为填方: $F_{挖}=F_{填}=\dfrac{a^2}{2}$; $V_{挖}=\dfrac{a^2}{6}h_1$;$V_{填}=\dfrac{a^2}{6}h_2$
4		方格网内,三角为挖(填)方,一角为填(挖)方: $b=\dfrac{ah_4}{h_1+h_4}$;$c=\dfrac{ah_4}{h_3+h_4}$; $F_{填}=\dfrac{1}{2}bc$;$F_{挖}=a^2-\dfrac{1}{2}bc$; $V_{填}=\dfrac{h_4}{6}bc=\dfrac{a^2h_4^3}{6(h_1+h_4)(h_3+h_4)}$; $V_{挖}=\dfrac{a^2}{6}-(2h_1+h_2+2h_3-h_4)+V_{填}$

续表

序号	图示	计算方式
5	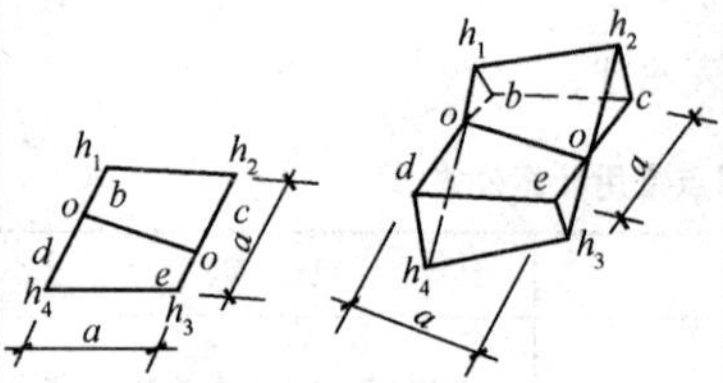h1 h2 o b c a d e h4 h3 a	方格网内，两角为挖，两角为填： $b=\frac{ah_1}{h_1+h_4}$；$c=\frac{ah_2}{h_2+h_3}$ $d=a-b$；$c=a-e$； $F_{挖}=\frac{1}{2}(b+c)a$； $F_{填}=\frac{1}{2}(d+e)a$； $V_{挖}=\frac{a}{4}(h_1+h_2)\frac{b+c}{2}$ $=\frac{a}{8}(b+c)(h_1+h_2)$； $V_{填}=\frac{a}{4}(h_3+h_4)\frac{d+e}{2}$ $=\frac{a}{8}(d+e)(h_3+h_4)$

注：将挖方区所有方格计算出的工程量列表汇总，即得该建筑场地的土方挖方工程总量。

【例 3-1】 某建筑物施工场地的地形方格网如图 3-1 所示，已知方格网边长 $a=20$m，场地内挖填平衡，试计算场地挖填土方量。

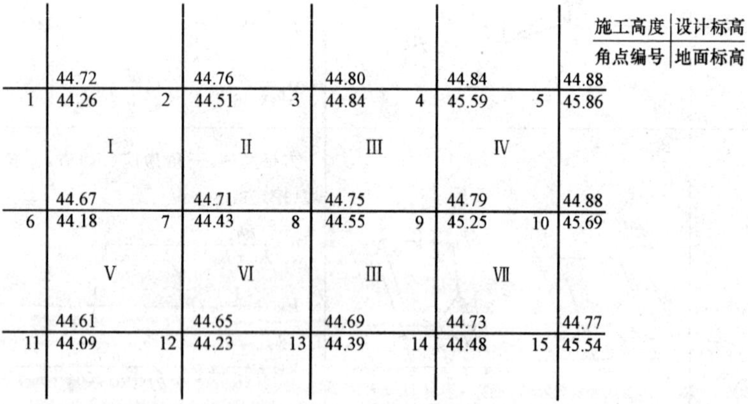
施工高度 | 设计标高
角点编号 | 地面标高
44.72 44.76 44.80 44.84 44.88
1 44.26 2 44.51 3 44.84 4 45.59 5 45.86
I II III IV
44.67 44.71 44.75 44.79 44.88
6 44.18 7 44.43 8 44.55 9 45.25 10 45.69
V VI III VII
44.61 44.65 44.69 44.73 44.77
11 44.09 12 44.23 13 44.39 14 44.48 15 45.54

图 3-1 某建筑场地地形图和方格网布置图

【解】 (1)根据方格网各角点地面标高和设计标高计算施工高度,如图 3-2 所示。

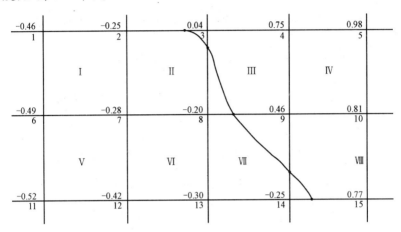

图 3-2 方格网各角点的施工高度及零线

(2)计算零点,求零线。零点位于相邻两个角点施工高度编号的方格边线上。由图 3-2 可见,边线 2—3,3—8,8—9,9—14,14—15 上,角点的施工高度符号改变,说明这些边线上必有零点存在,按公式可计算各零点位置如下:

2—3 线,$x_{2.3} = \dfrac{0.25}{0.25+0.04} \times 20 = 17.24\text{m}$

3—8 线,$x_{3.8} = \dfrac{0.04}{0.04+0.20} \times 20 = 3.33\text{m}$

8—9 线,$x_{8.9} = \dfrac{0.20}{0.20+0.46} \times 20 = 6.06\text{m}$

9—14 线,$x_{9.14} = \dfrac{0.46}{0.46+0.25} \times 20 = 12.96\text{m}$

14—15 线,$x_{14.15} = \dfrac{0.25}{0.25+0.77} \times 20 = 4.9\text{m}$

将所求零点位置连接起来,便是零线,即表示挖方与填方的分界线,如图 3-2 所示。

(3)计算各方格网的土方量。

1)方格网Ⅰ、Ⅴ、Ⅵ均为四点填方,则:

方格Ⅰ: $V_Ⅰ^{(-)} = \dfrac{a^2}{4}\sum h = \dfrac{20^2}{4}\times(0.46+0.25+0.49+0.28)=148\text{m}^3$

方格Ⅴ: $V_Ⅴ^{(-)} = \dfrac{20^2}{4}\times(0.49+0.28+0.52+0.42)=171\text{m}^3$

方格Ⅵ: $V_Ⅵ^{(-)} = \dfrac{20^2}{4}\times(0.28+0.2+0.42+0.30)=120\text{m}^3$

2)方格Ⅳ为四点挖方,则:

$$V_Ⅳ^{(+)} = \dfrac{20^2}{4}\times(0.75+0.98+0.46+0.81)=300\text{m}^3$$

3)方格Ⅱ、Ⅶ为三点填方一点挖方,计算图形如图3-3所示。

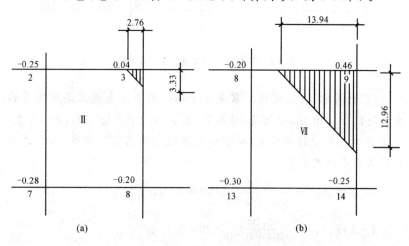

图3-3 三填一挖方格网

方格Ⅱ:

$$V_Ⅱ^{(+)} = \dfrac{bc}{6}\sum h = \dfrac{2.76\times3.33}{6}\times0.04=0.06\text{m}^3$$

$$V_Ⅱ^{(-)} = \left(a^2-\dfrac{bc}{2}\right)\dfrac{\sum h}{5} = \left(20^2-\dfrac{2.76\times3.33}{2}\right)\times\left(\dfrac{0.25+0.28+0.20}{5}\right)$$

$$=57.73\text{m}^3$$

方格Ⅶ：

$$V_{Ⅶ}^{(+)} = \frac{13.94 \times 12.96}{6} \times 0.46 = 13.85 \text{m}^3$$

$$V_{Ⅶ}^{(-)} = \left(20^2 - \frac{13.94 \times 12.96}{2}\right) \times \left(\frac{0.2 + 0.3 + 0.25}{5}\right) = 46.45 \text{m}^3$$

4）方格Ⅲ、Ⅷ为三点挖方，如图 3-4 所示。

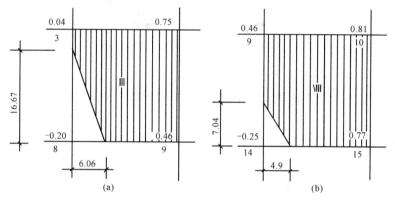

图 3-4　三挖一填方格网

方格Ⅲ：

$$V_{Ⅲ}^{(+)} = \left(a^2 - \frac{bc}{2}\right)\frac{\sum h}{5} = \left(20^2 - \frac{16.67 \times 6.06}{2}\right) \times \left(\frac{0.04 + 0.75 + 0.46}{5}\right)$$
$$= 87.37 \text{m}^3$$

$$V_{Ⅲ}^{(-)} = \frac{bc}{6}h = \frac{16.67 \times 6.06}{6} \times 0.2 = 3.37 \text{m}^3$$

方格Ⅷ：

$$V_{Ⅷ}^{(+)} = \left(20^2 - \frac{7.04 \times 4.9}{2}\right) \times \left(\frac{0.46 + 0.81 + 0.77}{5}\right) = 156.16 \text{m}^3$$

$$V_{Ⅷ}^{(-)} = \frac{7.04 \times 4.9}{6} \times 0.25 = 1.44 \text{m}^3$$

(4) 将以上计算结果汇总在表 3-2，并求余（缺）土外运（内运）量。

表 3-2　　　　　　　土方工程量汇总表　　　　　　　m^3

方格网号	I	II	III	IV	V	VI	VII	VIII	合计
挖　方		0.06	87.37	300			13.85	156.16	557.44
填　方	148	57.73	3.37		171	120	46.45	1.44	547.99
土方外运				$V=557.44-547.99=+9.45$					

2. 清单项目设置及工程量计算规则

挖一般土方清单项目设置及工程量计算规则见表 3-3。

表 3-3　　　　　　　　　挖一般土方

项目编码	项目名称	项目特征	计量单位	工程量计算规则	工作内容
040101001	挖一般土方	1. 土壤类别 2. 挖土深度	m^3	按设计图示尺寸以体积计算	1. 排地表水 2. 土方开挖 3. 围护(挡土板)及拆除 4. 基底钎探 5. 场内运输

注：1. 沟槽、基坑、一般土方的划分为：底宽≤7m 且底长＞3 倍底宽为沟槽，底长≤3 倍底宽且底面积≤150m² 为基坑。超出上述范围则为一般土方。
2. 土壤的分类应按表 3-4 确定。
3. 如土壤类别不能准确划分时，招标人可注明为综合，由投标人根据地勘报告决定报价。
4. 土方体积应按挖掘前的天然密实体积计算。
5. 挖一般土方因工作面和放坡增加的工程量，是否并入一般土方工程量中，按各省、自治区、直辖市或行业建设主管部门的规定实施。
6. 挖一般土方清单项目的工作内容中仅包括了土方场内平衡所需的运输费用，如需土方外运时，按 040103002"余方弃置"项目编码列项。

第三章　土石方工程工程量计算

表 3-4　　　　　　　　土壤分类表

土壤分类	土壤名称	开挖方法
一、二类土	粉土、砂土（粉砂、细砂、中砂、粗砂、砾砂）、粉质黏土、弱中盐渍土、软土（淤泥质土、泥炭、泥炭质土）、软塑红黏土、冲填土	用锹，少许用镐、条锄开挖。机械能全部直接铲挖满载者
三类土	黏土、碎石土（圆砾、角砾）、混合土、可塑红黏土、硬塑红黏土、强盐渍土、素填土、压实填土	主要用镐、条锄，少许用锹开挖。机械需部分刨松方能铲挖满载者或可直接铲挖但不能满载者
四类土	碎石土（卵石、碎石、漂石、块石）、坚硬红黏土、超盐渍土、杂填土	全部用镐、条锄挖掘，少许用撬棍挖掘。机械需普遍刨松方能铲挖满载者

注：本表土的名称及其含义按现行国家标准《岩土工程勘察规范》(GB 50021—2001)(2009 年局部修订版)定义。

3. 工程量计算实例

【例 3-2】　某工程土方开挖示意图如图 3-5 所示，已知该工程底长为 25m，采用人工挖土，土质为四类土，试计算该工程挖土方工程量。

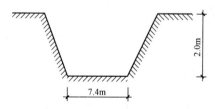

图 3-5　某工程土方开挖示意图

【解】　由于该工程底长为 25m，大于 3 倍底宽，且底宽＞7m，底面积在 150m² 以上，根据表 3-3 可知，应按挖一般土方计算工程量。若当地建设主管部门规定，土方工程量中不考虑因工作面积放坡而增加

的工程量,则:

$$挖一般土方工程量 = 7.4 \times 2 \times 25 = 370 m^3$$

工程量计算结果见表 3-5。

表 3-5   工程量计算表

项目编码	项目名称	项目特征描述	计量单位	工程量
040101001001	挖一般土方	四类土,深 2m	m^3	370

二、挖沟槽、基坑土方

1. 清单项目设置及工程量计算规则

挖沟槽、基坑土方清单项目设置及工程量计算规则见表 3-6。

表 3-6   挖沟槽、基坑土方

项目编码	项目名称	项目特征	计量单位	工程量计算规则	工作内容
040101002	挖沟槽土方	1. 土壤类别 2. 挖土深度	m^3	按设计图示尺寸以基础垫层底面积乘以挖土深度计算	1. 排地表水 2. 土方开挖 3. 围护(挡土板)及拆除 4. 基底钎探 5. 场内运输
040101003	挖基坑土方				

注:1. 土壤的分类应按表 3-4 确定。

2. 如土壤类别不能准确划分时,招标人可注明为综合,由投标人根据地勘报告决定报价。

3. 土方体积应按挖掘前的天然密实体积计算。

4. 挖沟槽、基坑土方中的挖土深度,一般指原地面标高至槽、坑底的平均高度(图 3-6)。

5. 挖沟槽、基坑因工作面和放坡增加的工程量,是否并入各土方工程量中,按各省、自治区、直辖市或行业建设主管部门的规定实施。如并入各土方工程量中,编制工程量清单时,可按表 3-7、表 3-8 的规定计算;办理工程结算时,按经发包人认可的施工组织设计规定计算。

6. 挖沟槽、基坑土方清单项目的工作内容中仅包括了土方场内平衡所需的运输费用,如需土方外运时,按 040103002 "余方弃置" 项目编码列项。

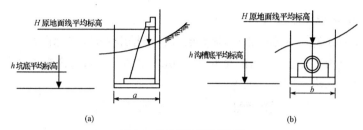

图 3-6 挖沟槽和基坑图示范
(a)桥台基坑挖方；(b)沟槽挖方
a—桥台垫层宽；b—桥台垫层长；$a \times b \times (H-h)$—管沟挖方工程量

表 3-7　　　　　　　　　放坡系数表

土类别	放坡起点 (m)	人工挖土	机械挖土		
			在沟槽、坑内作业	在沟槽侧、坑边作业	顺沟槽方向坑上作业
一、二类土	1.20	1∶0.50	1∶0.33	1∶0.75	1∶0.50
三类土	1.50	1∶0.33	1∶0.25	1∶0.67	1∶0.33
四类土	2.00	1∶0.25	1∶0.10	1∶0.33	1∶0.25

注：1. 沟槽、基坑中土类别不同时，分别按其放坡起点、放坡系数，依不同类别厚度加权平均计算。
2. 计算放坡时，在交接处的重复工程量不予扣除，原槽、坑做基础垫层时，放坡自垫层上表面开始计算。
3. 本表按《全国统一市政工程预算定额》(GYD—301—1999)整理，并增加机械挖土顺沟槽方向坑上作业的放坡系数。

表 3-8　　　　管沟施工每侧所需工作面宽度计算表　　　　（单位：mm）

管道结构宽	混凝土管道基础 90°	混凝土管道基础 >90°	金属管道	构筑物	
				无防潮层	有防潮层
500 以内	400	400	300		
1000 以内	500	500	400	400	600
2500 以内	600	500	400		
2500 以上	700	600	500		

注：1. 管道结构宽：有管座按管道基础外缘，无管座按管道外径计算；构筑物按基础外缘计算。
2. 本表按《全国统一市政工程预算定额》(GYD—301—1999)整理，并增加管道结构宽 2500mm 以上的工作面宽度值。

2. 工程量计算实例

【例 3-3】 某排水工程,需要装设两条排水管道,并埋设在同一沟槽内,土为三类土,沟槽的全长为 400m,图 3-7 所示为沟槽断面示意图,试计算沟槽挖土方工程量。

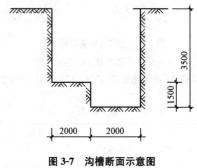

图 3-7 沟槽断面示意图

【解】 根据挖沟槽土方工程量计算规则,沟槽土方工程量应按设计图示尺寸的基础垫层面积乘以挖土深度计算。

挖沟槽土方工程量 $= 2 \times 3.5 \times 400 + (3.5 - 1.5) \times 2 \times 400$
$= 4400 \text{m}^3$

工程量计算结果见表 3-9。

表 3-9　　　　　　　　　工程量计算表

项目编码	项目名称	项目特征描述	计量单位	工程量
040101002001	挖沟槽土方	三类土,挖土深度 3.5m	m³	4400

【例 3-4】 某工程基础采用满堂基础,基坑不采用支撑,基础长宽方向的外边线尺寸分别为 10m 和 5m,挖深为 3m,采用人工开挖的方法,试计算开挖土方工程量。

【解】 根据表 3-3 注可知,本例应按挖基坑土计算工程量。根据挖基坑土方工程量计算规则。

挖基坑土方工程量 $= 10 \times 5 \times 3$
$= 150 \text{m}^3$

工程量计算结果见表 3-10。

表 3-10　　　　　　　工程量计算表

项目编码	项目名称	项目特征描述	计量单位	工程量
040101003001	挖基坑土方	挖土深度 3m	m³	150

三、暗挖土方

1. 暗挖土方的方法

(1)暗挖土方应遵循"管超前、严注浆、短开挖、强支护、快封闭、勤量测、速反馈"的施工原则。

(2)土方开挖过程中,如出现整体裂缝、滑动和其他不安全迹象时,应立即停止施工,并迅速撤离人员,采取不同的应急措施。

(3)土方暗挖的循环应控制在 0.5~0.75m 范围内,开挖后及时喷素混凝土加以封闭,尽快形成拱圈,在安全受控的情况下,方可进行下一循环的施工。

(4)站在土堆上作业时,应注意土堆的稳定,防止滑塌伤人。

(5)土方暗挖作业时应保持地面平整、无积水,洞壁两侧边缘应设排水沟。洞内不得使用汽油发动机设备。进洞深度大于洞径 5 倍时,应采取机械通风措施。

2. 清单项目设置及工程量计算规则

暗挖土方清单项目设置及工程量计算规则见表 3-11。

表 3-11　　　　　　　　暗挖土方

项目编码	项目名称	项目特征	计量单位	工程量计算规则	工作内容
040101004	暗挖土方	1. 土壤类别 2. 平洞、斜洞(坡度) 3. 运距	m³	按设计图示断面乘以长度以体积计算	1. 排地表水 2. 土方开挖 3. 场内运输

3. 工程量计算实例

【例 3-5】 某城市隧道工程施工采用暗挖土法施工,该隧道总长

600m,采用机械开挖,四类土质,其暗挖截面如图 3-8 所示,试计算该隧道暗挖土方工程量。

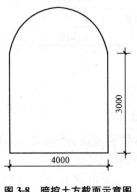

图 3-8 暗挖土方截面示意图

【解】 根据工程量计算规则,暗挖土方工程量按设计图示断面乘以长度以体积计算。

暗挖土方工程量$=(4\times3+1/2\times3.14\times2^2)\times600=10968m^3$

工程量计算结果见表 3-12。

表 3-12　　　　　　　　工程量计算表

项目编码	项目名称	项目特征描述	计量单位	工程量
040101004001	暗挖土方	四类土	m^3	10968

四、挖淤泥、流砂

1. 淤泥的开挖方法

(1)在对淤泥区开挖之前,应提前做好排水措施,根据现场地势和排水方向,开挖临时排水沟将水引流至施工场地外,以减少淤泥中含水量,同时也为雨季来临做好排水工作。

(2)在对淤泥开挖前,应作好渣石回填料准备工作,以保证开挖出来的淤泥区域能及时用渣石换填,避免由于降雨形成积水坑。

(3)在施工的过程中,开挖方式由淤泥区域边缘向中心方向对淤泥进行开挖,在淤泥开挖出来的区域内用渣石进行回填后,挖掘机、运输车和推土机等再逐渐深入至淤泥中心区域进行运输等工作。

(4)开挖机械人员必须持证上岗,严禁酒后作业。

(5)在施工的过程中,根据现场情况将淤泥区域分多个区域,采取流水作业方式,分工协作。

2. 挖淤泥、流砂清单项目设置及工程量计算规则

挖淤泥、流砂清单项目设置及工程量计算规则见表3-13。

表3-13　　　　　　　　　挖淤泥、流砂

项目编码	项目名称	项目特征	计量单位	工程量计算规则	工作内容
040101005	挖淤泥、流砂	1. 挖掘深度 2. 运距	m³	按设计图示位置、界限以体积计算	1. 开挖 2. 运输

注:1. 挖方出现流砂、淤泥时,如设计未明确,在编制工程量清单时,其工程数量可为暂估值。结算时,应根据实际情况由发包人与承包人双方现场签证确认工程量。

2. 挖淤泥、流砂的运距可以不描述,但应注明由投标人根据施工现场实际情况自行考虑决定报价。

3. 工程量计算实例

【例3-6】 某桥梁工程,需要修筑基础,沟槽断面示意如图3-9所示,全长为200m,地下水位为-1.50m,地下水位下为淤泥,在开挖时采用机械开挖,试计算挖淤泥工程量。

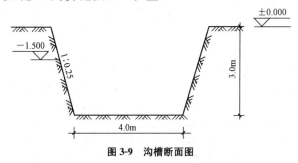

图3-9　沟槽断面图

【解】 根据挖淤泥工程量计算规则,挖淤泥工程量按设计图示的位置及界限以体积计算。

挖淤泥工程量 $=\dfrac{1}{2}\times 1.5\times(4+4+1.5\times 0.25\times 2)\times 200=1312.5\mathrm{m}^3$

工程量计算结果见表 3-14。

表 3-14　　　　　　　　　工程量计算表

项目编码	项目名称	项目特征描述	计量单位	工程量
040101005001	挖淤泥、流砂	挖淤泥深度1.5m	m³	1312.5

第二节　石方工程工程量计算

一、挖一般石方

1. 清单项目设置及工程量计算规则

挖一般石方清单项目设置及工程量计算规则见表 3-14。

表 3-15　　　　　　　　挖一般石方

项目编码	项目名称	项目特征	计量单位	工程量计算规则	工作内容
040102001	挖一般石方	1. 岩石类别 2. 开凿深度	m³	按设计图示尺寸以体积计算	1. 排地表水 2. 石方开凿 3. 修整底、边 4. 场内运输

说明：1. 沟槽、基坑、一般石方的划分为：底宽≤7m 且底长>3 倍底宽为沟槽；底长≤3 倍底宽且底面积≤150m² 为基坑；超出上述范围则为一般石方。

2. 岩石的分类应按表 3-16 确定。

3. 石方体积应按挖掘前的天然密实体积计算。

4. 挖一般石方因工作面和放坡增加的工程量，是否并入各石方工程量中，按各省、自治区、直辖市或行业建设主管部门的规定实施。如并入各石方工程量中，编制工程量清单时，其所需增加的工程数量可为暂估值，且在清单项目中予以注明；办理工程结算时，按经发包人认可的施工组织设计规定计算。

5. 挖一般石方清单项目的工作内容中仅包括了石方场内平衡所需的运输费用，如需石方外运时，按 040103002 "余方弃置" 项目编码列项。

6. 石方爆破按现行国家标准《爆破工程工程量计算规范》(GB 50862—2013)相关项目编码列项。

表 3-16　　岩石分类表

岩石分类		代表性岩石	开挖方法
极软岩		全风化的各种岩石 2. 各种半成岩	部分用手凿工具、部分用爆破法开挖
软质岩	软岩	1. 强风化的坚硬岩或较硬岩 2. 中等风化—强风化的较软岩 3. 未风化—微风化的页岩、泥岩、泥质砂岩等	用风镐和爆破法开挖
	较软岩	1. 中等风化—强风化的坚硬岩或较硬岩 2. 未风化—微风化的凝灰岩、千枚岩、泥灰岩、砂质泥岩等	
硬质岩	较硬岩	1. 微风化的坚硬岩 2. 未风化—微风化的大理岩、板岩、石灰岩、白云岩、钙质砂岩等	用爆破法开挖
	坚硬岩	未风化—微风化的花岗岩、闪长岩、辉绿岩、玄武岩、安山岩、片麻岩、石英岩、石英砂岩、硅质砾岩、硅质石灰岩等	

注：本表依据现行国家标准《工程岩体分级标准》(GB 50218—1994)和《岩土工程勘察规范(2009 年局部修订版)》(GB 50021—2001)整理。

2. 工程量计算实例

【例 3-7】　某工程施工场地有坚硬石类岩，其断面形状如图 3-10 所示，已知底部尺寸为 40m×41m，上部尺寸为 45m×47m，试计算挖石方工程量。

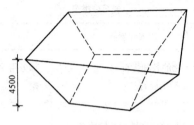

图 3-10 挖石方示意图

【解】 由表 3-15 注可知,本例应按一般挖石方计算工程量。根据一般挖石方工程量计算规则,其工程量应按设计图示尺寸以体积计算。

一般挖石方工程量 $=(45\times47+40\times41)/2\times4.5=8448.75m^3$

工程量计算结果见表 3-17。

表 3-17　　　　　　　工程量计算表

项目编码	项目名称	项目特征描述	计量单位	工程量
040102001001	挖一般石方	坚硬岩石	m³	8848.75

二、挖沟槽、基坑石方

1. 挖沟槽石方的方法

(1)开挖前,应先查明地下管线及其他地下构筑物情况,会同有关部门做出妥善处理,确保施工安全。

(2)开挖时应分层、分段依次进行,形成一定坡度,以利于排水。

(3)沟槽开挖时其断面尺寸必须准确,沟底平直,沟内无塌方、无积水、无各种油类及杂物,转角符合设计要求。

(4)开挖完成后,应及时做好防护措施。

2. 挖沟槽、基坑石方清单项目设置及工程量计算规则

挖沟槽、基坑石方清单项目设置及工程量计算规则见表 3-18。

表 3-18　　　　　　　　　挖沟槽、基坑石方

项目编码	项目名称	项目特征	计量单位	工程量计算规则	工作内容
040102002	挖沟槽石方	1. 岩石类别 2. 开凿深度	m^3	按设计图示尺寸以基础垫层底面积乘以挖石深度计算	1. 排地表水 2. 石方开凿 3. 修整底、边 4. 场内运输
040102003	挖基坑石方				

说明：1. 沟槽、基坑、一般石方的划分为：底宽≤7m 且底长＞3 倍底宽为沟槽；底长≤3 倍底宽且底面积≤150m² 为基坑；超出上述范围则为一般石方。

2. 岩石的分类应按表 3-16 确定。

3. 石方体积应按挖掘前的天然密实体积计算。

4. 挖沟槽、基坑石方因工作面和放坡增加的工程量，是否并入各石方工程量中，按各省、自治区、直辖市或行业建设主管部门的规定实施。如并入各石方工程量中，编制工程量清单时，其所需增加的工程数量可为暂估值，且在清单项目中予以注明；办理工程结算时，按经发包人认可的施工组织设计规定计算。

5. 挖沟槽、基坑石方清单项目的工作内容中仅包括了石方场内平衡所需的运输费用，如需石方外运时，按 040103002"余方弃置"项目编码列项。

6. 石方爆破按现行国家标准《爆破工程工程量计算规范》(GB 50862—2013)相关项目编码列项。

3. 工程量计算实例

【例 3-8】 某工程需要在山脚开挖沟槽，已知沟槽内为中等风化的坚硬岩，开挖长度为 200m，沟槽断面如图 3-11 所示，试计算该工程挖石方工程量。

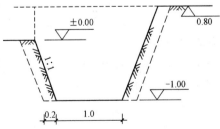

图 3-11　边沟横断面图(单位:m)

【解】 由表 3-18 注可知,本例应按挖沟槽石方计算工程量。根据挖沟槽石方工程量计算规则计算。

$$挖沟槽石方工程 = 1.0 \times 200 \times 1.0 = 200 m^3$$

工程量计算结果见表 3-19。

表 3-19　　　　　工程量计算表

项目编码	项目名称	项目特征	计量单位	工程量
040102002001	挖沟槽石方	中等风化坚硬岩,开凿深度 1.0m	m^3	200

【例 3-9】 某基础底面为矩形,基础底面长为 3.0m,宽为 2.6m,基坑深 3.0m,土质为坚硬玄武岩,两边各留工作面宽度为 0.3m,人工挖方,基坑石方示意图如图 3-12 所示,试计算其挖石方工程量。

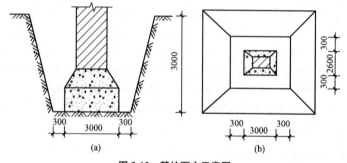

图 3-12　基坑石方示意图
(a)基坑断面图;(b)基坑平面图

【解】 由表 3-18 注可知,本例应按挖基坑石方计算工程量。根据挖基坑石方项目工程量计算规则,其应按设计图示尺寸以基础垫层底面积乘以挖石深度计算。

$$挖基坑石方工程量 = 3.0 \times 2.6 \times 3.0 = 23.4 m^3$$

工程量计算结果见表 3-20。

表 3-20　　　　　工程量计算表

项目编码	项目名称	项目特征	计量单位	工程量计算
040102003001	挖基坑石方	坚硬玄武岩,基坑深 3.0m	m^3	23.4

第三节 回填方及土石方运输工程量计算

一、回填方

为保证填土工程质量,必须正确选择土料。相关规范规定:碎石类土、砂土和爆破石渣,可用作各层填料;碎块草皮和有机质含量大于8%的土,仅用于无压实要求的填方;淤泥与淤泥质土一般不能用作填料。

1. 清单项目设置及工程量计算规则

回填方清单项目设置及工程量计算规则见表 3-21。

表 3-21　　　　　　　　　　回填方

项目编码	项目名称	项目特征	计量单位	工程量计算规则	工作内容
040103001	回填方	1. 密实度要求 2. 填方材料品种 3. 填方粒径要求 4. 填方来源、运距	m³	1. 按挖方清单项目工程量加原地面线至设计要求标高间的体积,减基础、构筑物等埋入体积计算 2. 按设计图示尺寸以体积计算	1. 运输 2. 回填 3. 压实

说明:1. 填方材料品种为土时,可以不描述。

2. 填方粒径,在无特殊要求情况下,项目特征可以不描述。

3. 对于沟、槽坑等开挖后再进行回填方的清单项目,其工程量计算规则按第 1 条确定;场地填方等按第 2 条确定。其中,对工程量计算规则 1,当原地面线高于设计要求标高时,则其体积为负值。

4. 回填方总工程量中若包括场内平衡和缺方内运两部分时,应分别编码列项。

5. 回填方的运距可以不描述,但应注明由投标人根据施工现场实际情况自行考虑决定报价。

6. 回填方如需缺方内运,且填方材料品种为土方时,是否在综合单价中计入购买土方的费用,由投标人根据工程实际情况自行考虑决定报价。

2. 工程量计算实例

【例 3-10】 某工程欲挖雨水管道工程,沟槽长 20m,宽为 3m,槽深 2.5m,无检查井。槽内铺设直径 750mm 铸铁管,管下混凝土基座为 $0.448m^3/m$,基层下碎石垫层 $0.25m^3/m$,密实度为 97%,试计算其回填方工程量。

【解】 根据回填方工程量计算规则,按挖方清单项目工程量加原地面线至设计要求标高间的体积,减基础、构筑物等埋入体积计算。

挖方清单项目工程量 $= 20 \times 3 \times 2.5 = 150 m^3$

混凝土基座体积 $= 0.448 \times 20 = 8.96 m^3$

碎石垫层体积 $= 0.25 \times 20 = 5 m^3$

直径 750 管子外形体积 $= \pi \times (0.75/2)^2 \times 20 = 8.84 m^3$

回填方工程量 $= 150 - 8.96 - 5 - 8.84 = 127.2 m^3$

工程量计算结果见表 3-22。

表 3-22 工程量计算表

项目编码	项目名称	项目特征	计量单位	工程量计算
040103001001	回填方	密实度 97%	m^3	127.2

二、余方弃置

1. 清单项目设置及工程量计算规则

余方弃置清单项目设置及工程量计算规则见表 3-23。

表 3-23 余方弃置

项目编码	项目名称	项目特征	计量单位	工程量计算规则	工作内容
040103002	余方弃置	1. 废弃料品种 2. 运距	m^3	按挖方清单项目工程量减利用回填方体积(正数)计算	余方点装料运输至弃置点

说明:余方弃置的运距可以不描述,但应注明由投标人根据施工现场实际情况自行考虑决定报价。

2. 工程量计算实例

【例 3-11】 某道路路基工程,已知挖土 3600m^3,其中可利用回填方为 3000m^3,土方运距为 2km,试确定余土外运数量工程量。

【解】 根据工程量计算规则,余方弃置工程量按挖方清单项目工程量减利用回填方体积(正数)计算。

余方弃置工程量 $=3600-3000=600\text{m}^3$(自然方)

工程量计算结果见表 3-24。

表 3-24　　　　　　　　　　工程量计算表

项目编码	项目名称	项目特征	计量单位	工程量计算
040103002001	余方弃置	运距 2km	m^3	600

第四节　土石方工程计价相关问题及说明

一、清单计价相关问题及说明

(1)隧道石方开挖按《市政工程工程量计算规范》(GB 50857—2013)附录 D 隧道工程中相关项目编码列项(参见本书第六章)。

(2)废料及余方弃置清单项目中,如需发生弃置、堆放费用的,投标人应根据当地有关规定计取相应费用,并计入综合单价中。

二、全统市政定额土石方工程说明

按照《全国统一市政工程预算定额》(GYD—301—1999)执行的项目,土石方工程定额说明如下:

(1)干、湿土的划分首先以地质勘察资料为准,含水率≥25% 为湿土;或以地下常水位为准,常水位以上为干土,以下为湿土。挖湿土时,人工和机械乘以系数 1.18,干、湿土工程量分别计算。采用井点降水的土方应按干土计算。此外,需要注意的是,定额综合了干土、湿土,执行中不得调整。但不包括挖淤泥,发生时另行计算。

(2) 人工夯实土堤、机械夯实土堤执行本章人工填土夯实平地、机械填土夯实平地子目。

(3) 挖土机在垫板上作业，人工和机械乘以系数1.25，搭拆垫板的人工、材料和辅机摊销费另行计算。

(4) 推土机推土或铲运机铲土的平均土层厚度小于30cm时，其推土机台班乘以系数1.25，铲运机台班乘以系数1.17。

(5) 在支撑下挖土，按实挖体积，人工乘以系数1.43，机械乘以系数1.20。先开挖后支撑的不属支撑下挖土。

(6) 挖密实的钢渣，按挖四类土人工乘以系数2.50，机械乘以系数1.50。

(7) $0.2m^3$ 抓斗挖土机挖土、淤泥、流砂按 $0.5m^3$ 抓铲挖掘机挖土、淤泥、流砂定额消耗量乘以系数2.50计算。

(8) 定额把劳动定额中的一、二类土设一个子目，取一类土5%、二类土95%，将砂性淤泥和黏性淤泥综合设一个子目，取砂性淤泥10%、黏性淤泥90%。

1) 挖土方。定额用工数按劳动定额计算。

2) 沟槽土方。沟槽宽度按劳动定额综合，取底宽1.5m内50%，3m内45%，7m内5%，深度按劳动定额每米分层定额取算术平均值。

3) 基坑土方。基坑底面积按劳动定额综合，取 $5m^2$ 内30%，$10m^2$ 内30%，$20m^2$ 内15%，$50m^2$ 内15%，$100m^2$ 内10%。深度按劳动定额每米分层定额取算术平均值。

4) 开挖冻土按拆除混凝土障碍物子目乘以系数0.8。

(9) 自卸汽车运土，如是反铲挖掘机装车，则自卸汽车运土台班数量乘以系数1.10；拉铲挖掘机装车，自卸汽车运土台班数量乘以系数1.20。

(10) 石方爆破按炮眼法松动爆破和无地下渗水积水考虑，防水和覆盖材料未在定额内。采用火雷管可以换算，雷管数量不变，扣除胶质导线用量，增加导火索用量，导火索长度按每个雷管2.12m计算。抛掷和定向爆破另行处理。打眼爆破若要达到石料粒径要求，则增加的费用另计。

(11)定额不包括现场障碍物清理,障碍物清理费用另行计算。弃土、石方的场地占用费按当地规定处理。

(12)开挖冻土套拆除素混凝土障碍物子目乘以系数0.8。

(13)定额为满足环保要求而配备了洒水汽车在施工现场降尘,若实际施工中未采用洒水汽车降尘的,在结算中应扣除洒水汽车和水的费用。

第四章 道路工程工程量计算

第一节 道路工程概述

道路是一种供车辆行驶和行人步行的带状构筑物。位于城市范围以内的称为城市道路，其连接城市中心、生活区、工业区、文化浏览、体育活动场所等，是组织城市交通运输的基础。

一、城市道路的组成

城市道路是由车行道、人行道、平侧石及附属设施四个部分组成。

1. 车行道

车行道即道路的行车部分，主要供各种车辆行驶，分快车道（机动车道）、慢车道（非机动车道）。车道的宽度根据通行车辆的多少及车速而定，一般每条机动车道宽度在 3.5～3.75m 之间，每条非机动车道宽度在 2～2.5m 左右，一条道路的车行道可由一条或数条机动车道和数条非机动车道组成。

2. 人行道

人行道是供行人步行交通所用，人行道的宽度取决于行人交通的数量。人行道每条步行带宽度在 0.75～1m 左右，由数条步行带组成，一般宽度在 4.5m，但在车站、剧场、商业网点等行人集散地段的人行道，应考虑行人的滞留，自行车停放等因素，应适当加宽。

3. 平侧石

平侧石位于车行道与人行道的分界位置，它也是路面排水设施的一个组成部分，同时又起着保护道路面层结构边缘部分的作用。

侧石与平石共同构成路面排水边沟，侧石与平石的线形确定了车行道的线形,平石的平面宽度属车行道范围。

4. 附属设施

(1)排水设施。包括为路面排水的雨水进水井口、检查井、雨水沟管、连接管、污水管的各种检查井等。

(2)交通隔离设施。包括用于交通分离的分车岛、分隔带、隔离墩、护栏和用于导流交通和车辆回旋的交通岛和回车岛等。

(3)绿化。包括行道树、林荫带、绿篱、花坛、街心花园的绿化,为保护绿化设置的隔离设施。

(4)地面上杆线和地下管网。包括污水管道、给水管道、电力电缆、煤气等地下管网和电话、电力、热力、照明、公共交通等架空杆线及测量标志等。

二、道路工程识读

1. 道路平面图

道路平面图的内容主要包括道路的平面位置以及在道路建筑红线之间的平面布置(包括车行道、人行道、分车带、绿化带、停车站、停车场等),以及沿道路两侧一定范围内的地形、地物与道路的相互关系。

平面图应画明:工程范围;原有地物情况(包括地上、地下构筑物);起讫点及里程桩号;设计道路的中线,边线,弯道及其组成部分;设计道路各组成部分的尺寸;检查井、雨水井的布置和水流方向,雨水口的位置;其他(如道路沿线工厂、学校等门口斜坡要求,公用事业配合的位置以及附近水准点标志的位置、指北针、文字说明、接图线等)。

2. 道路纵断面图

城市道路纵断面,是指沿道路中心线所作的竖向剖面。

道路纵断面图,一般应包括下列内容:道路中线的地面线、纵坡设计线、竖曲线及其组成要素、道路起点和终点、主要道路交叉点,以及其他特征点和各中线桩的标高及施工填挖高度,此外尚需注明桥涵位置、结构类型、孔径和沿线土层地质剖面柱状图,以及地下水位、洪水位高程线、水准点位置与高程等。

纵断面图的比例尺,在技术设计阶段,一般采用水平方向为1:1000,1:500,垂直方向为1:100~1:50的较大比例尺,对地形平坦的路段,垂直方向还可放大。

在纵断面图上表示原地面起伏的标高线称为地面线,地面线上各点的标高称为地面标高(或称黑色标高)。

纵断面图的图样应布置在图幅上部。测设数据应采用表格形式布

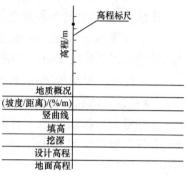

图 4-1 纵断面图的布置

置在图幅下部。高程标尺应布置在测设数据表的上方左侧,如图 4-1 所示。

3. 道路的工程横断面图

道路横断面图是指沿道路中心线垂直方向的断面图,一般采用 1:100 或 1:200 的比例,表示各组成部分的位置、宽度、横坡及照明等情况,反映机动车道、非机动车道、人行道、分隔带、绿化带等部分的横向布置及路面横向坡度情况。

第二节 路基处理工程量计算

路基是路面的基础,是一种人造线形构筑物,其具有面积大、路线长,能穿越不同地形、地貌、地质和水文地段的特点。

一、预压地基、强夯地基及振冲密实

1. 清单项目说明

(1)预压地基。预压地基是在原状土上加载,使土中水排出,以实现土的预先固结,减少建筑物地基后期沉降和提高地基承载力。按加

载方法的不同,分为堆载预压、真空预压、降水预压三种不同方法的预压地基。

(2)强夯地基。强夯地基是利用起重机械吊起重 8～30t 的夯锤,从 6～30m 高处自由落下,给地基土强大的冲击能量的夯击,产生很大的冲击应力,以使土层孔隙压缩,在夯击点周围产生裂隙,形成良好的排水通道,使得孔隙水和气体排出,使土粒重新排列,以提高地基承载力。强夯地基技术参数的选择应符合下列规定:

1)锤重和落距。锤重 $M(t)$ 与落距 $h(m)$,通常根据要求加固土层的深度(即影响深度)$H(m)$,按以下公式选定:

$$H \approx K\sqrt{\frac{Mh}{10}}$$

式中　H——夯锤能力,m;

h——落距(锤底至起夯间距离),m;

K——折减系数,一般黏性土取 0.5,砂性土取 0.7,黄土取 0.35～0.50。

锤重一般不宜小于 8t,常用的为 10t、12t、17t、18t、25t。落距一般不小于 6m,多采用 8m、10m、12m、13m、15m、17m、18m、20m、25m 等几种。

2)夯点布置。夯击点布置对大面积地基,一般采用梅花形或正方形网格排列,如图 4-2 所示。对条形基础夯点可成行布置,对独立柱基础,可按柱网设置单夯点。

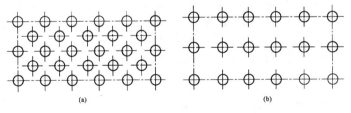

图 4-2　夯点布置
(a)梅花形布置;(b)方形布置

2. 清单项目设置及工程量计算规则

预压地基、强夯地基及振冲密实清单项目设置及工程量计算规则见表 4-1。

表 4-1　　　　　预压地基、强夯地基及振冲密实

项目编码	项目名称	项目特征	计量单位	工程量计算规则	工作内容
040201001	预压地基	1. 排水竖井种类、断面尺寸、排列方式、间距、深度 2. 预压方法 3. 预压荷载、时间 4. 砂垫层厚度	m^2	按设计图示尺寸以加固面积计算	1. 设置排水竖井、盲沟、滤水管 2. 铺设砂垫层、密封膜 3. 堆载、卸载或抽气设备安拆、抽真空 4. 材料运输
040201002	强夯地基	1. 夯击能量 2. 夯击遍数 3. 地耐力要求 4. 夯填材料种类			1. 铺设夯填材料 2. 强夯 3. 夯实材料运输
040201003	振冲密实 (不填料)	1. 地层情况 2. 振密深度 3. 孔距 4. 振冲器功率			1. 振冲加密 2. 泥浆运输

注：1. 地层情况按表 3-4 和表 3-16 的规定，并根据岩土工程勘察报告按单位工程各地层所占比例(包括范围值)进行描述。对无法准确描述的地层情况，可注明由投标人根据岩土工程勘察报告自行决定报价。
2. 如采用碎石、粉煤灰、砂等作为路基处理的填方材料时，应按本书第三章土石方工程中"回填方"项目编码列项(表 3-21)。

3. 工程量计算实例

【例 4-1】 某道路全长 1100m，路面宽度为 24m。由于该段土质比较疏松，为保证压实，通过强夯土方使土基密实(密实度达到 90% 以上)，以达到规定的压实度。两侧路肩各宽 1.2m，路基加宽值为

30cm,试计算强夯地基工程量。

【解】 根据工程量计算规则,强夯地基按设计图示尺寸以加固面积计算。

强夯地基工程量＝1100×(24＋1.2×2)＝29040.00m²

工程量计算结果见表4-2。

表4-2　　　　　　　　　　工程量计算表

项目编码	项目名称	项目特征描述	计量单位	工程量
040201002001	强夯地基	密实度大于90%	m²	29040.00

二、掺料

1. 清单项目说明

路基处理时掺料主要包括掺石灰、掺干土、掺石、抛石挤淤等。

(1)掺石灰。石灰应用Ⅲ级以上新鲜的块灰,含氧化钙、氧化镁愈高愈好,使用前1～2d消解并过筛,其颗粒不得大于5mm,且不应夹有未熟化的生石灰块粒及其他杂质,也不得含有过多的水分。

(2)掺干土。干土采用就地挖出的黏性土及塑性指数大于4的粉土,土内不得含有松软杂质或使用耕植土;土料应过筛,其颗粒不宜大于15mm。

(3)掺石。砂和砂石垫层,用砂或砂砾石(碎石)混合物,经分层夯实,作为地基的持力层,提高基础下部地基强度,并通过垫层的压力扩散作用,降低地基的压应力,减少变形量。

(4)抛石挤淤。抛石挤淤是软弱地基处理的一种方法,在路基底从中部向两侧抛投一定数量的碎石,将淤泥挤出路基范围,以提高路基强度。所用碎石宜采用不易风化的大石块儿,尺寸一般不小于0.3m。抛石挤淤法施工简单、迅速、方便。适用于常年积水的洼地,排水困难,泥炭呈流动状态,厚度较薄,表层无硬壳,片石能沉达底部的泥沼或厚度为3～4m的软土;在特别软的地面上施工,由于机械无法进入,或是表面存在大量积水无法排出时;适用于石料丰富,运距较短的情况。

2. 清单项目设置及工程量计算规则

掺料工程清单项目设置及工程量计算规则见表4-3。

表4-3 掺料

项目编码	项目名称	项目特征	计量单位	工程量计算规则	工作内容
040201004	掺石灰	含灰量	m^3	设计图示尺寸以体积计算	1. 掺石灰 2. 夯实
040201005	掺干土	1. 密实度 2. 掺土率			1. 掺干土 2. 夯实
040201006	掺石	1. 材料品种、规格 2. 掺石率			1. 掺石 2. 夯实
040201007	抛石挤淤	材料品种、规格			1. 抛石挤淤 2. 填塞垫平、压实

3. 工程量计算实例

【**例4-2**】 某道路工程全长为500m,路面宽度为12m,该路面为湿软路基,由此需要对其进行掺石处理(掺石率60%),以确保路基压实,图4-3所示为路堤断面示意图,试计算掺石工程量。

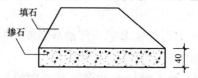

图4-3 路堤断面示意图(单位:cm)

【**解**】 根据工程量计算规则,掺石工程按设计图示尺寸以体积计算。

$$掺石工程量=500×12×0.4=2400m^3$$

工程量计算结果见表4-4。

第四章 道路工程工程量计算

表 4-4　　　　　　　　　工程量计算表

项目编码	项目名称	项目特征	计量单位	工程量
040201006001	掺石	掺石率60%	m³	2400

【例 4-3】 某段道路 K0+150～K0+900 段为水泥混凝土路面,路面宽 12m,两侧路肩各宽 1m,路堤断面图如图 4-4 所示。由于该段道路的土质为湿软的黏土,应在该土中掺入干土,以增加路基的稳定性,延长道路的使用年限,试计算掺干土(密实度为 90%)工程量。

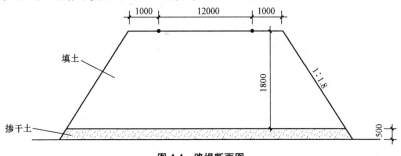

图 4-4　路堤断面图

【解】 根据工程量计算规则,掺干土按设计图示尺寸以体积计算。

路基掺干土工程量 = (900－150)×(12+1×2+1.8×1.8×2+
　　　　　　　　　　0.5×1.8)×0.5 = 8017.5m³

工程量计算结果见表 4-5。

表 4-5　　　　　　　　　工程量计算表

项目编码	项目名称	项目特征描述	计量单位	工程量
040201005001	掺干土	干土密实度90%	m³	8017.5

【例 4-4】 某段道路在 K0+150～K0+900 之间,采用在基底抛投不小于 35cm 的片石对路基进行加固处理,抛石挤淤断面图如图 4-5 所示,路面宽度为 12m,试计算抛石挤淤工程量。

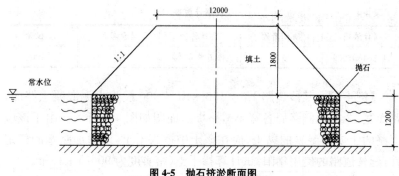

图 4-5 抛石挤淤断面图

【解】 根据工程量计算规则,抛石挤淤工程量按设计图示尺寸以体积计算。

$$抛石挤淤工程量 = (900-150) \times (12+1 \times 1.8 \times 2) \times 1.2$$
$$= 14040 \mathrm{m}^3$$

工程量计算结果见表 4-6。

表 4-6 工程量计算表

项目编码	项目名称	项目特征	计量单位	工程量
040201007001	抛石挤淤	不小于35cm片石	m³	14040

三、袋装砂井和塑料排水板

1. 清单项目说明

(1)袋装砂井。袋装砂井堆载预压地基,是在普通砂井堆载预压基础上改良和发展的一种新方法。砂井堆载预压地基是在软弱地基中用钢管打孔,灌砂设置砂井作为竖向排水通道,并在砂井顶部所设置砂垫层作为水平排水通道,在砂垫层上部压载以增加土中附加应力,加速土体的团结,以使地基得到加固。

(2)塑料排水板。塑料排水板别名塑料排水带,有波浪形、口琴形等多种形状。中间是挤出成型的塑料芯板,是排水带的骨架和通道,其断面呈并联十字,两面以非织造土工织物包裹作滤层,芯带起支撑作用并将滤层渗进来的水向上排出,是淤泥、淤质土、冲填土等饱和粘性及杂填土运用排水固结法进行软基处理的良好垂直通道,大大缩短软土固结时间。

2. 清单项目设置及工程量计算规则

袋装砂井和塑料排水板清单项目设置及工程量计算规则见表4-7。

表4-7　　　　　　　袋装砂井和塑料排水板

项目编码	项目名称	项目特征	计量单位	工程量计算规则	工作内容
040201008	袋装砂井	1. 直径 2. 填充材料品种 3. 深度	m	按设计图示尺寸以长度计算	1. 制作砂袋 2. 定位沉管 3. 下砂袋 4. 拔管
040201009	塑料排水板	材料品种、规格			1. 安装排水板 2. 沉管插板 3. 拔管

3. 工程量计算实例

【例4-5】 某道路路段K0+150~K0+250之间路面宽为10m,由于土质软弱,由此采用袋装砂井的方法进行路基处理,图4-6所示为袋装砂井断面示意图,砂井的深度为1.2m,直径为0.4m,砂井之间的间距为0.4m,试计算袋装砂井工程量。

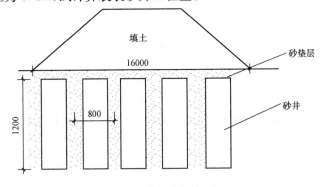

图4-6　袋装砂井示意图

【解】根据工程量计算规则,袋装砂井工程量按设计图示以长度计算。

袋装砂井工程量 = [(100/0.8+1)×(16/0.8+1)]×1.2
= 3175.2m

工程量计算结果见表 4-8。

表 4-8　　　　　　　　工程量计算表

项目编码	项目名称	项目特征	计量单位	工程量
040201008001	袋装砂井	直径为 0.4m,深度为 1.2m	m	3175.2

【例 4-6】某段道路在 K0+300～K0+650 之间采用安装塑料排水板的方法防止路基沉陷,路面宽度为 12m,路基断面如图 4-7 所示,每个断面铺两层塑料排水板,每块板宽为 5m,板长 25m,试计算塑料排水板工程量。

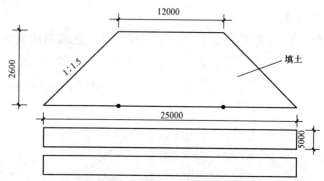

图 4-7　路堤断面图

【解】根据工程量计算规则,塑料排水板工程量按设计图示尺寸以长度计算。

塑料排水板工程量 = (650-300)/5×25×2 = 3500m

工程量计算结果见表 4-9。

表 4-9　　　　　　　　　　　工程量计算表

项目编码	项目名称	项目特征描述	计量单位	工程量
040201009001	塑料排水板	塑料排水板，板宽 5m，板长 25m	m	3500.00

四、桩地基

1. 清单项目说明

(1) 振冲桩。是利用振动和压力水使砂层液化，砂颗粒相互挤密，重新排列，孔隙减少，从而提高砂层的承载力和抗液化能力，它又称为振冲挤密砂桩法，这种桩根据砂土性质的不同，又有加填料和不加填料两种。

振冲桩法适用于处理砂土、粉土、粉质黏土、素填土和杂填土等地基。在砂性土中，振冲起挤密作用，称振冲挤密。不加填料的振冲挤密仅适用于处理黏粒含量小于 10N 的中、粗砂地基。

(2) 砂石桩。砂石桩是指使用振动或冲击荷载在地基中成孔，再将砂石挤入土中，而形成的密实的砂(石)质桩体。其加固的基本原理是对原性质较差的土进行挤密和置换，达到提高地基承载力，减小沉降的目的。砂石桩适用于挤密松散的砂土、粉土、素填土和杂填土地基。对饱和黏土地基上对变形控制要求不严的工程也可采用砂石桩置换处理，可以处理饱和粉土、砂土的液化问题。

(3) 碎石桩。碎石桩是利用振冲器，边振边填入碎石而形成一根根的桩体。近几年来发展较为迅速的是水泥粉煤灰碎石桩，其作为处理软弱地基的新方法，在碎石桩的基础上掺入适量石屑、粉煤灰和少量水泥，加水拌合后制成具有一定强度的桩体，掺入的粉煤灰用来改善混合料的和易性，并利用其火性减少水泥用量，掺入少量的水泥则使其具有一定的黏结强度。

(4) 深层水泥搅拌桩。深层水泥搅拌桩是利用水泥作为固化剂，通过深层搅拌机械在地基将软土或砂等和固化剂强制拌合，使软基硬结而提高地基强度。该方法适用于软基处理,效果显著,处理后可成桩、墙等。

深层水泥搅拌桩适用于处理淤泥、砂土、淤泥质土、泥炭土和粉土。当用于处理泥炭土或地下水具有侵蚀性时,应通过试验确定其适用性。冬季施工时应注意低温对处理效果的影响。

(5)粉喷桩。粉喷桩属于深层搅拌法加固地基方法的一种形式,也叫加固土桩。深层搅拌法是加固饱和软黏土地基的一种新颖方法,它是利用水泥、石灰等材料作为固化剂的主剂,通过特制的搅拌机械就地将软土和固化剂(浆液状和粉体状)强制搅拌,利用固化剂和软土之间所产生的一系列物理—化学反应,使软土硬结成具有整体性、水稳性和一定强度的优质地基。粉喷桩就是采用粉体状固化剂来进行软基搅拌处理的方法。

粉喷桩最适合于加固各种成因的饱和软黏土,目前国内常用于加固淤泥、淤泥质土、粉土和含水量较高的黏性土。

(6)高压水泥旋喷桩。旋喷桩是利用钻机成孔,再把带有喷嘴的注浆管进至土体预定深度后,用高压设备以 20~40MPa 高压把混合浆液或水从喷嘴中以很高的速度喷射出来,土颗粒在喷射流的作用下(冲击力、离心力、重力),与浆液搅拌混合,待浆液凝固后,便在土中形成一个固结体,与原地基土构成新的地基。

旋喷桩适用于处理砂土、粉土、黏性土(包括淤泥和淤泥质土)、黄土、素填土和杂填土等地基。但对于砾石直径过大,砾石含量高以及含有大量纤维质的腐殖土,喷射质量较差。强度较高的黏性土中喷射直径受到限制。

(7)石灰桩。石灰桩是指为加速软弱地基的固结,在地基上钻孔并灌入生石灰而成的吸水柱体。

石灰桩的主要作用机理是通过生石灰的吸水膨胀挤密桩周土,继而通过离子交换和胶凝反应使桩间土强度提高,同时桩身生石灰与活性掺和料经过水化、胶凝反应,使桩身具有 0.3~1.0MPa 的抗压强度。由于生石灰的吸水膨胀作用,特别适用于新填土和淤泥的加固,生石灰吸水后还可使淤泥产生自重固结,形成强度后的密集的石灰桩身与经加固的桩间土结合为一体,使桩间土欠固结状态消失。石灰桩法适用于处理饱和黏性土、淤泥、淤泥质土、素填土和杂填土等地基;用于地下水位以上的土层时,宜增加掺合料的含水量并减少生石灰用量,或采取土层浸水等措施。

石灰桩不适用于地下水位下的砂类土。

(8)灰土(土)挤密桩。土桩、灰土桩复合地基通过成孔过程的横向挤压作用,桩孔内的土被挤向周围,使桩间土得以密实,然后将准备好的灰土或素土(黏土)分层填入桩孔内,并分层捣实至设计标高,用灰土分层夯实的桩体,称为灰土挤密桩;用素土夯实的桩体称为土挤密桩。

土桩、灰土挤密桩适用于处理地下水位以下的湿陷性黄土、素填土和杂填土等地基,可处理地基的深度为 5~15m。当以消除地基土的湿陷性为主要目的时,宜选用土挤密桩法。当以提高地基土的承载力或增强其水稳性为主要目的时,宜选用灰土挤密桩法。当地基土的含水量大于 24%、饱和度大于 65% 时,不宜选用土桩、灰土桩复合地基。

(9)柱锤冲扩桩。柱锤冲扩桩是利用直径 300~500mm、长 2~6m 圆柱形重锤冲击成孔,再向孔内添加填料(碎砖三合土、级配砂石、矿渣、灰土、水泥混合土等)并夯实制成桩体,与原地基土构成的地基。

柱锤冲扩桩适用于处理地下水位以上的杂填土、粉土、黏性土、素填土和黄土等地基,对地下水位以下饱和松软土层,应通过现场试验确定其适用性。地基处理深度不宜超过 10m,复合地基承载力特征值不宜超过 160kPa。

2. 清单项目设置及工程量计算规则

桩地基清单项目设置及工程量计算规则见表 4-10。

表 4-10　　　　　　　　　　　桩地基

项目编码	项目名称	项目特征	计量单位	工程量计算规则	工作内容
040201010	振冲桩（填料）	1. 地层情况 2. 空桩长度、桩长 3. 桩径 4. 填充材料种类	1. m 2. m³	1. 以米计量，按设计图示尺寸以桩长计算 2. 以立方米计量，按设计桩截面乘以桩长以体积计算	1. 振冲成孔、填料、振实 2. 材料运输 3. 泥浆运输
040201011	砂石桩	1. 地层情况 2. 空桩长度、桩长 3. 桩径 4. 成孔方法 5. 材料种类、级配		1. 以米计量，按设计图示尺寸以桩长（包括桩尖）计算 2. 以立方米计量，按设计桩截面乘以桩长（包括桩尖）以体积计算	1. 成孔 2. 填充、振实 3. 材料运输
040201012	水泥粉煤灰碎石桩	1. 地层情况 2. 空桩长度、桩长 3. 桩径 4. 成孔方法 5. 混合料强度等级	m	按设计图示尺寸以桩长（包括桩尖）计算	1. 成孔 2. 混合料制作、灌注、养护 3. 材料运输
040201013	深层水泥搅拌桩	1. 地层情况 2. 空桩长度、桩长 3. 桩截面尺寸 4. 水泥强度等级、掺量		按设计图示尺寸以桩长计算	1. 预搅下钻、水泥浆制作、喷浆搅拌提升成桩 2. 材料运输

续表

项目编码	项目名称	项目特征	计量单位	工程量计算规则	工作内容
040201014	粉喷桩	1. 地层情况 2. 空桩长度、桩长 3. 桩径 4. 粉体种类、掺量 5. 水泥强度等级、石灰粉要求	m	按设计图示尺寸以桩长计算	1. 预搅下钻、喷粉搅拌提升成桩 2. 材料运输
040201015	高压水泥旋喷桩	1. 地层情况 2. 空桩长度、桩长 3. 桩截面 4. 旋喷类型、方法 5. 水泥强度等级、掺量			1. 成孔 2. 水泥浆制作、高压旋喷注浆 3. 材料运输
040201016	石灰桩	1. 地层情况 2. 空桩长度、桩长 3. 桩径 4. 成孔方法 5. 掺和料种类、配合比		按设计图示尺寸以桩长(包括桩尖)计算	1. 成孔 2. 混合料制作、运输、夯填
040201017	灰土(土)挤密桩	1. 地层情况 2. 空桩长度、桩长 3. 桩径 4. 成孔方法 5. 灰土级配			1. 成孔 2. 灰土拌合、运输、填充、夯实
040201018	柱锤冲扩桩	1. 地层情况 2. 空桩长度、桩长 3. 桩径 4. 成孔方法 5. 桩体材料种类、配合比		按设计图示尺寸以桩长计算	1. 安拔套管 2. 冲孔、填料、夯实 3. 桩体材料制作、运输

注:1. 地层情况按表 3-4 和表 3-16 的规定,并根据岩土工程勘察报告按单位工程各地层所占比例(包括范围值)进行描述。对无法准确描述的地层情况,可注明由投标人根据岩土工程勘察报告自行决定报价。

2. 项目特征中的桩长应包括桩尖,空桩长度＝孔深－桩长,孔深为自然地面至设计桩底的深度。

3. 如采用碎石、粉煤灰、砂等作为路基处理的填方材料时,应按本书第三章土石方工程中"回填方"项目编码列项(表 3-21)。

3. 工程量计算实例

【例 4-7】 某路段 K0+320～K0+550 之间路面宽 20m，两侧路肩宽均为 1m，土中打入石灰桩进行路基处理，桩直径为 1000mm，桩长为 2m，桩间距 1000mm，路基断面图如图 4-8 所示，试计算石灰桩工程量。

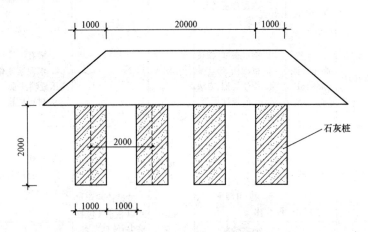

图 4-8 路基断面示意图

【解】 石灰桩个数=$[(20+1×2)/2+1]×[(550-320)/2+1]$
=1392 个

石灰桩工程量=$1392×2=2784$m

工程量计算结果见表 4-11。

表 4-11 工程量计算表

项目编码	项目名称	项目特征	计量单位	工程量
040201016001	石灰桩	石灰桩直径为 15cm，桩长为 2m	m	2784

五、地基注浆、褥垫层及土工合成材料

1. 清单项目说明

(1)地基注浆。地基注浆是将配置好的化学浆液或水泥浆液,通过导管注入土体孔隙中,与土体结合,发生物化反应,从而提高土体强度,减小其压缩性和渗透性。

用气压、液压或电化学原理把某些能固化的浆液通过压浆泵、灌浆管均匀的注入各种介质的裂缝或孔隙中,以填充、渗进和挤密等方式,驱走裂缝、孔隙中的水分和气体,并填充其位置,硬化后将岩土胶结成一个整体,形成一个强度大、压缩性低、抗渗性高和稳定性良好的新的岩土体,从而改善地基的物理化学性质的施工工艺,该工艺在地基处理中应用领域十分广泛,主要用于截水、堵漏和加固地基。

(2)褥垫层。褥垫层是CFG复合地基中解决地基不均匀的一种方法。如建筑物一边在岩石地基上,一边在黏土地基上时,采用在岩石地基上加褥垫层(级配砂石)来解决。

(3)土工合成材料。土工合成材料是土木工程应用的合成材料的总称。作为一种土木工程材料,它是以人工合成的聚合物(如塑料、化纤、合成橡胶等)为原料,制成各种类型的产品,置于土体内部、表面或各种土体之间,发挥加强或保护土体的作用。《土工合成材料应用技术规范》将土工合成材料分为土工织物、土工膜、土工特种材料和土工复合材料等类型。

通过在土层中埋设强度较大的土工聚合物达到提高地基承载力,减少地基变形,使用这种人工复合土体,可承受抗拉、抗压、抗剪和抗弯作用,借以提高地基承载力、增加地基稳定性和减少地基变形。适用于砂土、黏性土和软土地基。

2. 清单项目设置及工程量计算规则

地基注浆、褥垫层及土工合成材料清单项目设置及工程量计算规则见表4-12。

表 4-12　地基注浆、褥垫层及土工合成材料

项目编码	项目名称	项目特征	计量单位	工程量计算规则	工作内容
040201019	地基注浆	1. 地层情况 2. 成孔深度、间距 3. 浆液种类及配合比 4. 注浆方法 5. 水泥强度等级、用量	1. m 2. m³	1. 以米计量，按设计图示尺寸以深度计算 2. 以立方米计量，按设计图示尺寸以加固体积计算	1. 成孔 2. 注浆导管制作、安装 3. 浆液制作、安装 4. 材料运输
040201020	褥垫层	1. 厚度 2. 材料品种、规格及比例	1. m² 2. m³	1. 以平方米计量，按设计图示尺寸以铺设面积计算 2. 以立方米计量，按设计图示尺寸以铺设体积计算	1. 材料拌和、运输 2. 铺设 3. 压实
040201021	土工合成材料	1. 材料品种、规格 2. 搭接方式	m²	按设计图示尺寸以面积计算	1. 基层整平 2. 铺设 3. 固定

注：地层情况按表 3-4 和表 3-16 的规定，并根据岩土工程勘察报告按单位工程各地层所占比例(包括范围值)进行描述。对无法准确描述的地层情况，可注明由投标人根据岩土工程勘察报告自行决定报价。

3. 工程量计算实例

【例 4-8】　某道路工程全长为 2000m，路面宽度为 10m，路肩宽度为 1m，K0+500～K0+550 为软土地基，由于该路基较为湿软，由此需对软土地基用土工布进行处理，土工布紧密布置，厚度为 15cm，图 4-9 所示为土工布平面图，试计算土工布工程量。

【解】　根据工程量规则，土工布工程量按设计图示以面积计算。

土工布工程量 = $(550-500) \times (10+1 \times 2) = 600 m^2$

工程量计算结果见表 4-13。

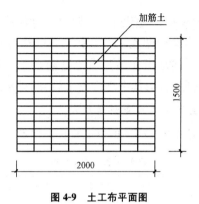

图 4-9 土工布平面图

表 4-13　　　　　　　　　工程量计算表

项目编码	项目名称	项目特征描述	计量单位	工程量
040201021001	土工布	土工布 2m×1.5m	m²	600

六、排水沟、截水沟及盲沟

1. 清单项目说明

(1)排水沟。排水沟的主要用途在于引水,将路基范围内各种水源的水流(如边沟、截水沟、取土坑、边坡和路基附近积水),引至桥涵或路基范围以外的指定地点。

排水沟的横断面,一般采用梯形,尺寸大小应经过水力水文计算选定。用于边沟、截水沟及取土坑出水口的排水沟,横断面尺寸根据设计流量确定,底宽与深度不宜小于 0.5m。

(2)截水沟。截水沟又称天沟,指的是为拦截山坡上流向路基的水,在路堑坡顶以外设置的水沟(规范规定距路堑坡顶外缘大于等于 5m,距路堤坡脚外缘大于等于 2m)。

挖方路基的堑顶截水沟应设置在坡口 5m 以外,并宜结合地形进行布设,填方路基上侧的路堤截水沟距填方坡脚的距离不应小于 2m。在多雨地区,视实际情况可设一道或多道截水沟,其作用是拦截路基上方流向路基的地表水,保护挖方边坡和填方坡脚不受水流冲刷。

(3)盲沟。盲沟又叫暗沟,是一种地下排水渠道,用以排除地下水,降低地下水位。其是指在路基或地基内设置的充填碎、砾石等粗粒材料并铺以倒滤层(有的其中埋设透水管)的排水、截水暗沟。

2. 清单项目设置及工程量计算规则

排水沟、截水沟及盲沟清单项目设置及工程量计算规则见表4-14。

表 4-14　　　　　　　　排水沟、截水沟及盲沟

项目编码	项目名称	项目特征	计量单位	工程量计算规则	工作内容
040201022	排水沟、截水沟	1. 断面尺寸 2. 基础、垫层:材料、品种、厚度 3. 砌体材料 4. 砂浆强度等级 5. 伸缩缝填塞 6. 盖板材质、规格	m	按设计图示以长度计算	1. 模板制作、安装、拆除 2. 基础、垫层铺筑 3. 混凝土拌合、运输、浇筑 4. 侧墙浇捣或砌筑 5. 勾缝、抹面 6. 盖板安装
040201023	盲沟	1. 材料品种、规格 2. 断面尺寸			铺筑

注:排水沟、截水沟清单项目中,当侧墙为混凝土时,还应描述侧墙的混凝土强度等级。

3. 工程量计算实例

【**例 4-9**】 某水泥混凝土道路工程,在 K0+300~K0+500 为需要挖方的路段,由于该路段的雨水量较大,由此需在两侧设置截水。试计算截水沟工程量。

【**解**】 根据工程量计算规则,截水沟工程量按设计图示以长度计算。

$$截水沟工程量=(500-300)\times 2=400m$$

工程量计算结果见表 4-15。

表 4-15　　　　　　　　　工程量计算表

项目编码	项目名称	项目特征	计量单位	工程量
040201022001	排水沟、截水沟	水泥混凝土	m	400

第三节　道路基层与面层工程量计算

一、道路基层

道路基层是指直接位于沥青路面层下，用高质量材料填筑的主要承重层，或直接位于水泥混凝土路面下，用高质量材料铺筑的结构层。

1. 清单项目说明

道路基层包括石灰稳定土基层、石灰粉煤灰底基层、石灰粉煤灰土底基层、石灰粉煤灰碎石（砂砾）基层、水泥稳定级配碎石基层、级配碎石（砾石）基层等，其构造如图 4-10 所示。

图 4-10　道路基层构造示意图

2. 清单项目设置及工程量计算规则

道路基层清单项目设置及工程量计算规则见表 4-16。

表 4-16 道路基层

项目编码	项目名称	项目特征	计量单位	工程量计算规则	工作内容
040202001	路床(槽)整形	1. 部位 2. 范围	m²	按设计道路底基层图示尺寸以面积计算,不扣除各类井所占面积	1. 放样 2. 整修路拱 3. 碾压成型
040202002	石灰稳定土	1. 含灰量 2. 厚度	m²	按设计图示尺寸以面积计算,不扣除各类井所占面积	1. 拌合 2. 运输 3. 铺筑 4. 找平 5. 碾压 6. 养护
040202003	水泥稳定土	1. 水泥含量 2. 厚度			
040202004	石灰、粉煤灰、土	1. 配合比 2. 厚度			
040202005	石灰、碎石、土	1. 配合比 2. 碎石规格 3. 厚度			
040202006	石灰、粉煤灰、碎(砾)石	1. 配合比 2. 碎(砾)石规格 3. 厚度			
040202007	粉煤灰	厚度			
040202008	矿渣				
040202009	砂砾石	1. 石料规格 2. 厚度			
040202010	卵石				
040202011	碎石				
040202012	块石				
040202013	山皮石				
040202014	粉煤灰三渣	1. 配合比 2. 厚度			
040202015	水泥稳定碎(砾)石	1. 水泥含量 2. 石料规格 3. 厚度			
040202016	沥青稳定碎石	1. 沥青品种 2. 石料规格 3. 厚度			

注:1. 道路工程厚度应以压实后为准。
    2. 道路基层设计截面如为梯形时,应按其截面平均宽度计算面积,并在项目特征中对截面参数加以描述。

3. 工程量计算实例

【例 4-10】 某道路工程,K0+100~K0+500 路段为沥青混凝土结构,图 4-11 所示为道路结构示意图。已知路面宽度为 12m,路肩宽度为 1m,试计算道路基层工程量。

—2cm厚细粒式沥青混凝土
—4cm厚中粒式沥青混凝土
—20cm厚水泥稳定土基层
—20cm厚砂砾底基层

图 4-11 道路结构图

【解】 根据工程量计算规则,水泥稳定土道路基层工程量按设计图示尺寸以面积计算,不扣除各种井所占的面积。

砂砾底基层工程量 $= 12 \times (500-100)$
$= 4800 \text{m}^2$

水泥稳定土基层工程量 $= 12 \times (500-100) = 4800 \text{m}^2$

工程量计算结果见表 4-17。

表 4-17　　　　　工程量计算表

项目编码	项目名称	项目特征	计量单位	工程量
040202009001	砂砾石	20cm厚砂砾底基层	m^2	4800
040202003001	水泥稳定土	20cm厚水泥稳定土基层	m^2	4800

【例 4-11】 某道路 K0+200~K2+000 为水泥混凝土结构,道路结构如图 4-12 所示,道路横断面如图 4-13 所示,路面修筑宽度为 12m,路肩各宽 1m,两侧设边沟排水,试计算道路工程量。

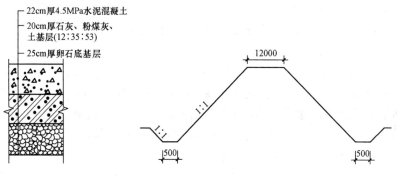

图 4-12　道路结构示意图　　　图 4-13　道路横断面示意图

【解】 根据工程量计算规则,道路基层工程量按设计图示尺寸以面积计算,不扣除各种井所占的面积;排水沟工程量按设计图示尺寸以长度计算。

卵石底基层工程量 $=1800\times12=21600.00m^2$
石灰、粉煤灰、土基层工程量 $=1800\times12=21600.00m^2$
排水沟工程量 $=2\times1800=3600.00m$

工程量计算结果见表 4-18。

表 4-18　　　　　　　　工程量计算表

项目编码	项目名称	项目特征	计量单位	工程量
040202010001	卵石	厚25cm卵石底层	m²	21600
040202004001	石灰、粉煤灰、土	20cm厚石灰、粉煤灰、土基层(12∶35∶53)	m²	21600
040201022001	排水沟	土质排水边沟	m	3600

二、道路路面

1. 清单项目说明

面层是公路结构中直接与车轮及大气相接触的结构层。面层位于整个路面结构的最上层,直接与交通荷载和大气接触,承受较大的行车荷载的垂直力、水平力、冲击力以及轮胎真空抽吸力的作用,并且还受到降水和温度变化的影响,是最直接地反应路面使用品质和路容的层次。路面的使用品质主要取决于面层。修筑面层所用的材料主要有:水泥混凝土、沥青混凝土、沥青碎砾石混合料、砂砾或碎石掺土的混合料及块料等。

按面层品质、采用材料及结构组成等不同,可将路面分为若干种类,如水泥混凝土路面、钢筋混凝土路面、块料路面、沥青路面、再生沥青路面、全厚式沥青路面、沥青碎石路面、沥青贯入式路面、上拌下贯式路面、(沥青)表面处治路面、水结碎石路面、级配路面等。

2. 清单项目设置及工程量计算规则

路面面层清单项目设置及工程量计算规则见表 4-19。

表 4-19　　　　　　　　　　路面面层

项目编码	项目名称	项目特征	计量单位	工程量计算规则	工作内容
040203001	沥青表面处治	1. 沥青品种 2. 层数	m²	按设计图示尺寸以面积计算，不扣除各种井所占面积，带平石的面层应扣除平石所占面积	1. 喷油、布料 2. 碾压
040203002	沥青贯入式	1. 沥青品种 2. 石料规格 3. 厚度			1. 摊铺碎石 2. 喷油、布料 3. 碾压
040203003	透层、粘层	1. 材料品种 2. 喷油量			1. 清理下承面 2. 喷油、布料
040203004	封层	1. 材料品种 2. 喷油量 3. 厚度			1. 清理下承面 2. 喷油、布料 3. 压实
040203005	黑色碎石	1. 材料品种 2. 石料规格 3. 厚度			1. 清理下承面 2. 拌合、运输 3. 摊铺、整型 4. 压实
040203006	沥青混凝土	1. 沥青品种 2. 沥青混凝土种类 3. 石粒粒径 4. 掺和料 5. 厚度			1. 清理下承面 2. 拌合、运输 3. 摊铺、整型 4. 压实
040203007	水泥混凝土	1. 混凝土强度等级 2. 掺和料 3. 厚度 4. 嵌缝材料			1. 模板制作、安装、拆除 2. 混凝土拌合、运输、浇筑 3. 拉毛 4. 压痕或刻防滑槽 5. 伸缝 6. 缩缝 7. 锯缝、嵌缝 8. 路面养护
040203008	块料面层	1. 块料品种、规格 2. 垫层：材料品种、厚度、强度等级			1. 铺筑垫层 2. 铺砌块料 3. 嵌缝、勾缝
040203009	弹性面层	1. 材料品种 2. 厚度			1. 配料 2. 铺贴

注：水泥混凝土路面中传力杆和拉杆的制作、安装应按《市政工程工程量计算规则》(GB 50857—2013)附录 J 钢筋工程(参见本书第九章第二节)中相关项目编码列项。

3. 工程量计算实例

【例 4-12】 某道路工程路面结构为二层式石油沥青混凝土路面。路段里程 K0+100～K0+700,路面宽为 15m,面层分为两层:上层为 3cm 厚中粒式沥青混凝土,下层为 10cm 厚粗粒式沥青混凝土,试计算其工程量。

【解】 根据工程量计算规则,道路面层工程量按设计图示尺寸以面积计算,不扣除各种井所占面积。

沥青混凝土面层工程量 $=(700-100)\times 15=9000 m^2$

工程量计算结果见表 4-20。

表 4-20　　　　　　　工程量计算表

项目编码	项目名称	项目特征	计量单位	工程量
040203006001	沥青混凝土	上层为 3cm 厚中粒式石油沥青混凝土,下层为 10cm 厚粗粒式石油沥青混凝土	m^2	9000

第四节　人行道及其他工程量计算

一、人行道工程

1. 清单项目说明

人行道指的是道路中用路缘石或护栏及其他类似设施加以分隔的专供行人通行的部分。人行道作为城市道路中重要的组成部分之一,随着城市的快速发展,其使用功能已不再单纯是行人通行的专用通道,它在城市发展中被赋予了新的内涵,对城市交通的疏导、城市景观的营造、地下空间的利用、城市公用设施的依托都发挥着重要的作用。

2. 清单项目设置及工程量计算规则

人行道清单项目设置及工程量计算规则见表 4-21。

表 4-21　　　　　　　　　　　　　人行道

项目编码	项目名称	项目特征	计量单位	工程量计算规则	工作内容
040204001	人行道整形碾压	1. 部位 2. 范围		按设计人行道图示尺寸以面积计算,不扣除侧石、树池和各类井所占面积	1. 放样 2. 碾压
040204002	人行道块料铺设	1. 块料品种、规格 2. 基础、垫层:材料品种、厚度 3. 图形	m^2	按设计图示尺寸以面积计算,不扣除各类井所占面积,但应扣除侧石、树池所占面积	1. 基础、垫层铺设 2. 块料铺设
040204003	现浇混凝土人行道及进口坡	1. 混凝土强度等级 2. 厚度 3. 基础、垫层:材料品种、厚度			1. 模板制作、安装、拆除 2. 基层、垫层铺筑 3. 混凝土拌合、运输、浇筑

3. 工程量计算实例

【例 4-13】 某道路工程为 K0+100~K0+500,路幅宽度为 20m,人行道路宽为 3m,4cm 厚混凝土步道砖铺设,路肩宽为 2m,图 4-14 所示为人行道结构图,试计算其工程量。

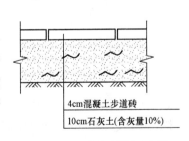

图 4-14　混凝土步道砖铺设示意图

【解】 根据工程量计算规则,人行道块料铺设工程量按设计图示尺寸以面积计算,不扣除各类井所占面积,但应扣除侧石、树池所占面积。

人行道块料铺设工程量=3×(500-100)=1200m²

工程量计算结果见表 4-22。

表 4-22　　　　　　　　　工程量计算表

项目编码	项目名称	项目特征描述	计量单位	工程量
040204002001	人行道块料铺设	人行道宽 3m,4cm 厚混凝土步道砖铺设	m^2	1200

【例 4-14】 某道路长 500m,路幅宽 25m,人行道两侧各宽 6m,路缘石宽为 20cm,道路断面如图 4-15 所示,人行道路结构示意图如图 4-16 所示。试计算人行道块铺设工程量。

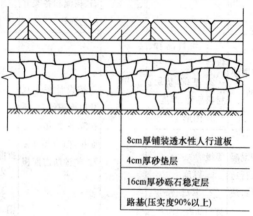

图 4-15　道路断面图

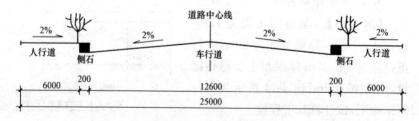

图 4-16　人行道结构示意图

【解】 根据工程量计算规则,人行道块料铺设工程量按设计图示尺寸以面积计算,不扣除各类井所占面积,但应扣除侧石、树池所占面积。

人行道块铺设工程量=6×2×500=6000m^2

工程量计算结果见表 4-23。

表 4-23　　　　　　　　工程量计算表

项目编码	项目名称	项目特征	计量单位	工程量
040204002001	人行道块料铺设	透水性人行道板厚 8cm，4cm 厚砂垫层，16cm 厚砂砾石稳定层	m^2	6000

二、侧(平、缘)石

1. 清单项目说明

(1) 侧平石。侧平石是指侧石和平石（平缘石），二块合称为一套，用于沥青混凝土道路的路缘带。

侧平石系位于城市道路两侧或分隔带、中心岛四周、高出路面和分隔车行道与人行道、车行道与分隔带、车行道与中心岛、车行道与安全岛等设施以维护交通安全的设施。

(2) 侧缘石。侧缘石是指缘石用于混凝土道路的路缘。

2. 清单项目设置及工程量计算规则

侧(平、缘)石清单项目设置及工程量计算规则见表 4-24。

表 4-24　　　　　　　　侧(平、缘)石

项目编码	项目名称	项目特征	计量单位	工程量计算规则	工作内容
040204004	安砌侧(平、缘)石	1. 材料品种、规格 2. 基础、垫层：材料品种、厚度	m	按设计图示中心线长度计算	1. 开槽 2. 基础、垫层铺筑 3. 侧(平、缘)石安砌
040204005	现浇侧(平、缘)石	1. 块料品种 2. 尺寸 3. 形状 4. 混凝土强度等级 5. 基础、垫层：材料、厚度	m	按设计图示中心线长度计算	1. 模板制作、安装、拆除 2. 开槽 3. 基础、垫层铺筑 4. 混凝土拌合、运输、浇筑

3. 工程量计算实例

【例 4-15】 某城市道路全长为 900m，路两边安装侧缘石，人行道各宽 3.5m，缘石断面长为 0.9m，宽度为 0.2m，图 4-17 所示为侧石平面图，试计算其工程量。

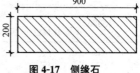

图 4-17 侧缘石

【解】 根据工程量计算规则，安砌侧缘石工程量按设计图示中心线长度计算。

安砌侧缘石工程量＝900×2＝1800m

工程量计算结果见表 4-25。

表 4-25　　　　　　工程量计算表

项目编码	项目名称	项目特征描述	计量单位	工程量
040204004001	安砌侧（平、缘）石	侧缘石 90cm×20cm	m	1800

三、检查井升降

1. 清单项目说明

检查井是用在建筑小区（居住区、公共建筑区、厂区等）范围内，埋地塑料排水管道外径不大于 800mm、埋设深度塑料检查井不大于 6m，一般设在排水管道交汇处、转弯处、管径或坡度改变处、跌水处等，为了便于定期检查、清洁和疏通或下井操作的检查用的塑料一体注塑而成或者砖砌成的井状构筑物。

塑料一体注塑检查井是指构成检查井的主要井座部分采用一次性注塑成型。根据接管数和角度不同有起始井座、直通井座、45 度弯头井座、三通井座、四通井座等。为了适应各种排水状况，塑料检查井同时配套有变径接头、汇流接头、井筒多接头等与之配套的塑料一体注塑成型配件，以保障整个排水系统的流畅和密封性。

2. 清单项目设置及工程量计算规则

检查井升降清单项目设置及工程量计算规则见表 4-26。

表 4-26　　　　　　　　　检查井升降

项目编码	项目名称	项目特征	计量单位	工程量计算规则	工作内容
040204006	检查井升降	1. 材料品种 2. 检查井规格 3. 平均升（降）高度	座	按设计图示路面标高与原有的检查井发生正负高差的检查井的数量计算	1. 提升 2. 降低

3. 工程量计算实例

【例 4-16】 某城市道路全长为 1500m，在道路两侧设置升降检查井，间距为 30m，检查井与设计路面标高发生正负高差，试计算其工程量。

【解】 根据工程量计算规则，检查井升降工程量按设计图示路面标高与原有的检查井发生正负高差的检查井的数量计算。

检查井升降工程量 = (1500÷30+1)×2 = 102 座

工程量计算结果见表 4-27。

表 4-27　　　　　　　　　工程量计算表

项目编码	项目名称	项目特征描述	计量单位	工程量
040204006001	检查井升降	检查井与设计路面标高发生正负高差	座	102

四、树池砌筑

1. 清单项目说明

(1) 树池。树池是为美化路面种植乔木的一种构筑物，一般设置在人行道两侧。

(2) 砌筑树池。砌筑树池是指树池的砌筑步骤，视砌筑的具体材料而定，有混凝土块、石质块、条石块、砖块等。

2. 树池砌筑工程清单项目设置及工程量计算规则

树池砌筑工程清单项目设置及工程量计算规则见表4-28。

表4-28　　　　　　　　　树池砌筑

项目编码	项目名称	项目特征	计量单位	工程量计算规则	工作内容
040204007	树池砌筑	1. 材料品种、规格 2. 树池尺寸 3. 树池盖面材料品种	个	按设计图示数量计算	1. 基础、垫层铺筑 2. 树池砌筑 3. 盖面材料运输、安装

3. 工程量计算实例

【例 4-17】 某道路全长 693m，人行道与车道之间种植树木，每隔 5.5m 砌筑一个树池，树池采用 MU7.5 砖、M5 水泥砂浆砌筑，如图 4-18 所示，试计算树池砌筑工程量。

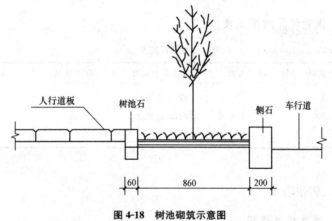

图 4-18　树池砌筑示意图

【解】 根据工程量计算规则，树池砌筑工程量按设计图示数量计算。

树池砌筑工程量 = (693/5.5+1)×2 = 254 个

工程量计算结果见表 4-29。

表 4-29　　　　　　　　　工程量计算表

项目编码	项目名称	项目特征描述	计量单位	工程量
040204007001	树池砌筑	MU7.5 砖、M5 水泥砂浆砌筑	个	254

五、预制电缆沟铺设

1. 清单项目说明

按设计要求开挖并砌筑，沟的侧壁焊接承力角钢架并按要求接地，上面盖以盖板的地下沟道，就是电缆沟。它的用途就是敷设电缆的地下专用通道。

2. 清单项目设置及工程量计算规则

预制电缆沟铺设清单项目设置及工程量计算规则见表 4-30。

表 4-30　　　　　　　　　预制电缆沟铺设

项目编码	项目名称	项目特征	计量单位	工程量计算规则	工作内容
040204008	预制电缆沟铺设	1. 材料品种 2. 规格尺寸 3. 基础、垫层：材料品种、厚度 4. 盖板品种、规格	m	按设计图示中心线长度计算	1. 基础、垫层铺筑 2. 预制电缆沟安装 3. 盖板安装

第五节　道路交通管理设施工程量计算

一、道路交通管理设施内容

道路交通管理设施包括道路交通标志、标线、交通信号灯等，都是用以传递消息和命令的。交通信号灯主要是靠灯光传递消息和命令，交通标志、标线主要是靠图形符号、线型和颜色搭配来传递消息和命令。

1. 道路交通标志

道路交通标志是用图形符号、颜色和文字向交通参与者传递特定信息,用于管理交通的设施。它在现代道路交通管理中起着重要的作用。道路交通标志分为主标志和辅助标志两大类,其支撑图式见表 4-31。

表 4-31　　　　　　交通标志的支撑图式

名称	单柱式	双柱式	悬臂式	门式	附着式
图式					将标志直接标注在结构物上

2. 交通标线

标线与道路标志共同对驾驶员指示行驶位置、前进方向以及有关限制,具有引导并指示有秩序地安全行驶的重要作用。标线按设置方式可分为纵向标线、横向标线、其他标线三类;按交通标线型态可分为线条、字符标记、突起路标、路边线轮廓标四类。交通标线的表示方式见表 4-32。

表 4-32　　　　　　交通标线的表示方式

序号	名称	表示方式
1	车行道中心线	中心虚线: 中心单实线: 中心双实线: 中心虚、实线:
2	车行道分界线	

续表

序号	名 称	表 示 方 式
3	停止线	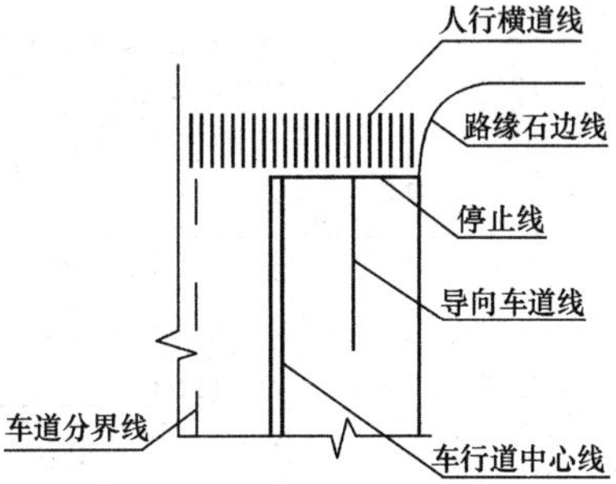 （图示：人行横道线、路缘石边线、停止线、导向车道线、车道分界线、车行道中心线）
4	减速让行线	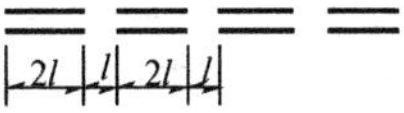 （图示，标注 $2l$、$2l$）
5	导流线	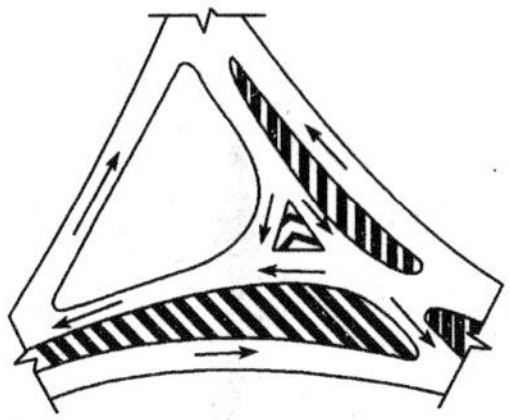 （图示）
6	停车位标线	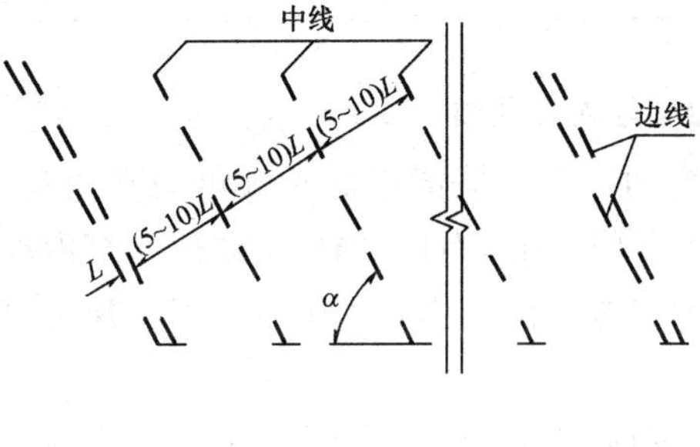 （图示：中线、边线，标注 L、$(5\sim10)L$、α）

续表

序号	名称	表示方式
7	出口标线	
8	入口标线	
9	港式停靠站标线	
10	车流向标线	直行线　右转线　直行加右转线

3. 交通信号灯

交通信号灯是指用灯光颜色向交通参与者发出特定的指示、禁止、警示等作用的专用灯具，交通信号灯由红、黄、绿灯组成。目前，交通信号灯在道路交通管理中发挥着非常重要的作用，特别是城市的交叉路口。

信号灯主要分为机动车、非机动车、人行横道、方向指示、闪光警告、道路与铁路平面交叉道口信号灯6种。

二、人(手)孔井、电缆保护管

1. 清单项目设置及工程量计算规则

人(手)孔井、电缆保护管清单项目设置及工程量计算规则见表4-33。

表 4-33　　　　　　　人(手)孔井、电缆保护管

项目编码	项目名称	项目特征	计量单位	工程量计算规则	工作内容
040205001	人(手)孔井	1. 材料品种 2. 规格尺寸 3. 盖板材质、规格 4. 基础、垫层：材料品种、厚度	座	按设计图示数量计算	1. 基础、垫层铺筑 2. 井身砌筑 3. 勾缝(抹面) 4. 井盖安装
040205002	电缆保护管	1. 块料品种 2. 规格	m	按设计图示以长度计算	敷设

注：1. 本表清单项目如发生破除混凝土路面、土石方开挖、回填夯实等，应分别按《市政工程工程量计算规范》(GB 50857—2013)附录K拆除工程(参见本书第九章第二节)及附录A土石方工程(参见本书第三章)中相关项目编码列项。

2. 除清单项目特殊注明外，各类垫层应按《市政工程工程量计算规范》(GB 50857—2013)附录中相关项目编码列项。

2. 工程量计算实例

【例 4-18】 某道路全长为836m，行车道的宽度为12m，人行道宽度为3m，沿路建设邮电设施。已知人行道下设有18座接线工作井，邮电管道为6孔PVC管，小号直通井9座，小号四通井1座，试计算PVC邮电塑料管、穿线管的工程量。

【解】 根据工程量计算规则：电缆保护管铺设工程量按设计图示以长度计算。

邮电塑料管工程量＝836.00m

穿线管铺排工程量＝836×6＝5016.00m

工程量计算结果见表 4-34。

表 4-34　　　　　　　工程量计算表

项目编码	项目名称	项目特征描述	计量单位	工程量
040205002001	电缆保护管铺设	PVC邮电塑料管,6孔	m	836.00
040205002002	电缆保护管铺设	穿线管	m	5016.00

三、标杆、标志板及视线诱导器

1. 清单项目设置及工程量计算规则

标杆、标志板及视线诱导器清单项目设置及工程量计算规则见表 4-35。

表 4-35　　　　　　标杆、标志板及视线诱导器

项目编码	项目名称	项目特征	计量单位	工程量计算规则	工作内容
040205003	标杆	1. 类型 2. 材质 3. 规格尺寸 4. 基础、垫层:材料品种、厚度 5. 油漆品种	根	按设计图示数量计算	1. 基础、垫层铺筑 2. 制作 3. 喷漆或镀锌 4. 底盘、拉盘、卡盘及杆件安装
040205004	标志板	1. 类型 2. 材质、规格尺寸 3. 板面反光膜等级	块		制作、安装
040205005	视线诱导器	1. 类型 2. 材料品种	只		安装

注:1. 本表清单项目如发生破除混凝土路面、土石方开挖、回填夯实等,应分别按《市政工程工程量计算规范》(GB 50857—2013)附录K拆除工程(参见本书第九章第二节)及附录A土石方工程(参见本书第三章)中相关项目编码列项。
　　2. 除清单项目特殊注明外,各类垫层应按《市政工程工程量计算规范》(GB 50857—2013)附录中相关项目编码列项。

2. 工程量计算实例

【例 4-19】 某道路工程全长 1000m,宽为 20m,混凝土路面结构,每 40m 设置一条标杆,标杆采用 $\phi 89$ 镀锌钢管,试计算标杆工程量。

【解】 根据工程量计算规则,标杆工程量按设计图示数量计算。

标杆工程量 $=1000/40+1=26$ 根

工程量计算结果见表 4-36。

表 4-36　　　　　工程量计算表

项目编码	项目名称	项目特征描述	计量单位	工程量
040205003001	标杆	$\phi 89$ 镀锌钢管	根	26

【例 4-20】 某道路全长为 1500m,宽为 20m,每 50m 安装一只柱式边缘视线诱导器,试计算其工程量。

【解】 根据工程量计算规则,视线诱导器工程量按设计图示数量计算。

视线诱导器工程量 $=1500/50+1=31$ 只

工程量计算结果见表 4-37。

表 4-37　　　　　工程量计算表

项目编码	项目名称	项目特征描述	计量单位	工程量
040205005001	视线诱导器	柱式边缘视线诱导器	只	31

四、标线、标记、横道线和环形检测线圈

1. 清单项目设置及工程量计算规则

标线、标记、横道线和环形检测线圈清单项目设置及工程量计算规则见表 4-38。

表 4-38　　标线、标记、横道线和环形检测线圈

项目编码	项目名称	项目特征	计量单位	工程量计算规则	工作内容
040205006	标线	1. 材料品种 2. 工艺 3. 线型	1. m 2. m²	1. 以米计量，按设计图示以长度计算 2. 以平方米计量，按设计图示尺寸以面积计算	1. 清扫 2. 放样 3. 画线 4. 护线
040205007	标记	1. 材料品种 2. 类型 3. 规格尺寸	1. 个 2. m²	1. 以个计量，按设计图示数量计算 2. 以平方米计量，按设计图示尺寸以面积计算	
040205008	横道线	1. 材料品种 2. 形式	m²	按设计图示尺寸以面积计算	清除
040205009	清除标线	清除方法			
040205010	环形检测线圈	1. 类型 2. 规格、型号	个	按设计图示数量计算	1. 安装 2. 调试

注：本表清单项目如发生破除混凝土路面、土石方开挖、回填夯实等，应分别按《市政工程工程量计算规范》(GB 50857—2013)附录 K 拆除工程(参见本书第九章第二节)及附录 A 土石方工程(参见本书第三章)中相关项目编码列项。

2. 工程量计算实例

【例 4-21】 如图 4-19 所示,某城市干道交叉路口热熔材料人行道线宽 30cm,长度均为 1.4m,试计算人行道线工程量。

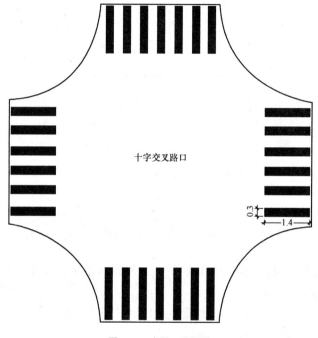

图 4-19 交叉口平面图

【解】 根据工程量计算规则,人行道线工程量按设计图示尺寸以面积计算。

人行道线工程量 $= 0.3 \times 1.4 \times (2\times 7 + 2\times 6) = 10.92\text{m}^2$

工程量计算结果见表 4-39。

表 4-39　　　　　　　　　工程量计算表

项目编码	项目名称	项目特征	计量单位	工程量
040205008001	横道线	热熔材料人行横道线	m²	10.92

【例 4-22】 某道路工程进行改建,图 4-20 所示为道路平面示意图,该改建工程采用切削法将原有的路面标线进行清除,原有路面标线有三条,线宽 10cm,该道路全长为 900m,试计算清除标线工程量。

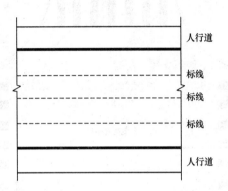

图 4-20 道路平面示意图

【解】 根据工程量计算规则,清除标线工程量按设计图示尺寸以面积计算。

$$清除标线工程量 = 3 \times 0.1 \times 900 = 270 m^2$$

工程量计算结果见表 4-40。

表 4-40　　　　　　　　工程量计算表

项目编码	项目名称	项目特征描述	计量单位	工程量
040205009001	清除标线	切削法清除	m^2	270

五、值警亭、隔离护栏及架空走线

值警亭、隔离护栏、架空走线清单项目设置及工程量计算规则见表 4-41。

表 4-41 值警亭、隔离护栏及架空走线

项目编码	项目名称	项目特征	计量单位	工程量计算规则	工作内容
040205011	值警亭	1. 类型 2. 规格 3. 基础、垫层：材料品种、厚度	座	按设计图示数量计算	1. 基础、垫层铺筑 2. 安装
040205012	隔离护栏	1. 类型 2. 规格、型号 3. 材料品种 4. 基础、垫层：材料品种、厚度	m	按设计图示以长度计算	1. 基础、垫层铺筑 2. 制作、安装
040205013	架空走线	1. 类型 2. 规格、型号			架线

注：1. 本表清单项目如发生破除混凝土路面、土石方开挖、回填夯实等，应分别按《市政工程工程量计算规范》(GB 50857—2013)附录 K 拆除工程(参见本书第九章第二节)及附录 A 土石方工程(参见本书第三章)中相关项目编码列项。
2. 除清单项目特殊注明外，各类垫层应按《市政工程工程量计算规范》(GB 50857—2013)附录中相关项目编码列项。
3. 值警亭按半成品现场安装考虑，实际采用砖砌等形式的，按现行国家标准《房屋建筑与装饰工程工程量计算规范》(GB 50854－2013)中相关项目编码列项。与标杆相连的，用于安装标志板的配件应计入标志板清单项目内。

六、信号灯、设备控制机箱及管内配线

1. 清单项目设置及工程量计算规则

信号灯、设备控制机箱及管内配线清单项目设置及工程量计算规则见表 4-42。

表 4-42　　　　　　　　信号灯、设备控制机箱及管内配线

项目编码	项目名称	项目特征	计量单位	工程量计算规则	工作内容
040205014	信号灯	1. 类型 2. 灯架材质、规格 3. 基础、垫层：材料品种、厚度 4. 信号灯规格、型号、组数	套	按设计图示数量计算	1. 基础、垫层铺筑 2. 灯架制作、镀锌、喷漆 3. 底盘、拉盘、卡盘及杆件安装 4. 信号灯安装、调试
040205015	设备控制机箱	1. 类型 2. 材质、规格尺寸 3. 基础、垫层：材料品种、厚度 4. 配置要求	台	按设计图示数量计算	1. 基础、垫层铺筑 2. 安装 3. 调试
040205016	管内配线	1. 类型 2. 材质 3. 规格、型号	m	按设计图示以长度计算	配线

注：1. 本表清单项目如发生破除混凝土路面、土石方开挖、回填夯实等，应分别按《市政工程工程量计算规范》(GB 50857—2013)附录 K 拆除工程(参见本书第九章第二节)及附录 A 土石方工程(参见本书第三章)中相关项目编码列项。

2. 除清单项目特殊注明外，各类垫层应按《市政工程工程量计算规范》(GB 50857—2013)附录中相关项目编码列项。

2. 工程量计算实例

【例 4-23】　某道路工程全长为 1200m，该工程在道路下面铺设道路管线，管道内共设置了 5 股管线圈，每一个管线圈内都有管线，试计算其工程量。

【解】　管内配线工程量 = 1200 × 5 = 6000m

工程量计算结果见表 4-43。

表 4-43　　　　　　　　　工程量计算表

项目编码	项目名称	项目特征描述	计量单位	工程量
040205016001	管内配线	5 股穿线圈	m	6000

七、防撞筒(墩)、警示柱及减速垄

防撞筒(墩)、警示柱及减速垄清单项目设置及工程量计算规则见表 4-44。

表 4-44　　　　　　防撞筒(墩)、警示柱及减速垄

项目编码	项目名称	项目特征	计量单位	工程量计算规则	工作内容
040205017	防撞筒(墩)	1. 材料品种 2. 规格、型号	个	按设计图示数量计算	制作、安装
040205018	警示柱	1. 类型 2. 材料品种 3. 规格、型号	根		
040205019	减速垄	1. 材料品种 2. 规格、型号	m	按设计图示以长度计算	

注：本表清单项目如发生破除混凝土路面、土石方开挖、回填夯实等，应分别按《市政工程工程量计算规范》(GB 50857—2013)附录 K 拆除工程(参见本书第九章)及附录 A 土石方工程(参见本书第三章)中相关项目编码列项。

八、其他道路交通管理设施

其他道路交通管理设施包括监控摄像机、数码相机、道闸机、可变信息情报板、交通智能系统调试等，其清单项目设置及工程量计算规则见表 4-45。

表 4-45　　其他道路交通管理设施

项目编码	项目名称	项目特征	计量单位	工程量计算规则	工作内容
040205020	监控摄像机	1. 类型 2. 规格、型号 3. 支架形式 4. 防护罩要求	台	按设计图示数量计算	1. 安装 2. 调试
040205021	数码相机	1. 规格、型号 2. 立杆材质、形式 3. 基础、垫层：材料品种、厚度	套		1. 基础、垫层铺筑 2. 安装 3. 调试
040205022	道闸机	1. 类型 2. 规格、型号 3. 基础、垫层：材料品种、厚度	套		1. 基础、垫层铺筑 2. 安装 3. 调试
040205023	可变信息情报板	1. 类型 2. 规格、型号 3. 立(横)杆材质、形式 4. 配置要求 5. 基础、垫层：材料品种、厚度			
040205024	交通智能系统调试	系统类型	系统		系统调试

注：1. 本表清单项目如发生破除混凝土路面、土石方开挖、回填夯实等，应分别按《市政工程工程量计算规范》(GB 50857—2013)附录 K 拆除工程(参见本书第九章第二节)及附录 A 土石方工程(参见本书第三章)中相关项目编码列项。

2. 除清单项目特殊注明外，各类垫层应按《市政工程工程量计算规范》(GB 50857—2013)附录中相关项目编码列项。

3. 立电杆按《市政工程工程量计算规范》(GB 50857—2013)附录 H 路灯工程(参见本书第九章第一节)中相关项目编码列项。

第六节 全统市政定额道路工程说明

(1)《全国统一市政工程预算定额》第二册"道路工程"(以下简称道路工程定额),包括路床(槽)整形、道路基层、道路面层、人行道侧缘石及其他,共四章350个子目。

(2)道路工程定额适用于城镇基础设施中的新建和扩建工程。

(3)道路工程定额编制依据。

1)《全国统一市政工程预算定额》(1988)道路分册及建设部关于定额的有关补充规定资料。

2)新编《全国统一建筑工程基础定额》、《全国统一安装工程基础定额》及《全国统一市政工程劳动定额》。

3)现行的市政工程设计、施工验收规范、安全操作规程、质量评定标准等。

4)现行的市政工程标准图集和具有代表性工程的设计图纸。

5)各省、自治区、直辖市现行的市政工程单位估价表及基础资料。

6)已被广泛采用的市政工程新技术、新结构、新材料、新设备和已被检验确定成熟的资料。

(4)道路工程中的排水项目,按第六册"排水工程"相应定额执行。

(5)定额中的工序、人工、机械、材料等均系综合取定。除另有规定者外,均不得调整。

(6)定额的多合土项目按现场拌合考虑,部分多合土项目考虑了厂拌,如采用厂拌集中拌合,所增加的费用可按各省、自治区、直辖市有关规定执行。

(7)定额凡使用石灰的子目,均不包括消解石灰的工作内容。编制预算中,应先计算出石灰总用量,然后套用消解石灰子目。

第五章 桥涵工程工程量计算

第一节 桥涵工程概述

一、桥涵工程构造

桥梁指的是为道路跨越天然或人工障碍物而修建的建筑物。桥梁主要作用是当道路路线遇到山河、湖泊以及其他线路的障碍时,保证道路上的车辆连续通行,同时也保证桥下车辆的运行。

桥梁一般由桥垮结构、支座系统、桥墩、墩台和墩台基础五部分组成,图 5-1 所示为桥梁组成示意图。

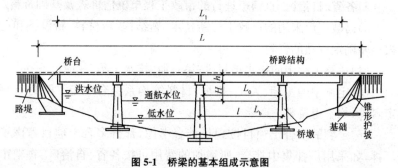

图 5-1 桥梁的基本组成示意图

1. 桥跨结构(或称桥孔结构、上部结构)

它是路线遇到障碍(如江河、山谷或其他路线等)中断时,跨越这类障碍的结构物。

2. 制作系统

制作系统是将桥垮结构所承受的荷载传递于桥梁的墩台系统(构

件)上,其应能保证上部结构在预计的荷载、温度变化或其他因素作用下的位移功能。

3. 桥墩、桥台(统称下部结构)

桥墩、桥台是支承桥跨结构并将恒载和车辆活荷载传至地基的构筑物。桥台设在桥梁两端,桥墩则在两桥台之间。桥墩的作用是支承桥跨结构;而桥台除了起支承桥跨结构的作用外,还要与路堤衔接,并防止路堤滑塌。

4. 墩台基础

墩台基础,是使桥上全部荷载传至地基的底部奠基的结构部分。基础工程是在整个桥梁工程施工中比较困难的部位,而且是常常需要在水中施工,因而遇到的问题也很复杂。

二、桥梁分类

桥梁的分类方法很多,可分别按其用途、建造材料、使用性质、行车道部分位置、桥梁跨越障碍物的不同等条件分类。但最基本的方法是按其受力体系分类,一般分为梁式桥、刚架桥、拱式桥、吊桥、斜拉桥。

1. 梁式桥

梁式桥系是一种在竖向荷载作用下无水平反力的结构。其主要承重构件的梁内产生的弯矩很大,所以在受拉区须配置钢筋以承受拉应力。梁桥常见的类型有简支板桥、简支梁桥、悬臂梁桥、T形悬臂梁桥和连续梁桥。

2. 刚架桥

刚架桥的主要承重结构是梁(或板)和立柱(或竖墙)整体结合在一起的刚架结构,梁和柱的连接处具有很大的刚性,在竖向荷载作用下,梁主要受弯,而在柱脚处也具有水平反力,其受力状态介于梁式桥与拱式桥之间。因此,对于同样的跨径在相同荷载作用下,刚架桥的跨中正弯矩要比一般梁式桥小,但柱及柱脚的受力却比梁式的桥墩要复杂。T形刚构桥是结合了刚架桥和多跨静定悬臂梁桥的特点发展而来，它与一般的刚架桥有所不同，在竖向荷载作用下不产生水平反力。

3. 拱式桥

拱式桥的主要承重结构是拱圈或拱肋。这种结构在竖向荷载作用下，桥墩或桥台将承受水平推力。同时，水平推力也将显著抵消荷载所引起的拱圈（或拱肋）内的弯矩作用。

4. 吊桥

传统的吊桥均用悬挂在两边他搭架的强大缆索作为主要承重结构，如图 5-2 所示。在竖向荷载作用下，通过吊杆使缆索承受很大的拉力，通常就需要在两岸桥台的后方修筑非常巨大的锚碇结构。

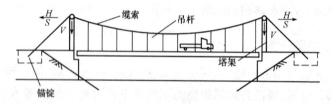

图 5-2 吊桥

5. 斜拉桥

斜拉桥是一种组合体系桥，主要是由主梁和斜缆相结合的组合体系，悬挂在塔柱上被张紧的斜缆将主梁吊住，使主梁像多点弹性支承的连续梁一样工作，由此既能发挥高强材料的作用，又显著减小了主梁截面，使结构减轻而获得很大的跨越能力，图 5-3 所示为斜拉桥示意图。

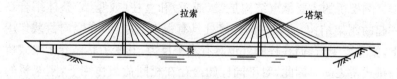

图 5-3 斜拉桥

三、桥梁工程

1. 梁桥

(1)立面图。总体立面图一般采用半立面图和半纵剖面图来表示,半立面图表示其外部形状,半纵剖面图表示其内部构造。

(2)平面图。表示桥梁的平面布置形式,可看出桥梁宽度、桥梁与河道的相交形式、桥台平面尺寸以及桩的平面布置方式。

(3)横断面图。主要表示桥梁横向布置情况。

2. 高架桥

(1)高架立面图。立面图表示高架的立面形式,主要表现高架跨径布置、标高及相交道路情况。

(2)高架横断面图。横断面图表示高架横向布置以及与地面道路的相互位置等情况。

(3)连续梁一般构造图。梁体一般构造图由平面图及横断面图表示,由于左右对称一般只表示 1/2 跨。一般构造图可了解箱梁外形及内部尺寸构造。

第二节 桩基工程工程量计算

一、预制钢筋混凝土方(管)桩及钢管桩

1. 清单项目说明

(1)钢筋混凝土方桩。钢筋混凝土方桩的桩长在 10m 以内时,桩的横截面不小于 35cm×35cm;桩长大于 10m 时,桩的横截面不小于 40cm×40cm;一般空心截面的桩长不大于 12m;桩长超过 15m 时,桩的横截面按强度要求确定。预制钢筋混凝土方桩一般采用整根预制,对于较长的钢筋混凝土方桩,可分节预制,接长一般采用法兰盘或钢板焊接等方法连接成整桩。

打钢筋混凝土方桩是指用柴油打桩机械将按设计要求的长度和

断面一头为尖状的钢筋混凝土方桩,按照设计要求,通过锤打钢桩帽将钢筋混凝土方桩打入桥基指定位置的操作过程。

(2)钢管桩。常用的钢管桩直径为250～1200mm,常用的钢桩有下端开口或闭口的钢管桩以及H型钢桩等。

2. 清单项目设置及工程量计算规则

预制钢筋混凝土方(管)桩、钢管桩清单项目设置及工程量计算规则见表5-1。

表5-1　　　　预制钢筋混凝土方(管)桩及钢管桩

项目编码	项目名称	项目特征	计量单位	工程量计算规则	工作内容
040301001	预制钢筋混凝土方桩	1. 地层情况 2. 送桩深度、桩长 3. 桩截面 4. 桩倾斜度 5. 混凝土强度等级	1. m 2. m³ 3. 根	1. 以米计量,按设计图示尺寸以桩长(包括桩尖)计算 2. 以立方米计量,按设计图示桩长(包括桩尖)乘以桩的断面积计算 3. 以根计量,按设计图示数量计算	1. 工作平台搭拆 2. 桩就位 3. 桩机移位 4. 沉桩 5. 接桩 6. 送桩
040301002	预制钢筋混凝土管桩	1. 地层情况 2. 送桩深度、桩长 3. 桩外径、壁厚 4. 桩倾斜度 5. 桩尖设置及类型 6. 混凝土强度等级 7. 填充材料种类			1. 工作平台搭拆 2. 桩就位 3. 桩机移位 4. 桩尖安装 5. 沉桩 6. 接桩 7. 送桩 8. 桩芯填充

续表

项目编码	项目名称	项目特征	计量单位	工程量计算规则	工作内容
040301003	钢管桩	1. 地层情况 2. 送桩深度、桩长 3. 材质 4. 管径、壁厚 5. 桩倾斜度 6. 填充材料种类 7. 防护材料种类	1. t 2. 根	1. 以吨计量，按设计图示尺寸以质量计算 2. 以根计量，按设计图示数量计算	1. 工作平台搭拆 2. 桩就位 3. 桩机移位 4. 沉桩 5. 接桩 6. 送桩 7. 切割钢管、精割盖帽 8. 管内取土、余土弃置 9. 管内填芯、刷防护材料

注：1. 地层情况按表3-4和表3-16的规定，并根据岩土工程勘察报告按单位工程各地层所占比例（包括范围值）进行描述。对无法准确描述的地层情况，可注明由投标人根据岩土工程勘察报告自行决定报价。

2. 各类混凝土预制桩以成品桩考虑，应包括成品桩购置费，如果用现场预制，应包括现场预制桩的所有费用。

3. 项目特征中的桩截面、混凝土强度等级、桩类型等可直接用标准图代号或设计桩型进行描述。

4. 打试验桩和打斜桩应按相应项目编码单独列项，并应在项目特征中注明试验桩或斜桩（斜率）。

5. 项目特征中的桩长应包括桩尖，空桩长度＝孔深－桩长，孔深为自然地面至设计桩底的深度。

6. 表中工作内容未含桩基础的承载力检测、桩身完整性检测。

2. 工程量计算实例

【例 5-1】 某单跨小型桥梁,桥梁两侧桥台下均采用 C30 预制钢筋混凝土方桩,截面为 400mm×400mm,图 5-4 所示为桥梁桩基础示意图,试计算其工程量。

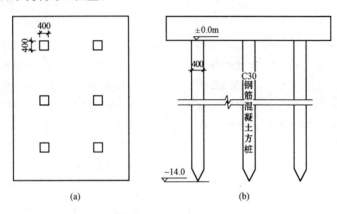

图 5-4 桥梁桩基础图

【解】 根据工程量计算规则预制钢筋混凝土方桩工程量者按设计图示以桩长(包括桩尖)计算,则:

预制钢筋混凝土方桩工程量=14×6=84m

若按设计图示桩长(包括桩类)乘以桩的断面积计算,则:

预制钢筋混凝土方桩工程量=14×6×0.4×0.4=13.44m³

若按设计图示数量计算,则:

预制钢筋混凝土方桩工程量=6 根

清单工程量计算结果见表 5-2。

表 5-2   工程量计算表

项目编码	项目名称	项目特征	计量单位	工程量
040301001001	预制钢筋混凝土方桩	C30,桩截面 400mm×400mm,送桩深度为 14m	m(m³,根)	84(13.44,6)

二、灌注桩

1. 清单项目说明

灌注桩是指先在地上钻一个长的圆筒形孔,然后灌入混凝土,并预埋杆塔与基础连接件的桩基础。由于具有施工时无振动、无挤土、噪声小、宜于在城市建筑物密集地区使用等优点,灌注桩在施工中得到较为广泛的应用。根据成孔工艺的不同,灌注桩可以分为干作业成孔的灌注桩、泥浆护壁成孔的灌注桩和人工挖孔的灌注桩等。

(1)钻孔灌注。钻孔灌注是指利用钻孔机械钻出桩孔,并在孔中浇筑混凝土(或先在孔中吊放钢筋笼)而成的桩。根据钻孔机械的钻头是否在土的含水层中施工,又分为泥浆护壁成孔和干作业成孔两种方法。

(2)沉管灌注。沉管灌注是指利用锤击打桩法或振动打桩法,将带有活瓣式桩尖或预制钢筋混凝土桩靴的钢套管沉入土中,然后边浇筑混凝土(或先在管内放入钢筋笼),边锤击或振动边拔管而成的桩。前者称为锤击沉管灌注桩,后者称为振动沉管灌注桩。

(3)人工挖孔。人工挖孔是指桩孔采用人工挖掘方法进行成孔,然后安放钢筋笼,浇筑混凝土而成的桩。为了确保人工挖孔桩施工过程中的安全,施工时必须考虑预防孔壁坍塌和流砂现象发生,制定合理的护壁措施。护壁方法可以采用现浇混凝土护壁、喷射混凝土护壁、砖砌体护壁、沉井护壁、钢套管护壁、型钢或木板桩工具式护壁等多种。

2. 清单项目设置及工程量计算规则

灌注桩清单项目设置及工程量计算规则见表5-3。

表 5-3　　　　　　　　　灌注桩

项目编码	项目名称	项目特征	计量单位	工程量计算规则	工作内容
040301004	泥浆护壁成孔灌注桩	1. 地层情况 2. 空桩长度、桩长 3. 桩径 4. 成孔方法 5. 混凝土种类、强度、等级	1. m 2. m³ 3. 根	1. 以米计量，按设计图示尺寸以桩长（包括桩尖）计算 2. 以立方米计量，按不同截面在桩长范围内以体积计算 3. 以根计量，按设计图示数量计算	1. 工作平台搭拆 2. 桩机移位 3. 护筒埋设 4. 成孔、固壁 5. 混凝土制作、运输、灌注、养护 6. 土方、废浆外运 7. 打桩场地硬化及泥浆池、泥浆沟
040301005	沉管灌注桩	1. 地层情况 2. 空桩长度、桩长 3. 复打长度 4. 桩径 5. 沉管方法 6. 桩尖类型 7. 混凝土种类、强度等级	1. m 2. m³ 3. 根	1. 以米计量，按设计图示尺寸以桩长（包括桩尖）计算 2. 以立方米计量，按设计图示桩长（包括桩尖）乘以桩的断面积计算 3. 以根计量，按设计图示数量计算	1. 工作平台搭拆 2. 桩机移位 3. 打(沉)拔钢管 4. 桩尖安装 5. 混凝土制作、运输、灌注、养护
040301006	干作业成孔灌注桩	1. 地层情况 2. 空桩长度、桩长 3. 桩径 4. 扩孔直径、高度 5. 成孔方法 6. 混凝土种类、强度等级			1. 工作平台搭拆 2. 桩机移位 3. 成孔、扩孔 4. 混凝土制作、运输、灌注、振捣、养护
040301007	挖孔桩土(石)方	1. 土(石)类别 2. 挖孔深度 3. 弃土(石)运距	m³	按设计图示尺寸(含护壁)截面积乘以挖孔深度以立方米计算	1. 排地表水 2. 挖土、凿石 3. 基底钎探 4. 土(石)方外运

续表

项目编码	项目名称	项目特征	计量单位	工程量计算规则	工作内容
040301008	人工挖孔灌注桩	1. 桩芯长度 2. 桩芯直径、扩底直径、扩底高度 3. 护壁厚度、高度 4. 护壁材料种类、强度等级 5. 桩芯混凝土种类、强度等级	1. m³ 2. 根	1. 以立方米计量,按桩芯混凝土体积计算 2. 以根计量,按设计图示数量计算	1. 护壁制作、安装 2. 混凝土制作、运输、灌注、振捣、养护
040301009	钻孔压浆桩	1. 地层情况 2. 桩长 3. 钻孔直径 4. 骨料品种、规格 5. 水泥强度等级	1. m 2. 根	1. 以米计量,按设计图示尺寸以桩长计算 2. 以根计量,按图示数量计算	1. 钻孔、下注浆管、投放骨料 2. 浆液制作、运输、压浆
040301010	灌注桩后注浆	1. 注浆导管材料、规格 2. 注浆导管长度 3. 单孔注浆量 4. 水泥强度等级	孔	按设计图示以注浆孔数计算	1. 注浆导管制作、安装 2. 浆液制作、运输、压浆

注:1. 地层情况按表 3-4 和表 3-16 的规定,并根据岩土工程勘察报告按单位工程各地层所占比例(包括范围值)进行描述。对无法准确描述的地层情况,可注明由投标人根据岩土工程勘察报告自行决定报价。
2. 项目特征中的桩截面、混凝土强度等级、桩类型等可直接用标准图代号或设计桩型进行描述。
3. 打试验桩和打斜桩应按相应项目编码单独列项,并应在项目特征中注明试验桩或斜桩(斜率)。
4. 项目特征中的桩长应包括桩尖,空桩长度=孔深-桩长,孔深为自然地面至设计桩底的深度。
5. 泥浆护壁成孔灌注桩是指在泥浆护壁条件下成孔,采用水下灌注混凝土的桩。其成孔方法包括冲击钻成孔、冲抓锥成孔、回旋钻成孔、潜水钻成孔、泥浆护壁的旋挖成孔等。
6. 沉管灌注桩的沉管方法包括锤击沉管法、振动沉管法、振动冲击沉管法、内夯沉管法等。
7. 干作业成孔灌注桩是指不用泥浆护壁和套管护壁的情况下,用钻机成孔后,下钢筋笼,灌注混凝土的桩,适用于地下水位以上的土层使用。其成孔方法包括螺旋钻成孔、螺旋钻成孔扩底、干作业的旋挖成孔等。
8. 混凝土灌注桩的钢筋笼制作、安装,按《市政工程工程量计算规范》(GB 50857—2013)附录 J 钢筋工程(参见本书第九章第二节)中相关项目编码列项。
9. 本表工作内容未含桩基础的承载力检测、桩身完整性检测。

3. 工程量计算实例

【例 5-2】 某干作业成孔灌注桩,桩高 $h=8m$,桩径设计为 1m,地质条件上部为普通土,下部要求入岩,如图 5-5 所示,试计算该干作业成孔灌注桩工程量。

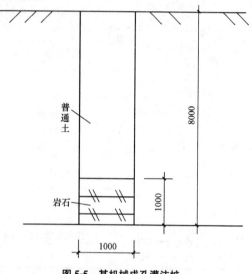

图 5-5 某机械成孔灌注桩

【解】 根据工程量计算规则,干作业成孔灌注桩工程量若按设计图示以长度计算,则:

干作业成孔灌注桩工程量＝8m

若按设计图示桩长(包括桩尖)乘以桩的断面积计算,则:

干作业成孔灌注桩工程量 $\pi\times(1.0/2)^2\times 8=6.28m^3$

若按设计图示数量计算,则:

干作业成孔灌注工程量＝1 根

工程量计算结果见表 5-4。

表 5-4　　　　　　　　工程量计算表

项目编码	项目名称	项目特征描述	计量单位	工程量
040301006001	干作业成孔灌注桩	桩高 $h=8m$,桩径设计为 1m,地质条件上部为普通土,下部要求入岩	m(m^3、根)	8(6.28,1)

三、截桩头及声测管

截桩头及声测管清单项目设置及工程量计算规则见表 5-5。

表 5-5 截桩头、声测管

项目编码	项目名称	项目特征	计量单位	工程量计算规则	工作内容
040301011	截桩头	1. 桩类型 2. 桩截面、高度 3. 混凝土强度等级 4. 有无钢筋	1. m³ 2. 根	1. 以立方米计量,按设计桩截面乘以桩头长度以体积计算 2. 以根计量,按图示数量计算	1. 截桩头 2. 凿平 3. 废料外运
040301012	声测管	1. 材质 2. 规格型号	1. t 2. m	1. 按设计图示尺寸以质量计算 2. 按设计图示尺寸以长度计算	1. 检测管截断、封头 2. 套管制作、焊接 3. 定位、固定

第三节 基坑与边坡支护工程量计算

一、圆木桩及预制钢筋混凝土板桩

1. 清单项目说明

(1)圆木桩。打圆木桩是指用打桩机械将一头为尖状的圆木,按照设计要求,通过锤打钢桩帽将圆木打入桥基指定位置的操作过程。

木桩常用松木、杉木做成,其桩径(小头直径)一般为160~260mm,桩长为4~6m。木桩自重小,具有一定的弹性和韧性,又便于加工、运输和施工。

(2)钢筋混凝土板桩。钢筋混凝土板桩垂直度1‰,位置允许偏差100mm,用于挡土不大于25mm,用于防渗允许偏差不大于20mm。

2. 清单项目设置及工程量计算规则

圆木桩及预制钢筋混凝土板桩清单项目设置及工程量计算规则见表 5-6。

表 5-6　　　　　　　　　圆木桩及预制钢筋混凝土板桩

项目编码	项目名称	项目特征	计量单位	工程量计算规则	工作内容
040302001	圆木桩	1. 地层情况 2. 桩长 3. 材质 4. 尾径 5. 桩倾斜度	1. m 2. 根	1. 以米计量,按设计尺寸以桩长(包括桩尖)计算 2. 以根计量,按图示数量计算	1. 工作平台搭拆 2. 桩机移位 3. 桩制作、运输、就位 4. 桩靴安装 5. 沉桩
040302002	预制钢筋混凝土板桩	1. 地层情况 2. 送桩深度、桩长 3. 桩截面 4. 混凝土强度等级	1. m³ 2. 根	1. 以立方米计量,按设计图示桩长(包括桩尖)乘以桩的断面积计算 2. 以根计量,按设计图示数量计算	1. 工作平台搭拆 2. 桩就位 3. 桩机移位 4. 沉桩 5. 接桩 6. 送桩

注:地层情况按表 3-4 和表 3-16 的规定,并根据岩土工程勘察报告按单位工程各地层所占比例(包括范围值)进行描述。对无法准确描述的地层情况,可注明由投标人根据岩土工程勘察报告自行决定报价。

3. 工程量计算实例

【例 5-3】　某打桩工程,用打桩机械将桩长 4m、直径为 0.2m 的一头为尖状的圆木打入桥基指定位置,桩尖长为 0.06m,试计算打桩工程量。

【解】　根据工程量计算规则,圆木桩工程量若按设计图示以桩长(包括桩尖)计算,则:

$$圆木桩工程量 = 4 + 0.06 = 4.06 \text{m}$$

若按图示数量计算,则:

$$圆木桩工程量 = 1 \text{根}$$

工程量计算结果见表 5-7。

表 5-7　　　　　　　　　工程量计算表

项目编码	项目名称	项目特征	计量单位	工程量
040302001001	圆木桩	桩长 6m、直径为 0.2m，桩尖长为 0.06m	m(根)	4.06(1)

二、地下连续墙、咬合灌注桩及型钢水泥土搅拌墙

1. 清单项目说明

(1)地下连续墙。地下连续墙是指在地面上用专用的挖槽设备，沿着基坑周边，按照事先划好的幅段，开挖狭长的沟槽，在开挖过程中，为保证槽壁的稳定，沟槽采用特制的泥浆护壁，每个幅段的沟槽开挖结束后，在槽段内放置钢筋笼，并浇筑水下混凝土，然后将若干个幅段连成一个整体，形成一个连续的地下墙体，即现浇钢筋混凝土壁式连续墙。

(2)型钢水泥土搅拌墙。型钢水泥土搅拌墙作为一种基坑支护结构中的围护体。

2. 清单项目设置及工程量计算规则

地下连续墙、咬合灌注桩及型钢水泥土搅拌墙清单项目设置及工程量计算规则见表 5-8。

表 5-8　　　　地下连续墙、咬合灌注桩及型钢水泥土搅拌墙

项目编码	项目名称	项目特征	计量单位	工程量计算规则	工作内容
040302003	地下连续墙	1. 地层情况 2. 导墙类型、截面 3. 墙体厚度 4. 成槽深度 5. 混凝土种类、强度等级 6. 接头形式	m³	按设计图示墙中心线长乘以厚度乘以槽深，以体积计算	1. 导墙挖填、制作、安装、拆除 2. 挖土成槽、固壁、清底置换 3. 混凝土制作、运输、灌注、养护 4. 接头处理 5. 土方、废浆外运 6. 打桩场地硬化及泥浆池、泥浆沟

续表

项目编码	项目名称	项目特征	计量单位	工程量计算规则	工作内容
040302004	咬合灌注桩	1. 地层情况 2. 桩长 3. 桩径 4. 混凝土种类、强度等级 5. 部位	1. m 2. 根	1. 以米计量，按设计图示尺寸以桩长计算 2. 以根计量，按设计图示数量计算	1. 桩机移位 2. 成孔、固壁 3. 混凝土制作、运输、灌注、养护 4. 套管压拔 5. 土方、废浆外运 6. 打桩场地硬化及泥浆池、泥浆沟
040302005	型钢水泥土搅拌墙	1. 深度 2. 桩径 3. 水泥掺量 4. 型钢材质、规格 5. 是否拔出	m³	按设计图示尺寸以体积计算	1. 钻机移位 2. 钻进 3. 浆液制作、运输、压浆 4. 搅拌、成桩 5. 型钢插拔 6. 土方、废浆外运

注：1. 地层情况按表 3-4 和表 3-16 的规定，并根据岩土工程勘察报告按单位工程各地层所占比例（包括范围值）进行描述。对无法准确描述的地层情况，可注明由投标人根据岩土工程勘察报告自行决定报价。

2. 地下连续墙的钢筋网制作、安装按《市政工程工程量计算规范》(GB 50857－2013) 附录 J 钢筋工程（参见本书第九章第二节）中相关项目编码列项。

三、锚杆(索)、土钉及喷射混凝土

1. 清单项目说明

(1) 锚杆。锚杆作为深入地层的受拉构件，它一端与工程构筑物连接，另一端深入地层中，整根锚杆分为自由段和锚固段，自由段是指将锚杆头处的拉力传至锚固体的区域，其功能是对锚杆施加预应力；锚固段是指水泥浆体将预应力筋与土层粘结的区域，其功能是将锚固体与土层的粘结摩擦作用增大，增加锚固体的承压作用，将自由段的拉力传至土体深处。

(2)土钉。土钉是用来加固或同时锚固现场原位土体的细长杆件。通常采取土中钻孔置入变形钢筋,即带肋钢筋,并沿孔全长注浆的方法做成土钉。依靠与土体之间的界面粘结力或摩擦力在土体发生变形的条件下被动受力并主要承受拉力作用。土钉也可用钢管角钢等作为钉体,采用直接击入的方法置入土中。

(3)喷射混凝土。喷射混凝土是用压力喷枪喷涂灌注细石混凝土的施工法。常用于灌注隧道内衬、墙壁、天棚等薄壁结构或其他结构的衬里以及钢结构的保护层。

2. 清单项目设置及工程量计算规则

锚杆(索)、土钉及喷射混凝土清单项目设置及工程量计算规则见表 5-9。

表 5-9　　　　　锚杆(索)、土钉及喷射混凝土

项目编码	项目名称	项目特征	计量单位	工程量计算规则	工作内容
040302006	锚杆(索)	1. 地层情况 2. 锚杆(索)类型、部位 3. 钻孔直径、深度 4. 杆体材料品种、规格、数量 5. 是否预应力 6. 浆液种类、强度等级	1. m 2. 根	1. 以米计量,按设计图示尺寸以桩长计算 2. 以根计量,按设计图示数量计算	1. 钻孔、浆液制作、运输、压浆 2. 锚杆(索)制作、安装 3. 张拉锚固 4. 锚杆(索)施工平台搭拆
040302007	土钉	1. 地层情况 2. 钻孔直径、深度 3. 置入方法 4. 杆体材料种类、规格、数量 5. 浆液种类、强度等级			1. 钻孔、浆液制作、运输、压浆 2. 土钉制作、安装 3. 土钉施工平台搭拆

续表

项目编码	项目名称	项目特征	计量单位	工程量计算规则	工作内容
040302008	喷射混凝土	1. 部位 2. 厚度 3. 材料种类 4. 混凝土类别、强度等级 5. 是否拔出	m^2	按设计图示尺寸以面积计算	1. 修整边坡 2. 混凝土制作、运输、喷射、养护 3. 钻排水孔、安装排水管 4. 喷射施工平台搭拆

注：1. 地层情况按表 3-4 和表 3-16 的规定，并根据岩土工程勘察报告按单位工程各地层所占比例（包括范围值）进行描述。对无法准确描述的地层情况，可注明由投标人根据岩土工程勘察报告自行决定报价。
2. 喷射混凝土的钢筋网制作、安装按《市政工程工程量计算规范》(GB 50857－2013)附录 J 钢筋工程（参见本书第九章第二节）中相关项目编码列项。

第四节 混凝土构件工程量计算

一、现浇混凝土构件

混凝土是由胶凝材料、水、粗细骨料按适当比例配合，拌制成拌合物，经一定时间硬化而成的人造石材。常用混凝土强度等级有 C10、C15、C20、C25、C30、C35、C40、C50、C60 等，其中 C10、C15 为低强度的混凝土；C20、C25、C30 为常用中高强度的混凝土，也可用于桥梁建设的混凝土及预应力混凝土（C30 及以上）；C40、C50、C60 等为高强度混凝土，常用于特殊建筑构件。

（一）混凝土垫层、基础、承台

1. 清单项目说明

（1）混凝土垫层。混凝土垫层是钢筋混凝土基础、砌体基础等上部结构与地基土之间的过渡层，用素混凝土浇制，作用是使其表面平整，便于上部结构向地基均匀传递荷载，也起到保护基础的作用，都是素混凝土的,无需加钢筋。如有钢筋则不能称其为垫层,应视为基础底板。

(2)混凝土基础。这里的基础一般为桥梁墩台的基础,它是将上部荷载传给地基的中间部分。桥梁的基础施工属于桥梁下部结构施工。根据桥梁基础埋置深度可分为浅基础与深基础,浅基础一般采用明挖工程,深基础可采用多种方法施工,例如打入桩、钻孔灌注桩、沉井、沉箱等。

(2)混凝土承台。承台有高承台与低承台之分,高承台指承台的底部脱离地面,低承台指承台的底部与地面紧贴,低承台对地基承载力有利。

2. 清单项目设置及工程量计算规则

混凝土垫层、基础、承台清单项目设置及工程量计算规则见表 5-10。

表 5-10 混凝土垫层、基础、承台

项目编码	项目名称	项目特征	计量单位	工程量计算规则	工作内容
040303001	混凝土垫层	混凝土强度等级	m^3	按设计图示尺寸以体积计算	1. 模板制作、安装、拆除 2. 混凝土拌合、运输、浇筑 3. 养护
040303002	混凝土基础	1. 混凝土强度等级 2. 嵌料(毛石)比例			
040303003	混凝土承台	混凝土强度等级			

3. 工程量计算实例

【例 5-4】 某桥梁基础工程,基础为矩形两层台阶,采用 C20 混凝土,图 5-6 所示为矩形桥梁基础示意图,试计算基础工程量。

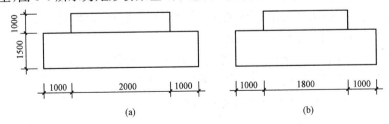

图 5-6 矩形桥梁基础示意图

【解】 根据工程量计算规则,混凝土基础工程量按设计图示尺寸以体积计算。

混凝土基础工程量=(2+1+1)×(1+1+1.8)×1.5+2×1.8×1
$$=26.4m^3$$

工程量计算结果见表 5-11。

表 5-11　　　　　　　工程量计算表

项目编码	项目名称	项目特征	计量单位	工程量
040303002001	混凝土基础	C20 混凝土	m^3	26.4

(二)混凝土墩(台)帽、身、盖梁及横梁

1. 清单项目说明

(1)墩帽。墩帽是桥墩顶端的传力部分,它通过支座承托上部结构的荷载并传递给墩身。墩帽顶部常做成一定的排水坡,四周应挑出墩身约 5~10cm 作为滴水(檐口),如图 5-7 所示。

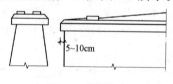

图 5-7　墩帽构造

(2)墩身。墩身是桥墩的主体,通常采用料石、块石或混凝土建造。为了便于水流和漂浮物通过,墩身平面形状通常做成圆端形或尖端形,无水桥墩则可做矩形,在有强烈流水或大量漂浮物的河流上,应在桥墩的迎水端做成破冰棱体。

(3)盖梁。台身由前墙和侧墙构成。前墙正面采用 10∶1 或 20∶1 的斜坡。侧墙与前墙结成一体,有挡土墙和支撑墙作用。

2. 清单项目设置及工程量计算规则

混凝土墩(台)帽、身、盖梁及横梁清单项目设置及工程量计算规则见表 5-12。

表 5-12 混凝土墩(台)帽、身、盖梁及横梁

项目编码	项目名称	项目特征	计量单位	工程量计算规则	工作内容
040303004	混凝土墩（台）帽	1. 部位 2. 混凝土强度等级	m^3	按设计图示尺寸以体积计算	1. 模板制作、安装、拆除 2. 混凝土拌合、运输、浇筑 3. 养护
040303005	混凝土墩（台）身				
040303006	混凝土支撑梁及横梁				
040303007	混凝土墩（台）盖梁				

注：台帽、台盖梁均应包括耳墙、背墙。

3. 工程量计算实例

【例 5-5】 某桥梁桥台如图 5-8 所示，该桥台为 U 形桥台，与桥台台帽为一体，现场浇筑施工，试计算其工程量。

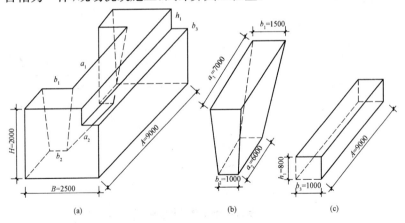

图 5-8 桥台示意图

【解】 根据工程量计算规则，混凝土墩（台）身工程量按设计图示尺寸从体积计算。

大长方体体积 $V_1 = 2.0 \times 2.5 \times 9 = 45 m^3$

截头方锥体体积 $V_2 = \dfrac{2.0}{6} \times [7 \times 1.5 + 6 \times 1 + (7+6) \times (1.5+1)]$

$\qquad\qquad\qquad = 16.33 \mathrm{m}^3$

台帽处的长方体体积 $V_3 = 0.8 \times 1 \times 9 = 7.2 \mathrm{m}^3$

桥台体积 $V = V_1 - V_2 - V_3$

$\qquad\qquad = 45 - 16.33 - 7.2$

$\qquad\qquad = 21.47 \mathrm{m}^3$

即桥台混凝土工程量为 $21.47 \mathrm{m}^3$。

工程量计算结果见表 5-13。

表 5-13　　　　　　工程量计算表

项目编码	项目名称	项目特征描述	计量单位	工程量
040303005001	混凝土墩(台)身	U形桥台,与桥台台帽为一体,现场浇筑施工	m³	21.47

【例 5-6】　某桥现场浇筑混凝土墩盖梁如图 5-9 所示,试计算该盖梁混凝土工程量。

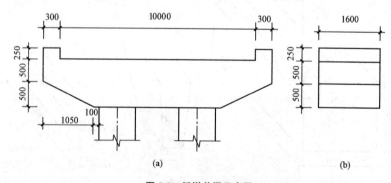

图 5-9　桥墩盖梁示意图
(a)正立面图;(b)侧立面图

【解】　根据工程量计算规则,桥墩盖梁混凝土工程量按设计图示尺寸以体积计算。

混凝土墩盖梁工程量 $= [(0.5+0.5) \times (10+0.3 \times 2) - 0.5 \times 1.05 +$

$0.3 \times 0.25 \times 2] \times 1.6$
$= 16.36 m^3$

工程量计算结果见表 5-14。

表 5-14　　　　　　　　　　工程量计算表

项目编码	项目名称	项目特征描述	计量单位	工程量
040303007001	混凝土墩(台)盖梁	桥墩盖梁,现浇混凝土	m^3	16.36

(三)桥梁现浇混凝土其他构件

桥梁现浇混凝土其他构件主要包括混凝土拱桥拱座、拱桥拱肋、拱上构件、混凝土箱梁、混凝土连续板、混凝土板梁、板拱、混凝土挡墙墙身、挡墙压顶、混凝土楼梯、防撞护栏等清单项目。

1. 清单项目设置及工程量计算规则

桥梁基础其他构件清单项目设置及工程量计算规则见表 5-15。

表 5-15　　　　　　　　桥梁现浇混凝土其他构件

项目编码	项目名称	项目特征	计量单位	工程量计算规则	工作内容
040303008	混凝土拱桥拱座	混凝土强度等级	m^3	按设计图示尺寸以体积计算	1. 模板制作、安装、拆除 2. 混凝土拌合、运输、浇筑 3. 养护
040303009	混凝土拱桥拱肋				
040303010	混凝土拱上构件	1. 部位 2. 混凝土强度等级			
040303011	混凝土箱梁				
040303012	混凝土连续板	1. 部位 2. 结构 3. 混凝土强度等级			
040303013	混凝土板梁				
040303014	混凝土板拱	1. 部位 2. 混凝土强度等级			

续表

项目编码	项目名称	项目特征	计量单位	工程量计算规则	工作内容
040303015	混凝土挡墙墙身	1. 混凝土强度等级 2. 泄水孔材料品种、规格 3. 滤水层要求 4. 沉降缝要求	m^3	按设计图示尺寸以体积计算	1. 模板制作、安装、拆除 2. 混凝土拌合、运输、浇筑 3. 养护 4. 抹灰 5. 泄水孔制作、安装 6. 滤水层铺筑 7. 沉降缝
040303016	混凝土挡墙压顶	1. 混凝土强度等级 2. 沉降缝要求			
040303017	混凝土楼梯	1. 结构 2. 底板厚度 3. 混凝土强度等级	1. m^2 2. m^3	1. 以平方米计量,按设计图示尺寸以水平投影面积计算 2. 以立方米计量,按设计图示尺寸以体积计算	1. 模板制作、安装、拆除 2. 混凝土拌合、运输、浇筑 3. 养护
040303018	混凝土防撞护栏	1. 断面 2. 混凝土强度等级	m	按设计图示尺寸以长度计算	

2. 工程量计算实例

【例 5-7】 某拱桥工程,宽为 12m,图 5-10 所示为拱桥底梁的截面图,试计算拱桥底梁工程量。

【解】 根据工程量计算规则,混凝土拱上构件工程量按设计图示尺寸以体积计算。

第五章 桥涵工程工程量计算

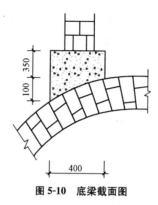

图 5-10 底梁截面图

混凝土拱上构件工程量 $=(0.35+0.35+0.1)\times 1/2 \times 0.4 \times 12$
$= 1.92 \text{m}^3$

工程量计算结果见表 5-16。

表 5-16　　　　　　　　工程量计算表

项目编码	项目名称	项目特征	计量单位	工程量
040303010001	混凝土拱上构件	混凝土底梁	m³	1.92

【例 5-8】 如图 5-11 所示,某桥为整体式连续板梁桥,桥长为 40m,试计算其工程量。

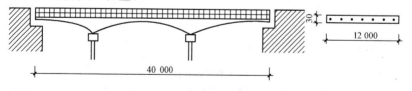

图 5-11 连续板梁桥

【解】 混凝土连续板工程量 $=40\times 12 \times 0.03 = 14.40\text{m}^3$

工程量计算结果见表 5-17。

表 5-17　　　　　　　　工程量计算表

项目编码	项目名称	项目特征描述	计量单位	工程量
040303012001	混凝土连续板	整体式连续板梁桥	m³	14.40

【例5-9】 某混凝土梁,如图5-12所示,梁内设一直径为65cm的圆孔,试计算该混凝土梁工程量。

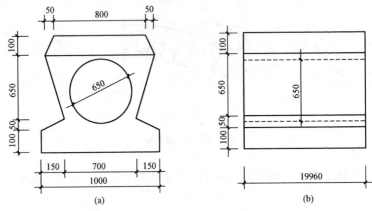

图5-12 混凝土梁示意图
(a)横截面图;(b)侧立面图

【解】 混凝土梁工程量=$[(0.8+0.05×2+0.8)×0.1/2+(0.05×2+0.80+0.7)×0.65/2+(0.7+0.15×2+0.7)×0.05/2+(0.15×2+0.7)×0.1-(3.14×0.65^2)/4]×19.96$

$=8.30m^2$

工程量计算结果见表5-18。

表5-18 工程量计算表

项目编码	项目名称	项目特征描述	计量单位	工程量
040303013001	混凝土板梁	混凝土梁,梁内设一直径为65cm的圆孔	m³	8.30

【例5-10】 某城市桥梁具有双棱形花纹的混凝土防撞栏杆,全长80m,如图5-13所示。双棱花纹栏杆尺寸为80mm×900mm,100mm×100mm,试计算其工程量。

第五章 桥涵工程工程量计算

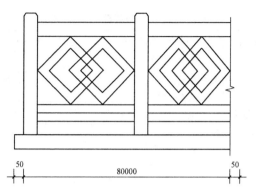

图 5-13 双棱形花纹栏杆

【解】 根据工程量计算规则,混凝土防撞护栏工程量按设计图示尺寸以长度计算。

混凝土防撞护栏工程量＝80.00m

工程量计算结果见表 5-19。

表 5-19　　　　　　　　工程量计算表

项目编码	项目名称	项目特征描述	计量单位	工程量
040303018001	混凝土防撞护栏	双棱形花纹栏杆尺寸:80mm×900mm,100mm×100mm	m	80.00

(五)桥面铺装

1. 清单项目说明

桥面铺装指的是为保护桥面板和分布车轮的集中荷载,用沥青混凝土、水泥混凝土、高分子聚合物等材料铺筑在桥面板上的保护层。

桥面铺装作用是保护桥面板防止车轮或履带直接磨耗面,保护主梁免受雨水侵蚀,并借以分散车轮的集中荷载。常用的桥面铺装有水泥混凝土、沥青混凝土两种铺装形式。在不设防水层的桥面上,也有采用防水混凝土铺装的。

2. 清单项目设置及工程量计算规则

桥面铺装清单项目设置及工程量计算规则见表 5-20。

表 5-20 桥面铺装

项目编码	项目名称	项目特征	计量单位	工程量计算规则	工作内容
040303019	桥面铺装	1. 混凝土强度等级 2. 沥青品种 3. 沥青混凝土种类 4. 厚度 5. 配合比	m^2	按设计图示尺寸以面积计算	1. 模板制作、安装、拆除 2. 混凝土拌合、运输、浇筑 3. 养护 4. 沥青混凝土铺装 5. 碾压

3. 工程量计算实例

【例 5-11】 某市政桥梁铺装构造如图 5-14 所示,试计算桥面铺装工程量。

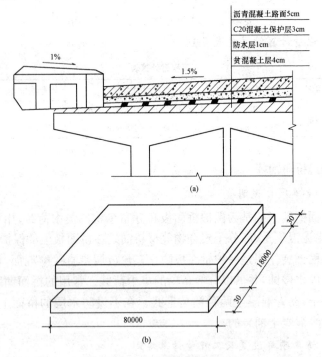

图 5-14 桥面铺装构造

【解】 根据工程量计算规则桥面铺装工程量按设计图示尺寸以面积计算。

$$桥面铺装工程量 = 80 \times 18 = 1440 \text{m}^2$$

工程量计算结果见表 5-21。

表 5-21　　　　　　　　　工程量计算表

项目编码	项目名称	项目特征描述	计量单位	工程量
040302019001	桥面铺装	贫混凝土层，4cm 厚	m^2	1440

(六) 其他混凝土构件

桥梁其他混凝土构件主要包括混凝土桥头搭板、混凝土搭板枕梁、混凝土桥塔身、混凝土连系梁、混凝土其他构件和钢管拱混凝土等项目。

1. 清单项目设置及工程量计算规则

其他混凝土构件清单项目设置及工程量计算规则见表 5-22。

表 5-22　　　　　　　　　其他混凝土构件

项目编码	项目名称	项目特征	计量单位	工程量计算规则	工作内容
040303020	混凝土桥头搭板	混凝土强度等级	m^3	按设计图示尺寸以体积计算	1. 模板制作、安装、拆除 2. 混凝土拌合、运输、浇筑 3. 养护
040303021	混凝土搭板枕梁				
040303022	混凝土桥塔身	1. 形状 2. 混凝土强度等级			
040303023	混凝土连系梁				
040303024	混凝土其他构件	1. 名称、部位 2. 混凝土强度等级			
040303025	钢管拱混凝土	混凝土强度等级			混凝土拌合、运输、压注

2. 工程量计算实例

【例 5-12】 某混凝土桥塔身为 H 型塔身，图 5-15 所示为其尺寸示意图。已知混凝土强度等级 C25,试计算其工程量。

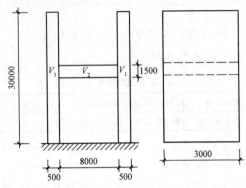

图 5-15 H 型塔身示意图

【解】 根据工程量计算规则,混凝土桥塔身工程量按设计图示尺寸以体积计算。

$$H 型塔身工程量 = 0.5 \times 3 \times 30 \times 2 + 8 \times 3 \times 1.5$$
$$= 126 m^3$$

工程量计算结果见表 5-23。

表 5-23　　　　　　　　工程量计算表

项目编码	项目名称	项目特征	计量单位	工程量
040303022001	混凝土桥塔身	H 型塔身,混凝土强度等级 C25	m^3	126

二、预制混凝土构件

1. 清单项目说明

预制混凝土在别处浇制而非在最后的施工现场。不同尺寸、形状的预制混凝土都可采用纤维增强其可靠性及开裂后的韧性。

近年来,预制混凝土以其低廉的成本,出色的性能,成为建筑业的新宠。繁多的样式、重量加上出色的挠曲强度和性能,使其在路障、储水池、外墙、建筑和装饰领域得到广泛应用。

2. 清单项目设置及工程量计算规则

预制混凝土构件清单项目设置及工程量计算规则见表 5-24。

表 5-24　　　　　　　　　预制混凝土构件

项目编码	项目名称	项目特征	计量单位	工程量计算规则	工作内容
040304001	预制混凝土梁	1. 部位 2. 图集、图纸名称 3. 构件代号、名称 4. 混凝土强度等级 5. 砂浆强度等级			1. 模板制作、安装、拆除 2. 混凝土拌合、运输、浇筑 3. 养护 4. 构件安装 5. 接头灌缝 6. 砂浆制作 7. 运输
040304002	预制混凝土柱				
040304003	预制混凝土板				
040304004	预制混凝土挡土墙墙身	1. 图集、图纸名称 2. 构件代号、名称 3. 结构 4. 混凝土强度等级 5. 泄水孔材料种类、规格 6. 滤水层要求 7. 砂浆强度等级	m³	按设计图示尺寸以体积计算	1. 模板制作、安装、拆除 2. 混凝土拌合、运输、浇筑 3. 养护 4. 构件安装 5. 接头灌缝 6. 泄水孔制作、安装 7. 滤水层铺设 8. 砂浆制作 9. 运输
040304005	预制混凝土其他构件	1. 部位 2. 图集、图纸名称 3. 构件代号、名称 4. 混凝土强度等级 5. 砂浆强度等级			1. 模板制作、安装、拆除 2. 混凝土拌合、运输、浇筑 3. 养护 4. 构件安装 5. 接头灌缝 6. 砂浆制作 7. 运输

3. 工程量计算实例

【例 5-13】 如图 5-16 所示,某一桥梁桥墩处设置有截面尺寸为 80cm×80cm 方立柱 3 根,立柱设在盖梁与承台之间,立柱高 2.7m,工厂预制生产,试计算该桥墩立柱的工程量。

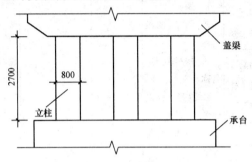

图 5-16 立柱示意图

【解】 根据工程量计算规则,预制混凝土柱工程量按设计按设计图示尺寸以体积计算。

预制混凝土柱工程量 $=0.8×0.8×2.7×3=5.18m^3$

工程量计算结果见表 5-25。

表 5-25 工程量计算表

项目编码	项目名称	项目特征描述	计量单位	工程量
040304002001	预制混凝土柱	预制混凝土柱截面尺寸为 80cm×80cm,柱高 2.7m	m³	5.18

【例 5-14】 某桥梁工程,其桥下边坡采用预制混凝土挡土墙,如图 5-17 所示,已知该挡土墙总长 20m,试计算其工程量。

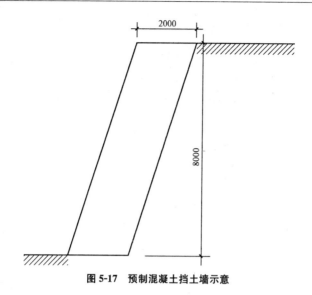

图 5-17 预制混凝土挡土墙示意

【解】 预制混凝土挡土墙工程量 $=2\times8\times20=320\mathrm{m}^3$
工程量计算结果见表 5-26。

表 5-26　　　　　　　工程量计算表

项目编码	项目名称	项目特征	计量单位	工程量
040304004001	预制混凝土挡墙身	倾斜式挡土墙	m^3	320

第五节　砌筑与立交箱涵工程量计算

一、砌筑工程

1. 清单项目说明

砌筑工程是指在建筑工程中使用普通黏土砖、承重黏土空心砖、蒸压灰砂砖、粉煤灰砖、各种中小型砌块和石材等材料进行砌筑的工程。包括砌砖、石、砌块及轻质墙板等内容。砌砖、砌石、砌块砖砌体对砌筑材料的要求,组砌工艺,质量要求以及质量通病的防治措施。

2. 清单项目设置及工程量计算规则

砌筑工程清单项目设置及工程量计算规则见表 5-27。

表 5-27　　　　　　　　　　砌筑工程

项目编码	项目名称	项目特征	计量单位	工程量计算规则	工作内容
040305001	垫层	1. 材料品种、规格 2. 厚度			垫层铺筑
040305002	干砌块料	1. 部位 2. 材料品种、规格 3. 泄水孔材料品种、规格 4. 滤水层要求 5. 沉降缝要求	m^3	按设计图示尺寸以体积计算	1. 砌筑 2. 砌体勾缝 3. 砌体抹面 4. 泄水孔制作、安装 5. 滤层铺设 6. 沉降缝
040305003	浆砌块料	1. 部位 2. 材料品种、规格 3. 砂浆强度等级 4. 泄水孔材料品种、规格 5. 滤水层要求 6. 沉降缝要求			
040305004	砖砌体				
040305005	护坡	1. 材料品种 2. 结构形式 3. 厚度 4. 砂浆强度等级	m^2	按设计图示尺寸以面积计算	1. 修整边坡 2. 砌筑 3. 砌体勾缝 4. 砌体抹面

注：1. 干砌块料、浆砌块料和砖砌体应根据工程部位不同，分别设置清单编码。
　　2. 本表清单项目中"垫层"指碎石、块石等非混凝土类垫层。

3. 工程量计算实例

【例 5-15】 某双曲拱桥，桥面宽为 8m，主拱圈采用浆砌块料，图 5-18 所示为拱圈截面示意图，试计算拱圈工程量。

第五章 桥涵工程工程量计算

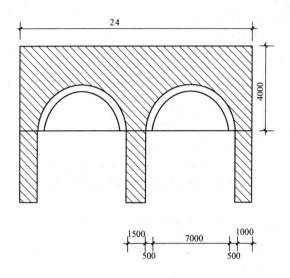

图 5-18 拱圈截面尺寸

【解】 根据工程量计算规则,浆砌块料工程量按设计图示尺寸以体积计算。

$$浆砌拱圈工程量 = \left(19.5 \times 4 - \pi \times 3.5^2 \times 2 \times \frac{1}{2}\right) \times 8$$
$$= 316.28 \text{m}^3$$

工程量计算结果见表 5-28。

表 5-28　　　　　　　工程量计算表

项目编码	项目名称	项目特征	计量单位	工程量
040305003001	浆砌拱圈	拱圈采用浆砌块料	m³	316.28

【例 5-16】 某拱桥一面的台身与台基础的砌筑材料和截面尺寸如图 5-19 所示,试计算该桥的台身与台基础工程量。

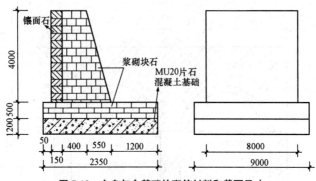

图 5-19 台身与台基础的砌筑材料和截面尺寸

【解】 根据工程量计算规则,浆砌块石工程量按设计图示尺寸以体积计算。

镶面石工程量 $=0.15\times4\times8=4.8\text{m}^3$

浆砌块石工程量 $=1/2\times[0.4+(0.55+0.4)]\times4\times8+2.35\times0.5\times9=32.18\text{m}^3$

MU20 片石混凝土工程量 $=2.35\times1.2\times9=25.38\text{m}^3$

工程量计算结果见表 5-29。

表 5-29　　　　　　　　工程量计算表

序号	项目编码	项目名称	项目特征描述	计量单位	工程量
1	040308003001	镶贴面层	镶面石	m²	4.8
2	040305003001	浆砌块料	桥墩,浆砌块石	m³	32.18
3	040303002001	混凝土基础	C20 片石混凝土基础	m³	25.38

【例 5-17】 某桥梁工程,设计采用混凝土护坡,护坡形式呈圆锥形,底边弧长为 4.5m,锥尖到底边的径向距离为 3.5m,混凝土厚度为 20cm,试计算护坡工程量。

【解】 根据工程量计算规则,护坡工程量工程按设计图示尺寸以面积计算。

$$\alpha=L/R=4.5/3.5=1.286\text{rad}$$

护坡工程量 $=\alpha R^2/2=1.286\times3.5^2/2=7.88\text{m}^2$

工程量计算结果见表 5-30。

表 5-30　　　　　　　　工程量计算表

项目编码	项目名称	项目特征	计量单位	工程量
040305005001	护坡	混凝土护坡形式呈圆锥形,厚度 20cm	m^2	7.88

二、立交箱涵工程

立交箱涵是指同一平面内相互交错的箱涵,或由几层相互叠交的箱涵构成。

(一)透水管、滑板、箱涵(底板、侧墙、顶板)

1. 清单项目说明

(1)透水管。透水管是一种具有倒滤透(排)水作用的新型管材,它克服了其他排水管材的诸多弊病,因其产品独特的设计原理和构成材料的优良性能,它排、渗水效果强,利用"毛细"现象和"虹吸"原理,集吸水、透水、排水为一气呵成,具有满足工程设计要求的耐压能力及透水性和反滤作用;不因地质、地理温度变化而发生断裂,并可达到排放洁净水的效果,不会对环境造成二次污染,属于新型环保产品。因其施工简便,无接头,对地质、地形无特殊要求,任何需要用暗排水的地方都可以随心所欲地使用。

(2)滑板。滑板是指滑开模板,也是指可以上下滑动的模板,常用的滑板结构有铁轨滑板、混凝土地梁滑板两种。

铁轨滑板是将旧钢轨铺设在工作坑内的碎石垫层上,轨间用砂填充,并用水泥砂浆抹面。在混凝土滑板下加钢筋混凝土地梁可增加阻力,防止滑板移动。

(3)箱涵底板。箱涵底板是指箱涵的底板。在底板制作时,应在底板上设置胎膜,可用混凝土垫层抹平来作底板的胎膜。

(4)箱涵侧墙。箱涵侧墙是指在涵洞开挖后,在涵洞的两侧砌筑的墙体,用来防止两侧的土体坍塌。侧墙可以用砖砌,也可以用混凝土浇筑。

(5)箱涵顶板。箱涵顶板是指箱涵的顶部,顶板要承受箱涵上部土体的压力和防治上部地下水的渗透,因此在顶板上面要抹一层防水砂浆及涂沥青防水层。

2. 清单项目设置及工程量计算规则

透水管、滑板、箱涵清单项目设置及工程量计算规则见表5-31。

表5-31　　　　　　　　透水管、滑板、箱涵

项目编码	项目名称	项目特征	计量单位	工程量计算规则	工作内容
040306001	透水管	1. 材料品种、规格 2. 管道基础形式	m	按设计图示尺寸以长度计算	1. 基础铺筑 2. 管道铺设、安装
040306002	滑板	1. 混凝土强度等级 2. 石蜡层要求 3. 塑料薄膜品种、规格	m³	按设计图示尺寸以体积计算	1. 模板制作、安装、拆除 2. 混凝土拌合、运输、浇筑 3. 养护 4. 涂石蜡层 5. 铺塑料薄膜
040306003	箱涵底板				1. 模板制作、安装、拆除 2. 混凝土拌合、运输、浇筑 3. 养护 4. 防水层铺涂
040306004	箱涵侧墙	1. 混凝土强度等级 2. 混凝土抗掺要求 3. 防水层工艺要求			1. 模板制作、安装、拆除 2. 混凝土拌合、运输、浇筑
040306005	箱涵顶板				3. 养护 4. 防水砂浆 5. 防水层铺涂

3. 工程量计算实例

【例 5-18】 图 5-20 所示为某涵洞箱涵形式,其箱涵底板为水泥混凝土板,厚度为 20cm,C20 混凝土;箱涵侧墙厚 50cm,C20 混凝土;顶板厚 30cm。已知涵洞长为 21m,试计算其工程量。

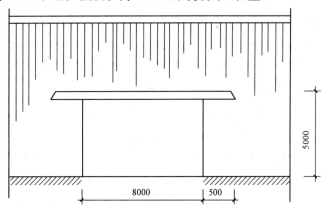

图 5-20 箱涵洞示意图

【解】 根据工程量计算规则,箱涵各部分工程量按设计图示尺寸以体积计算。

箱涵底板工程量 $=8\times21\times0.2=33.60\text{m}^3$

箱涵侧墙工程量 $=21\times5\times0.5\times2=105.00\text{m}^3$

箱涵顶板工程量 $=(8+0.5\times2)\times0.3\times21=56.70\text{m}^3$

工程量计算结果见表 5-32。

表 5-32　　　　　　　　工程量计算表

项目编码	项目名称	项目特征	计量单位	工程量
040306003001	箱涵底板	箱涵底板表面为水泥混凝土板,厚度为 20cm	m³	33.60
040306004001	箱涵侧墙	侧墙厚 50cm,C20 混凝土	m³	105.00
040306005001	箱涵顶板	顶板厚 30cm,C20 混凝土	m³	56.70

(二)箱涵顶进与接缝

1. 清单项目说明

(1)箱涵顶进。箱涵顶进方法有一次顶入法、分次顶进法、中继间法、气垫法、顶拉法。

(2)箱涵接缝的形式主要有石棉水泥嵌缝、石棉水泥接口、石棉水泥、嵌防水膏、沥青二度、石油沥青、煤沥青、沥青的熬制、沥青封口、嵌沥青木丝板、木丝板等几种。

2. 清单项目设置及工程量计算规则

箱涵顶进、接缝清单项目设置及工程量计算规则见表5-33。

表5-33　　　　　　　　箱涵顶进与接缝

项目编码	项目名称	项目特征	计量单位	工程量计算规则	工作内容
040306006	箱涵顶进	1. 断面 2. 长度 3. 弃土运距	kt·m	按设计图示尺寸以被顶箱涵的质量,乘以箱涵的位移距离分节累计计算	1. 顶进设备安装、拆除 2. 气垫安装、拆除 3. 气垫使用 4. 钢刃角制作、安装、拆除 5. 挖土实顶 6. 土方场内外运输 7. 中继间安装、拆除
040306007	箱涵接缝	1. 材质 2. 工艺要求	m	按设计图示止水带长度计算	接缝

注:除箱涵顶进土方外,顶进工作坑等土方应按《市政工程工程量计算规范》(GB 50857—2013)附录A土石方工程中相关项目编码列项(参见本书第三章)。

3. 工程量计算实例

【例5-19】 某箱涵顶进施工,将质量为420t、长度为24m的预制箱涵移至指定位置,为 4 节顶进,每节顶进距离 1.25m,计算箱涵顶进工程量。

【解】 根据工程量计算规则,箱涵顶进工程量按设计图示尺寸以被顶箱涵质量,乘以箱涵的位移距离分节累计计算。

箱涵顶进工程量=0.42×1.25×4=2.1kt·m

工程量计算结果见表 5-34。

表 5-34　　　　　　　　工程量计算表

项目编码	项目名称	项目特征描述	计量单位	工程量
040306006001	箱涵顶进	重 420t,长 24m 预制箱涵,4 节顶进,每节顶进位移距离 1.25m	kt·m	2.1

【例 5-20】 某桥梁工程,在施工过程中采用预制分节顶入箱涵,图 5-21 所示为箱涵横截面图,整个箱涵分三节顶进完成施工,分节箱涵的节间接缝按设计要求设置止水带,试计算箱涵接缝工程量。

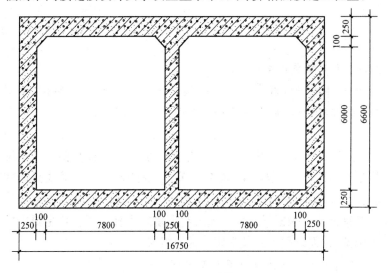

图 5-21　箱涵横截面图

【解】根据工程量计算规则,箱涵工程量按设计图示止水带长度计算。

箱涵接缝工程量 = {[(16.75−0.25)+(6.6−0.25)]×2+(6.6−0.25)}×2

= 104.1m

工程量计算结果见表 5-35。

表 5-35　　　　　　　　　工程量计算表

项目编码	项目名称	项目特征	计量单位	工程量
040306007001	箱涵接缝	分节箱涵的节间接缝按设计要求设置止水带	m	104.1

第六节　钢结构工程工程量计算

一、钢构件

1. 清单工程项目说明

钢结构中的钢构件主要包括钢箱梁、钢板梁、钢桁梁、钢拱、钢构件、劲性钢结构、钢结构叠合梁和其他钢构件等项目。

(1)钢板梁。钢桥中,板梁桥的构造比桁梁简单。板梁桥的结构可分上承式和下承式两种。上承式的主梁间距小,桥面直接放在主梁上,不需要桥面系,用钢量少,具有简单、经济的特点。下承式只有在建筑高度有限制的时候才考虑。

(2)钢桁梁。钢桁梁也分上承式与下承式两种。钢桁梁主要由桥面、主桁架、桥面系联结系及支座等部分组成。

2. 清单项目设置及工程量计算规则

钢构件清单项目设置及工程量计算规则见表 5-36。

表 5-36　　　　　　　　　　钢构件

项目编码	项目名称	项目特征	计量单位	工程量计算规则	工作内容
040307001	钢箱梁	1. 材料品种、规格 2. 部位 3. 探伤要求 4. 防火要求 5. 补刷油漆品种、色彩、工艺要求	t	按设计图示尺寸以质量计算。不扣除孔眼的质量,焊条、铆钉、螺栓等不另增加质量	1. 拼装 2. 安装 3. 探伤 4. 涂刷防火涂料 5. 补刷油漆
040307002	钢板梁				
040307003	钢桁梁				
040307004	钢拱				
040307005	劲性钢结构				
040307006	钢结构叠合梁				
040307007	其他钢构件				

3. 工程量计算实例

【例 5-21】 某桥梁工程采用钢箱梁,图 5-22 所示为钢箱梁截面示意图,已知钢箱梁材料采用 Q3465C,全长 24m,试计算其工程量。

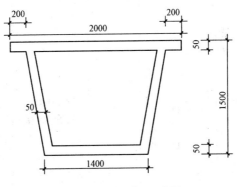

图 5-22　钢箱梁截面示意图

【解】 根据工程量计算规则,钢箱梁工程量按设计图示尺寸以质量计算,不扣除孔眼的质量,焊条、铆钉、螺栓等不另增加质量。

钢箱梁的体积 $=[2.0\times 0.05+(1.4+1.6)\times \frac{1}{2}\times (1.5-0.05)-$
$(1.5+1.3)\times \frac{1}{2}\times (1.5-0.05\times 2)]\times 24$
$=7.56m^3$

钢箱梁工程量 $=7.56\times 7.85\times 10^3=59.35t$

工程量计算结果见表 5-37。

表 5-37　　　　　　　　工程量计算表

项目编码	项目名称	项目特征	计量单位	工程量
040307001001	钢箱梁	采用 Q3465C	t	75.87

二、悬(斜拉)索、钢拉杆

悬(斜拉)索、钢拉杆清单项目设置及工程量计算规则见表 5-38。

表 5-38　　　　　　　悬(斜拉)索、钢拉杆

项目编码	项目名称	项目特征	计量单位	工程量计算规则	工作内容
040307008	悬(斜拉)索	1. 材料品种、规格 2. 直径 3. 抗拉强度 4. 防护方式	t	按设计图示尺寸以质量计算	1. 拉索安装 2. 张拉、索力调整、锚固 3. 防护壳制作、安装
040307009	钢拉杆				1. 连接、紧锁件安装 2. 钢拉杆安装 3. 钢拉杆防腐 4. 钢拉杆防护壳制作、安装

第七节 装饰及其他工程工程量计算

一、装饰工程

1. 清单项目说明

桥梁装饰工程包括水泥砂浆抹面、剁斧石饰面、镶贴面层、水质涂料、油漆等项目。

(1)水泥砂浆抹面。根据抹面砂浆功能的不同,一般可将抹面用的砂浆分为普通砂浆抹面、装饰砂浆抹面、防水砂浆抹面和具有某些特殊功能的砂浆抹面(如绝热、耐酸、防射线砂浆抹面)等。

装饰水泥砂浆抹面所采用的材料有普通水泥、矿渣水泥、火山灰质水泥和白水泥、彩色水泥,或是在常用水泥中掺加些耐碱矿物颜料配成彩色水泥。

(2)剁斧石饰面。剁斧石又称斩假石、剁假石。制作情况与水刷石基本相同。它是水泥浆硬化后,用斧刃将表面剁毛并露出石碴。

(3)水质涂料。涂料是敷于物体表面能与基体材料很好粘结并形成完整而坚韧保护膜的物料。它一般由三种基本成分所组成,即:

1)成膜基料:它主要由油料或树脂组成,是使涂料牢固附着于被涂物表面上形成完整薄膜的主要物质,是构成涂料的基础,决定着涂料的基本性质。

2)分散介质:即挥发性有机溶剂或水,主要作用在于使成膜基料分散而形成黏稠液体。

3)颜料和填料:它们本身不能单独成膜,主要用于着色和改善涂膜性能,增强涂膜的装饰和保护作用。

(4)油漆。油漆是一种能牢固覆盖在物体表面,起保护、装饰、标志和其他特殊用途的化学混合物涂料。

2. 清单项目设置及工程量计算规则

装饰清单项目设置及工程量计算规则见表 5-39。

表 5-39　　　　　　　　　　装饰

项目编码	项目名称	项目特征	计量单位	工程量计算规则	工作内容
040308001	水泥砂浆抹面	1. 砂浆配合比 2. 部位 3. 厚度	m^2	按设计图示尺寸以面积计算	1. 基层清理 2. 砂浆抹面
040308002	剁斧石饰面	1. 材料 2. 部位 3. 形式 4. 厚度			1. 基层清理 2. 饰面
040308003	镶贴面层	1. 材质 2. 规格 3. 厚度 4. 部位			1. 基层清理 2. 镶贴面层 3. 勾缝
040308004	涂料	1. 材料品种 2. 部位			1. 基层清理 2. 涂料涂刷
040308005	油漆	1. 材料品种 2. 部位 3. 工艺要求			1. 除锈 2. 刷油漆

注：如遇本清单项目缺项时，可按现行国家标准《房屋建筑与装饰工程工程量计算规范》(GB 50854—2013)中相关项目编码列项。

3. 工程量计算实例

【例 5-22】 某桥梁装饰工程，其桥梁灯柱采用涂料涂饰，已知灯柱截面直径为 200cm，灯柱高 4m，每侧有 20 根，试计算该桥梁灯柱涂料工程量。

【解】 根据工程量计算规则，涂料涂饰工程量按设计图示尺寸以面积计算。

涂料工程量 $=\pi \times 0.2 \times 4 \times 20 \times 2 = 100.53 m^2$

工程量计算结果见表 5-40。

表 5-40　　　　　　　　涂料工程量计算表

项目编码	项目名称	项目特征	计量单位	工程量
040308004001	涂料	涂饰桥梁灯柱	m²	100.53

二、其他工程

(一)栏杆

1. 清单项目说明

(1)栏杆从形式上可分为节间式与连续式。

1)节间式。节间式主要由立柱、扶手及横栏(或栏杆板)组成,扶手支承于立柱上。

2)连续式。连续式具有连续的扶手,一般由扶手、栏杆板(柱)及底座组成。

(2)按栏杆的构造形式分,有栏柱型、栏花型、栏板型和其他型四种。

1)栏柱型栏杆。栏柱型栏杆一般由扶手、地袱、端桩、中桩和栏心立柱等五部分组成,如图 5-23 所示。

2)栏花型栏杆。栏花型栏杆一般由扶手、地袱、端柱、中柱和栏心花饰板组成,如图 5-24 所示。

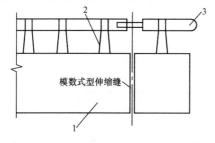 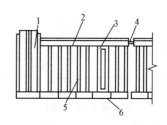

图 5-23　栏柱型栏杆　　　　　图 5-24　栏花型栏杆

1—端柱;2—扶手;3—中柱;　　　1—扶手;2—栏心花;3—端柱;
4—伸缩缝;5—栏心立柱;6—地袱　　4—地袱;5—栏心板;6—中柱

3)栏板型栏杆。栏板型栏杆一般由端柱、中柱、栏杆、地袱组成,如图 5-25 所示。

4)其他型栏杆。其他型栏杆一般由地袱、栏柱和扶手组成,如图 5-26所示。

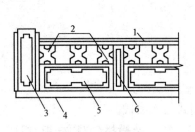

图 5-25 栏板型栏杆
1—端柱;2—中柱;3—栏板;4—地袱

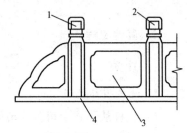

图 5-26 其他型栏杆
1—地袱;2—栏柱;3—扶手

2. 清单项目设置及工程量计算规则

栏杆清单项目设置及工程量计算规则见表 5-41。

表 5-41 栏杆

项目编码	项目名称	项目特征	计量单位	工程量计算规则	工作内容
040309001	金属栏杆	1. 栏杆材质、规格 2. 油漆品种、工艺要求	1. t 2. m	1. 按设计图示尺寸以质量计算 2. 按设计图示尺寸以延长米计算	1. 制作、运输、安装 2. 除锈、刷油漆
040309002	石质栏杆	材料品种、规格	m	按设计图示尺寸以长度计算	制作、运输、安装
040309003	混凝土栏杆	1. 混凝土强度等级 2. 规格尺寸			

3. 工程量计算实例

【例 5-23】 某桥梁钢筋栏杆如图 5-27 所示,采用 $\phi 25$ 的钢筋(3.85kg/m)布设在 75m 长的桥梁两边,每两根混凝土栏杆间有100根钢筋,试计算钢筋栏杆工程量。

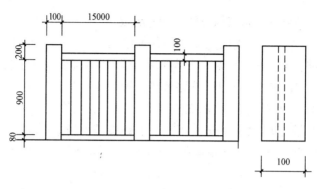

图 5-27 钢筋栏杆

【解】 根据工程量计算规则,金属栏杆工程量按设计图示尺寸以质量计算。

金属栏杆工程量 = $\frac{75}{15} \times 100 \times 0.9 \times 3.85 \times 2 = 3465 \text{kg} = 3.465 \text{t}$

工程量计算结果见表 5-42。

表 5-42　　　　　　　工程量计算表

项目编码	项目名称	项目特征描述	计量单位	工程量
040309001001	金属栏杆	钢筋栏杆,布设在桥梁两边,直径25mm	t	3.465

(二)支座

1. 清单项目说明

(1)橡胶支座。橡胶支座是随着优质合成橡胶的产生而发展起来的新型支座。橡胶支座构造简单,加工方便,省钢材,造价低,结构高度小,安装方便。橡胶支座可分为板式橡胶支座和盆式橡胶支座两类。

1)板式橡胶支座。板式橡胶支座由几层氯丁橡胶和薄钢片叠合而成(图 5-28)。

2)盆式橡胶支座。盆式橡胶支座由四氟乙烯板、盆环、氯丁橡胶块、钢密封圈、钢盆塞及橡胶防水圈等组成。

(2)钢支座。钢支座是靠钢部件的滚动、摇动和滑动来完成支座的位移和转动的;它的特点是承载能力强,能适应桥梁的位移和转动的需要,目前仍广泛应用于铁路桥梁。视跨度与荷载的大小,钢支座有平板支座、弧形支座、摇轴支座、辊轴支座等几种形式。

1)弧形支座:由上下垫板组成。上垫板是平的矩形钢板,下垫板是弧形钢板,利用上下接触面的相对滑动和转动实现活动支座的功能要求。只适用于小跨度(10~20m)的梁。

2)摇轴支座:由上摆、底板和两者之间的辊子组成。将圆辊多余部分削去成扇形,就是所谓摇轴。支承反力越大,支座高度越大。适用于跨度大于20m的梁。

3)辊轴支座:当遇到跨度更大的梁时,可以采用辊轴支座。辊子的直径可以随其个数的增多而减小,反力也可分散而均匀地分布到墩台垫石面上。辊轴支座适用于各种大型桥梁。

(3)盆式支座。盆式支座是钢构件与橡胶组合而成的新型桥梁支座,与同类的其他型号盆式支座和铸钢辊轴支座相比,具有承载能力大、水平位移量大、转动灵活等特点,且重量轻,结构紧凑;构造简单,建筑高度低,加工制造方便,节省钢材,降低造价等优点,是适宜于大垮桥梁使用的较理想的支座。本系列支座目前承载力为31个级别,承载力0.8~60MN,能满足大型桥梁建造的需要。

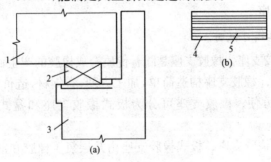

图5-28 板式橡胶支座

1—主梁;2—桥台;3—支座;4—厚2mm薄钢片;5—橡胶片

2. 清单项目设置及工程计算规则

支座清单项目设置及工程量计算规则见表 5-43。

表 5-43　　　　　　　　　　支座

项目编码	项目名称	项目特征	计量单位	工程量计算规则	工作内容
040309004	橡胶支座	1. 材质 2. 规格、型号 3. 形式	个	按设计图示数量计算	支座安装
040309005	钢支座	1. 规格、型号 2. 形式			
040309006	盆式支座	1. 材质 2. 承载力			

注：支座垫石混凝土按《市政工程工程量计算规范》(GB 50857—2013)附录 C.3 混凝土基础项目编码列项(参见本章第四节)。

3. 工程量计算实例

【例 5-24】 某桥梁工程采用板式橡胶支座,如图 5-29 所示,工程中共采用该支座 30 个,试计算其工程量。

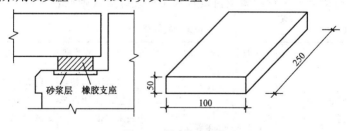

图 5-29　板式橡胶支座

【解】 根据工程量计算规则,橡胶支座工程量按设计图示数量计算。

板式橡胶支座工程量＝30 个

工程量计算结果见表 5-44。

表 5-44　　　　　　　　　工程量计算表

项目编码	项目名称	项目特征	计量单位	工程量
040309004001	橡胶支座	支座尺寸 250mm×100mm×50mm	个	30

(三)桥梁伸缩装置

1. 清单项目说明

桥梁伸缩装置指为满足桥面变形的要求，通常在两梁端之间、梁端与桥台之间或桥梁的铰接位置上设置伸缩装置。桥梁伸缩装置的类型有以下几种：

(1)镀锌薄钢板伸缩装置。在中小跨径的装配式简支梁桥上，当梁的变形量在 20～40mm 以内时常选用。

(2)钢伸缩装置。它的构造比较复杂，只有在温差较大的地区或跨径较大的桥梁上才采用。钢伸缩装置也宜于在斜桥上使用。

(3)橡胶伸缩装置。它是以橡胶带作为跨缝材料。这种伸缩装置的构造简单，使用方便，效果好。在变形量较大的大跨度桥上，可以采用橡胶和钢板组合的伸缩装置。

2. 清单项目设置及工程量计算规则

桥梁伸缩装置清单项目设置及工程量计算规则见表 5-45。

表 5-45　　　　　　　　　桥梁伸缩装置

项目编码	项目名称	项目特征	计量单位	工程量计算规则	工作内容
040309007	桥梁伸缩装置	1. 材料品种 2. 规格、型号 3. 混凝土种类 4. 混凝土强度等级	m	以米计量，按设计图示尺寸以延长米计算	1. 制作、安装 2. 混凝土拌合、运输、浇筑

3. 工程量计算实例

【例 5-25】 某桥梁工程中，其人行道部分采用 U 形镀锌铁皮式伸缩装置，其构造如图 5-30 所示，该伸缩装置的纵向长度为 2m，试计算其工程量。

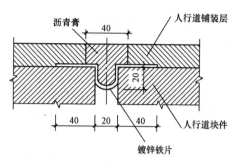

图 5-30　U 形伸缩缝尺寸(单位:cm)

【解】 根据工程量计算规则,桥梁伸缩装置工程量按设计图示尺寸以延长米计算。

桥梁伸缩装置工程量＝2m

工程量计算结果见表 5-46。

表 5-46　　　　　　　　工程量计算表

项目编码	项目名称	项目特征	计量单位	工程量
040309007001	桥梁伸缩装置	U 形镀锌铁皮式伸缩缝	m	2

(四)隔声屏障、桥面排(泄)水管及防水层

1. 清单项目说明

(1)隔声屏障。隔声屏障是位于声源与接受者之间的遮挡结构,主要用于阻挡直达声的传播,它是一个隔声设施。隔声屏障主要用于室外。随着公路交通噪声污染日益严重,有些国家大量采用各种形式的屏障来降低交通噪声。在建筑物内,如果对隔声的要求不高,也可采用屏障来分隔车间与办公室。屏障的拆装和移动都比较方便,又有一定的隔声效果,因而应用较广。

(2)防水层。桥面防水是将渗透过铺装层的雨水挡住并汇集到泄水管排出。防水层有粘贴式与涂抹式两种,粘贴式是用 2～3 层油毛毡与沥青胶交替贴铺而成,效果较好,但造价较高。涂抹式用沥青涂抹于砌体表面,施工简单,造价低,但效果较差。

2. 清单项目设置及工程量计算规则

隔声屏障、桥面排(泄)水管及防水层清单项目设置及工程量计算规则见表 5-47。

表 5-47　　　　　　隔声屏障、桥面排(泄)水管及防水层

项目编码	项目名称	项目特征	计量单位	工程量计算规则	工作内容
040309008	隔声屏障	1. 材料品种 2. 结构 3. 油漆品种、工艺要求	m²	按设计图示尺寸以面积计算	1. 制作、安装 2. 除锈、刷油漆
040309009	桥面排(泄)水管	1. 材料品种 2. 管径	m	按设计图示以长度计算	进水口、排(泄)水管制作、安装
040309010	防水层	1. 部位 2. 材料品种、规格 3. 工艺要求	m²	按设计图示尺寸以面积计算	防水层铺涂

第八节　桥涵工程计价相关问题及说明

一、清单计价相关问题及说明

(1) 本章清单项目各类预制桩均按成品构件编制,购置费用应计入综合单价中,如采用现场预制,包括预制构件制作的所有费用。

(2) 当以体积为计量单位计算混凝土工程量时,不扣除构件内钢筋、螺栓、预埋铁件、张拉孔道和单个面积≤$0.3m^2$ 的孔洞所占体积,但应扣除型钢混凝土构件中型钢所占体积。

(3) 桩基陆上工作平台搭拆工作内容包括在相应的清单项目中,若为水上工作平台搭拆,应按《市政工程工程量计算规范》(GB 50857—2013)附录 L 措施项目相关项目单独编码列项(参见本书第十章)。

二、全统市政定额桥涵工程说明

《桥涵工程定额》包括打桩工程、钻孔灌注桩工程、砌筑工程、钢筋

工程、现浇混凝土工程、预制混凝土工程、立交箱涵工程、安装工程、临时工程及装饰工程。

1. 打桩工程

(1)打桩工程定额内容包括打木制桩、打钢筋混凝土桩、打钢管桩、送桩、接桩等项目共12节107个子目。

(2)定额中土质类别均按甲级土考虑。各省、自治区、直辖市可按本地区土质类别进行调整。

(3)打桩工程定额均为打直桩，如打斜桩(包括俯打、仰打)斜率在1∶6以内时，人工乘以1.33，机械乘以1.43。

(4)打桩工程定额均考虑在已搭置的支架平台上操作，但不包括支架平台，其支架平台的搭设与拆除应按临时工程有关项目计算。

(5)陆上打桩采用履带式柴油打桩机时，不计陆上工作平台费，可计20cm碎石垫层，面积按陆上工作平台面积计算。

(6)船上打桩定额按两艘船只拼搭、捆绑考虑。

(7)打板桩定额中，均已包括打、拔导向桩内容，不得重复计算。

(8)陆上、支架上、船上打桩定额中均未包括运桩。

(9)送桩定额按送4m为界，如实际超过4m时，按相应定额乘以下列调整系数。

1)送桩5m以内乘以系数1.2。

2)送桩6m以内乘以系数1.5。

3)送桩7m以内乘以系数2.0。

4)送桩7m以上，以调整后7m为基础，每超过1m递增系数0.75。

(10)打桩机械的安装、拆除按临时工程有关项目计算。打桩机械场外运输费按机械台班费用定额计算。

2. 钻孔灌注桩工程

(1)钻孔灌注桩工程定额包括埋设护筒，人工挖孔、卷扬机带冲抓锥、冲击钻机、回旋钻机四种成孔方式及灌注混凝土等项目共7节104个子目。

(2)钻孔灌注桩工程定额适用于桥涵工程钻孔灌注桩基础工程。

(3)定额钻孔土质分为8种：

1)砂土:粒径不大于2mm的砂类土,包括淤泥、轻粉质黏土。

2)黏土:粉质黏土、黏土、黄土,包括土状风化。

3)砂砾:粒径2～20mm的角砾、圆砾含量不大于50%,包括礓石黏土及粒状风化。

4)砾石:粒径2～20mm的角砾、圆砾含量大于50%,有时还包括粒径为20～200mm的碎石、卵石,其含量在50%以内,包括块状风化。

5)卵石:粒径20～200mm的碎石、卵石含量大于10%,有时还包括块石、漂石,其含量在10%以内,包括块状风化。

6)软石:各种松软、胶结不紧、节理较多的岩石及较坚硬的块石土、漂石土。

7)次坚石:硬的各类岩石,包括粒径大于500mm、含量大于10%的较坚硬的块石、漂石。

8)坚石:坚硬的各类岩石,包括粒径大于1000mm、含量大于10%的坚硬的块石、漂石。

(4)成孔定额按孔径、深度和土质划分项目,若超过定额使用范围时,应另行计算。

(5)埋设钢护筒定额中钢护筒按摊销量计算,若在深水作业时,钢护筒无法拔出时,经建设单位签证后,可按钢护筒实际用量(或参考表5-48重量)减去定额数量一次增列计算,但该部分不得计取除税金外的其他费用。

表5-48　　　　　钢护筒摊销量计算参考值

桩径/mm	800	1000	1200	1500	2000
每米护筒重量/(kg/m)	155.06	184.87	285.93	345.09	554.6

(6)灌注桩混凝土均考虑混凝土水下施工,按机械搅拌,在工作平台上导管倾注混凝土。定额中已包括设备(如导管等)摊销及扩孔增加的混凝土数量,不得另行计算。

(7)定额中未包括:钻机场外运输、截除余桩、废泥浆处理及外运,其费用可另行计算。

(8)定额中不包括在钻孔中遇到障碍必须清除的工作,发生时另行计算。

(9)泥浆制作定额按普通泥浆考虑,若需采用膨润土,各省、自治区、直辖市可作相应调整。

3. 现浇混凝土

(1)现浇混凝土工程定额包括基础、墩、台、柱、梁、桥面、接缝等项目共14节76个子目。

(2)现浇混凝土工程定额适用于桥涵工程现浇各种混凝土构筑物。

(3)现浇混凝土工程定额中嵌石混凝土的块石含量如与设计不同时,可以换算,但人工及机械不得调整。

(4)钢筋工程中定额中均未包括预埋铁件,如设计要求预埋铁件时,可按设计用量套用有关项目。

(5)承台分有底模和无底模两种,应按不同的施工方法套用定额相应项目。

(6)定额中混凝土按常用强度等级列出,如设计要求不同时可以换算。

(7)定额中模板以木模、工具式钢模为主(除防撞护栏采用定型钢模外)。若采用其他类型模板时,允许各省、自治区、直辖市进行调整。

4. 预制混凝土

(1)预制混凝土工程定额包括预制桩、柱、板、梁及小型构件等项目共8节44个子目。

(2)预制混凝土工程定额适用于桥涵工程现场制作的预制构件。

(3)预制混凝土工程定额中均未包括预埋铁件,如设计要求预埋铁件时,可按设计用量套用钢筋工程中有关项目。

(4)定额不包括地模、胎模费用,需要时可按临时工程中有关定额计算。胎、地模的占用面积可由各省、自治区、直辖市另行规定。

5. 砌筑工程

(1)砌筑工程定额包括浆砌块石、料石、混凝土预制块和砖砌体等项目共5节21个子目。

(2)砌筑工程定额适用于砌筑高度在8m以内的桥涵砌筑工程,未列的砌筑项目,按第一册"通用项目"相应定额执行。

(3)砌筑定额中未包括垫层、拱背和台背的填充项目,如发生上述项目,可套用有关定额。

(4)拱圈底模定额中不包括拱盔和支架,可按临时工程相应定额执行。

(5)定额中调制砂浆,均按砂浆拌合机拌合,如采用人工拌制时,定额不予调整。

6. 钢筋工程

(1)钢筋工程定额包括桥涵工程各种钢筋、高强钢丝、钢绞线、预埋铁件的制作安装等项目共4节27个子目。

(2)定额中钢筋按 $\phi 10$ 以下及 $\phi 10$ 以上两种分列, $\phi 10$ 以下采用Q235钢, $\phi 10$ 以上采用16锰钢,钢板均按Q235钢计列,预应力筋采用HRB500级钢、钢绞线和高强钢丝。因设计要求采用钢材与定额不符时,可予调整。

(3)因束道长度不等,故定额中未列锚具数量,但已包括锚具安装的人工费。

(4)先张法预应力筋制作、安装定额,未包括张拉台座,该部分可由各省、自治区、直辖市视具体情况另行规定。

(5)压浆管道定额中的铁皮管、波纹管均已包括套管及三通管安装费用,但未包括三通管费用,可另行计算。

(6)定额中钢绞线按 $\phi 15.24$、束长在40m以内考虑,如规格不同或束长超过40m时,应另行计算。

7. 立交箱涵工程

(1)立交箱涵工程定额包括箱涵制作、顶进、箱涵内挖土等项目共7节36个子目。

(2)立交箱涵工程定额适用于穿越城市道路及铁路的立交箱涵顶进工程及现浇箱涵工程。

(3)定额顶进土质按Ⅰ、Ⅱ类土考虑,若实际土质与定额不同时,可由各省、自治区、直辖市进行调整。

(4)定额中未包括箱涵顶进的后靠背设施等,其发生费用另行计算。

(5)定额中未包括深基坑开挖、支撑及井点降水的工作内容,可套用有关定额计算。

(6)立交桥引道的结构及路面铺筑工程,根据施工方法套用有关定额计算。

8. 装饰工程

(1)装饰工程定额包括砂浆抹面、水刷石、剁斧石、拉毛、水磨石、镶贴面层、涂料、油漆等项目共 8 节 46 个子目。

(2)装饰工程定额适用于桥、涵构筑物的装饰项目。

(3)镶贴面层定额中,贴面材料与定额不同时,可以调整换算,但人工与机械台班消耗量不变。

(4)水质涂料不分面层类别,均按本定额计算,由于涂料种类繁多,如采用其他涂料时,可以调整换算。

(5)水泥白石子浆抹灰定额,均未包括颜料费用,如设计需要颜料调制时,应增加颜料费用。

(6)油漆定额按手工操作计取,如采用喷漆时,应另行计算。定额中油漆种类与实际不同时,可以调整换算。

(7)定额中均未包括施工脚手架,发生时可按《全国统一市政工程预算定额》第一册"通用项目"相应定额执行。

9. 附属工程

(1)安装工程定额包括安装排架立柱、墩台管节、板、梁、小型构件、栏杆扶手、支座、伸缩缝等项目共 13 节 90 个子目。

(2)安装工程定额适用于桥涵工程混凝土构件的安装等项目。

(3)小型构件安装已包括 150m 场内运输,其他构件均未包括场内运输。

(4)安装预制构件定额中,均未包括脚手架,如需要用脚手架时,可套用《全国统一市政工程预算定额》第一册"通用项目"相应定额项目。

(5)安装预制构件,应根据施工现场具体情况,采用合理的施工方法,套用相应定额。

(6)除安装梁分陆上、水上安装外,其他构件安装均未考虑船上吊装,发生时可增计船只费用。

第六章　隧道工程工程量计算

第一节　隧道工程概述

一、隧道的分类

隧道一般可分为岩石隧道与软土隧道两类。

1. 岩石隧道

岩石隧道修建在岩层中的称为岩石隧道,一般修建在山体中较多。

2. 软土隧道

软土隧道修建在土层中的称为软土隧道,软土隧道修建在水底或修建城市立交时采用。

二、隧道的组成

隧道主要由主体构筑物和附属构筑物两大类组成。

1. 主体构筑物

隧道的主体构筑物是为了保持岩体的稳定和行车安全而修建的人工永久建筑物,其主要由洞身衬砌和洞门建筑两部分组成,如图 6-1 所示。

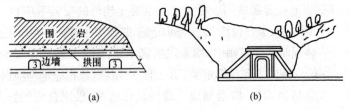

图 6-1　隧道的组成
(a)洞身;(b)洞门

2. 附属构筑物

附属构筑物是主体构筑物以外的其他建筑物,是为了运营管理、维修养护、给水排水、通风、安全等而修建的构筑物。

第二节 隧道岩石开挖与衬砌工程量计算

一、隧道岩石开挖

1. 清单项目说明

开挖是隧道施工的第一道工序,也是关键工序。在坑道的开挖过程中,围岩稳定与否,虽然主要取决于围岩本身的工程地质条件,但无疑开挖对围岩的稳定状态有着直接而重要的影响。

隧道的开挖方法主要有全断面开挖法、台阶开挖法和分部开挖法三种,见表 6-1。

表 6-1　　　　　　　　隧道开挖方法

序号	名称	说　明
1	全断面开挖法	全断面开挖法是按设计开挖断面一次开挖成型
2	台阶开挖法	台阶开挖法一般是将设计断面分上半断面和下半断面两次开挖成型。也有采用台阶上部弧形导坑超前开挖的
3	分部开挖法	分部开挖法是将隧道断面分部开挖逐步成型,且一般将某部超前开挖,故也可称为导坑超前开挖法

2. 清单项目设置及工程量计算规则

隧道岩石开挖清单项目设置及工程量计算规则见表 6-2。

表 6-2　　　　　　　　　　　隧道岩石开挖

项目编码	项目名称	项目特征	计量单位	工程量计算规则	工作内容
040401001	平洞开挖	1. 岩石类别 2. 开挖断面 3. 爆破要求 4. 弃碴运距	m³	按设计图示结构断面尺寸乘以长度以体积计算	1. 爆破或机械开挖 2. 施工面排水 3. 出碴 4. 弃渣场内堆放、运输 5. 弃碴外运
040401002	斜井开挖	^	^	^	^
040401003	竖井开挖	^	^	^	^
040401004	地沟开挖	1. 断面尺寸 2. 岩石类别 3. 爆破要求 4. 弃碴运距	^	^	^
040401005	小导管	1. 类型 2. 材料品种 3. 管径、长度	m	按设计图示尺寸以长度计算	1. 制作 2. 布眼 3. 钻孔 4. 安装
040401006	管棚	^	^	^	^
040401007	注浆	1. 浆液种类 2. 配合比	m³	按设计注浆量以体积计算	1. 浆液制作 2. 钻孔注浆 3. 堵孔

注：弃碴运距可以不描述，但应注明由投标人根据施工现场实际情况自行考虑决定报价。

3. 工程量计算实例

【例 6-1】　某隧道为平洞开挖，光面爆破，长 500m，施工段岩石为微风化的坚硬岩，线路纵坡为 2.0%，设计开挖断面面积为 65.84m²，其断面图如图 6-2 所示，试计算其工程量。

【解】　根据工程量计算规则，隧道平洞开挖工程量按设计图示结构断面尺寸乘以长度以体积计算。

平洞开挖工程量 $= 65.84 \times 500 = 32920.00 \text{m}^3$

工程量计算结果见表 6-3。

表 6-3　　　　　　　　　　　工程量计算表

项目编码	项目名称	项目特征描述	计量单位	工程量
040401001001	平洞开挖	较硬岩，光面爆破	m³	32920.00

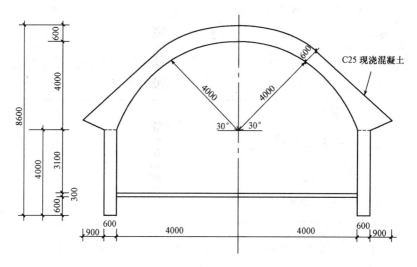

图 6-2　隧道断面图

【例 6-2】　某隧道工程需开挖地洞,地洞长度为 200m,土质为三类土,地沟底宽为 1.5m,挖深为 1.6m,图 6-3 所示为地沟断面示意图,试计算其工程量。

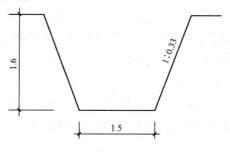

图 6-3　地沟断面示意图(单位:m)

【解】　根据工程量计算规则,地洞开挖工程量按设计图示结构断面尺寸乘以长度以体积计算。

地洞开挖工程量＝[(1.5＋1.5＋2×1.6×0.33)×1/2×1.6]×200
　　　　　　＝648.96m³

工程量计算结果见表 6-4。

表 6-4　　　　　　　　工程量计算表

项目编码	项目名称	项目特征	计量单位	工程量
040401004001	地沟开挖	隧道地沟，土质为三类土	m^3	648.96

二、岩石隧道衬砌

(一)拱部与边墙

1. 清单项目说明

拱部、边墙工程主要包括混凝土拱部衬砌、混凝土边墙衬砌、混凝土竖井衬砌、混凝土沟道、拱圈衬砌、边墙砌筑、砌筑沟道、洞门砌筑、充填压浆、仰拱填充等项目。

(1)混凝土拱部衬砌。拱部混凝土封顶有活封口和死封口两种。

1)活封口。活封口是朝一个方向灌注一个环节长度的拱部时所剩拱顶最后缺口，其缺口应随拱圈灌注及时完成。

2)死封口。是当从两个方向相对灌注拱部时，两者相遇所剩拱顶最后缺口，一般是留出一个边长为 40cm 左右的方形孔，待 24h 后，将方形缺口四壁凿毛清洗，然后将与该缺口体积相近的混凝土放进一个活底方木盒中，用千斤顶升活动底板，将混凝土顶入缺口中挤紧，待混凝土硬化后便可拆除底板。

(2)混凝土边墙衬砌。边墙施工时墙架应结构简单、牢固。立墙架根据线路中线进行，注意曲线地段隧道加宽以及隧道中线与线路中线的偏移。

(3)拱圈砌筑。拱圈砌筑材料一般都使用料石。料石砌拱部是利用料石作为主要材料砌筑拱部。砌拱部得先砌筑拱圈，砌筑拱圈前又应根据拱圈、矢高、厚度及拱架的情况，设计拱圈砌筑程序。

2. 清单项目设置及工程量计算规则

拱部与边墙清单项目设置及工程量计算规则见表 6-5。

表 6-5　　拱部与边墙

项目编码	项目名称	项目特征	计量单位	工程量计算规则	工作内容
040402001	混凝土仰拱衬砌	1. 拱跨径 2. 部位 3. 厚度 4. 混凝土强度等级	m³	按设计图示尺寸以体积计算	1. 模板制作、安装、拆除 2. 混凝土拌合、运输、浇筑 3. 养护
040402002	混凝土顶拱衬砌				
040402003	混凝土边墙衬砌	1. 部位 2. 厚度 3. 混凝土强度等级			
040402004	混凝土竖井衬砌	1. 厚度 2. 混凝土强度等级			
040402005	混凝土沟道	1. 断面尺寸 2. 混凝土强度等级			
040402008	拱圈砌筑	1. 断面尺寸 2. 材料品种、规格 3. 砂浆强度等级			1. 砌筑 2. 勾缝 3. 抹灰
040402009	边墙砌筑	1. 厚度 2. 材料品种、规格 3. 砂浆强度等级			
040402010	砌筑沟道	1. 形状 2. 材料品种、规格 3. 砂浆强度等级			
040402011	洞门砌筑	1. 形状 2. 材料品种、规格 3. 砂浆强度等级			

项目编码	项目名称	项目特征	计量单位	工程量计算规则	工作内容
040402013	充填压浆	1. 部位 2. 浆液成分强度	m^3	按设计图示尺寸以体积计算	1. 打孔、安装 2. 压浆
040402014	仰拱填充	1. 填充材料 2. 规格 3. 强度等级		按设计图示回填尺寸以体积计算	1. 配料 2. 填充

注:如遇本节清单项目未列的砌筑构筑物时,应按《市政工程工程量计算规范》(GB 50857—2013)附录 C 桥涵工程中相关项目编码列项(参见本书第五章)。

3. 工程量计算实例

【例 6-3】 某隧道工程施工段 K0+40~K0+80,需要边墙衬砌,已知边墙厚度为 0.4m,高度为 4m,混凝土强度等级为 C20,石粒最大粒径为 15mm,试计算其工程量。

【解】 根据工程量计算规则,混凝土边墙衬砌工程量按设计图示尺寸以体积计算。

$$混凝土边墙衬砌工程量 = 40 \times 4 \times 0.4 = 64 m^3$$

工程量计算结果见表 6-6。

表 6-6 工程量计算表

项目编码	项目名称	项目特征	计量单位	工程量
040402003001	混凝土边墙衬砌	混凝土强度等级为 C20,石子最大粒径为 15mm,厚度为 0.4m	m^3	64

【例 6-4】 某隧道长 148m,采用平洞开挖,隧道拱圈采用 M10 水泥砂浆,MU10 烧结普通砖砌筑,砌筑尺寸如图 6-4 所示,试计算拱圈砌筑工程量。

第六章 隧道工程工程量计算

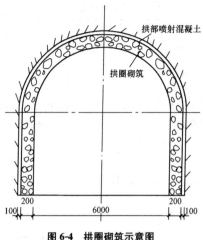

图 6-4 拱圈砌筑示意图

【解】 根据工程量计算规则,拱圈砌筑工程量按设计图示尺寸以体积计算。

拱圈砌筑工程量 $= (1/2 \times \pi \times 3.2^2 - 1/2 \times \pi \times 3^2) \times 148$
$= 288.27 \text{m}^3$

工程量计算结果见表 6-7。

表 6-7 工程量计算表

项目编码	项目名称	项目特征描述	计量单位	工程量
040402008001	拱圈砌筑	半径 3m,M10 水泥砂浆、MU10 烧结普通砖砌筑	m³	288.27

(二)喷射混凝土

1. 清单项目说明

喷射混凝土是利用压缩空气的力量,将混凝土高速喷射到岩面上,它在高速连续冲击的作用下,与岩面紧密地粘结在一起,并能充填岩面的裂隙和凹坑。

2. 清单项目设置及工程量计算规则

喷射混凝土清单项目设置及工程量计算规则见表 6-8。

表 6-8　喷射混凝土

项目编码	项目名称	项目特征	计量单位	工程量计算规则	工作内容
040402006	拱部喷射混凝土	1. 结构 2. 厚度 3. 混凝土强度等级 4. 掺加材料品种、用量	m²	按设计图示尺寸以面积计算	1. 清洗基层 2. 混凝土拌合、运输、浇筑、喷射 3. 收回弹料 4. 喷射施工平台搭设、拆除
040402007	边墙喷射混凝土				

3. 工程量计算实例

【例 6-5】 某隧道工程,边墙喷射混凝土,隧道长 80m,如图 6-5 所示,边墙厚度为 0.6m,高 8m,初喷 6cm,混凝土强度为 25MPa,石料最大粒径 25mm,试计算边墙喷射混凝土工程量。

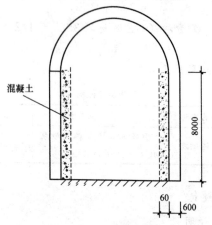

图 6-5　边墙喷射混凝土示意图

【解】 根据工程量计算规则,边墙喷射混凝土工程量按设计图示尺寸以面积计算。

边墙喷射混凝土工程量 $=2\times 8\times 80=1280 m^2$

工程量计算结果见表 6-9。

表 6-9　　　　　　　　　工程量计算表

项目编码	项目名称	项目特征	计量单位	工程量
040402007001	边墙喷射混凝土	边墙厚度为 0.6m，高 0.8m，初喷 6mm，混凝土强度为 25MPa，石料最大粒径 25mm	m^2	1280

(三)锚杆

1. 清单项目说明

锚杆是用金属或其他高抗拉性能的材料制作的一种杆状构件。锚杆安装后外露长度不宜超过 10cm，不需锚头。

2. 清单项目设置及工程量计算规则

锚杆清单项目设置及工程量计算规则见表 6-10。

表 6-10　　　　　　　　　　锚杆

项目编码	项目名称	项目特征	计量单位	工程量计算规则	工作内容
040402012	锚杆	1. 直径 2. 长度 3. 锚杆类型 4. 砂浆强度等级	t	按设计图示尺寸以质量计算	1. 钻孔 2. 锚杆制作、安装 3. 压浆

3. 工程量计算实例

【例 6-6】　某隧道拱部设置 7 根锚杆，采用 $\phi 25$ 钢筋，长度为 2.2m，采用梅花形布置，如图 6-6 所示。已知 $\phi 25$ 单根钢筋理论质量为 3.85kg/m。试计算锚杆工程量。

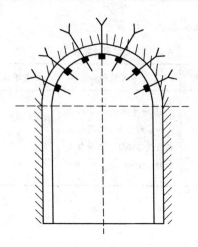

图 6-6 锚杆布置示意图

【解】 根据工程量计算规则,锚杆工程量按设计图示尺寸以质量计算。

锚杆工程量$=7\times 2.2\times 3.85=59.29kg=0.059$t

工程量计算结果见表 6-11。

表 6-11 工程量计算表

项目编码	项目名称	项目特征描述	计量单位	工程量
040402012001	锚杆	$\phi 25$ 钢筋,长度为 2.2m,采用梅花形布置	t	0.059

(四)其他项目

岩石隧道衬砌清单项目还包括透水管、沟道盖板、变形缝、施工缝等。

1. 清单项目说明

(1)透水管。透水管是一种具有倒滤透(排)水作用的新型管材,它克服了其他排水管材的诸多弊病,因其产品独特的设计原理和构成材料的优良性能,其排、渗水效果强,利用"毛细"现象和"虹吸"原理,集吸水、透水、排水为一气呵成,具有满足工程设计要求的耐压能力及透水性和反滤作用。

(2)变形缝。为了防止因气温变化、地基不均匀沉降以及地震等因素使建筑物发生裂缝或导致破坏,设计时预先在变形敏感部位将建筑物断开,分成若干个相对独立的单元,且预留的缝隙能保证建筑物有足够的变形空间,设置的这种构造缝称为变形缝。

(3)施工缝。施工缝指的是在混凝土浇筑过程中,因设计要求或施工需要分段浇筑而在先、后浇筑的混凝土之间所形成的接缝。施工缝并不是一种真实存在的"缝",它只是因后浇筑混凝土超过初凝时间,而与先浇筑的混凝土之间存在一个结合面,该结合面就称之为施工缝。

2. 清单项目设置及工程量计算规则

岩石隧道衬砌其他清单项目设置及工程量计算规则见表6-12。

表6-12　　　透水管、沟道盖板、变形缝及施工缝

项目编码	项目名称	项目特征	计量单位	工程量计算规则	工作内容
040402015	透水管	1. 材质 2. 规格	m	按设计图示尺寸以长度计算	安装
040402016	沟道盖板	1. 材质 2. 规格尺寸 3. 强度等级			制作、安装
040402017	变形缝	1. 类别 2. 材料品种、规格 3. 工艺要求			
040402018	施工缝				
040402019	柔性防水层	材料品种、规格	m²	按设计图示尺寸以面积计算	铺设

注:遇表中未列的砌筑构筑物时,应按《市政工程工程量计算规范》(GB 50857—2013)附录C桥涵工程中相关项目编码列项(参见本书第五章)。

3. 工程量计算实例

【例 6-7】 某隧道工程,由于工程需要,需要设置柔性防水层,采用环氧树脂,防水层长为 150m,宽为 12m,试计算其工程量。

【解】 根据工程量计算规则,柔性防水层工程量按设计图示尺寸以面积计算。

$$柔性防水层工程量 = 150 \times 12 = 1800 m^2$$

工程量计算结果见表 6-13。

表 6-13　　　　　　　　　工程量计算表

项目编码	项目名称	项目特征	计量单位	工程量
040402019001	柔性防水层	环氧树脂	m^2	1800

第三节　盾构掘进工程量计算

一、盾构吊装、拆除与掘进

1. 清单项目说明

盾构隧道掘进机,简称盾构机,是一种隧道掘进的专用工程机械。现代盾构掘进机集光、机、电、液、传感、信息技术于一体,具有开挖切削土体、输送土碴、拼装隧道衬砌、测量导向纠偏等功能,涉及地质、土木、机械、力学、液压、电气、控制、测量等多门学科技术,而且要按照不同的地质进行"量体裁衣"式的设计制造,可靠性要求极高。

用盾构机进行隧洞施工具有自动化程度高、节省人力、施工速度快、一次成洞、不受气候影响、开挖时可控制地面沉降、减小对地面建筑物的影响和在水下开挖时不影响水面交通等特点,在隧洞洞线较长、埋深较大的情况下,用盾构机施工更为经济合理。

2. 清单项目设置及工程量计算规则

盾构吊装、拆除与掘进清单项目设置及工程量计算规则见表 6-14。

表 6-14　盾构吊装、拆除与掘进

项目编码	项目名称	项目特征	计量单位	工程量计算规则	工作内容
040403001	盾构吊装及拆除	1. 直径 2. 规格型号 3. 始发方式	台·次	按设计图示数量计算	1. 盾构机安装、拆除 2. 车架安装拆除 3. 管线连接、调试、拆除
040403002	盾构掘进	1. 直径 2. 规格 3. 形式 4. 掘进施工段类别 5. 密封舱材料品种 6. 弃土（浆）运距	m	按设计图示掘进长度计算	1. 掘进 2. 管片拼装 3. 密封舱添加材料 4. 负环管片拆除 5. 隧道内管线路铺设、拆除 6. 泥浆制作 7. 泥浆处理 8. 土方、废浆外运

3. 工程量计算实例

【例 6-8】 某隧道工程,采用盾构法施工,全长为 500m,图 6-7 所示为盾构法示意图,盾构为圆形普通盾构,试计算其工程量。

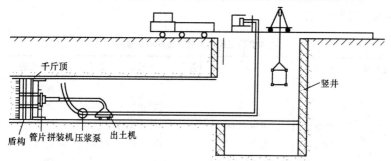

图 6-7　盾构法施工图

【解】根据工程量计算规则，盾构吊装及吊拆工程量按设计图示数量计算。

$$盾构吊装及吊拆工程量=1台·次$$

工程量计算结果见表 6-15。

表 6-15　　　　　　　工程量计算表

项目编码	项目名称	项目特征	计量单位	工程量
040403001001	盾构吊装及吊拆	圆形普通盾构	台·次	1

二、衬砌壁后压浆和预制钢筋混凝土管片

1. 清单项目说明

(1)衬砌压浆。衬砌压浆按压浆形式分为同步压浆和分块压浆两类，同步压浆即盾构推进中由盾尾安装1组同步压浆泵进行压浆，分块压浆即盾构推进中进行分块压浆。压浆按浆液的不同配合比分为石膏煤灰浆、石膏黏土粉煤灰浆、水泥粉煤灰浆和水泥砂浆。

(2)预制钢筋混凝土管片。预制钢筋混凝土管片是采用高精度钢模和高强度等级混凝土，钢模制作费用高，加工数量有限，管片可以快速脱模。

2. 清单项目设置及工程量计算规则

衬砌壁后压浆及预制钢筋混凝土管片清单项目设置及工程量计算规则见表 6-16。

表 6-16　　　衬砌壁后压浆及预制钢筋混凝土管片

项目编码	项目名称	项目特征	计量单位	工程量计算规则	工作内容
040403003	衬砌壁后压浆	1. 浆液品种 2. 配合比	m³	按管片外径和盾构壳体外径所形成的充填体积计算	1. 制浆 2. 送浆 3. 压浆 4. 封堵 5. 清洗 6. 运输

续表

项目编码	项目名称	项目特征	计量单位	工程量计算规则	工作内容
040403004	预制钢筋混凝土管片	1. 直径 2. 厚度 3. 宽度 4. 混凝土强度等级	m³	按设计图示尺寸以体积计算	1. 运输 2. 试拼装 3. 安装

注：1. 衬砌后压浆清单项目在编制工程量清单时，其工程数量可为暂估量，结算时按现场鉴证数量计算。

2. 钢筋混凝土管片按成品编制，购置费用应计入综合单价中。

3. 工程量计算实例

【例 6-9】 某隧道工程采用盾构法施工，盾构尺寸如图所示，在盾构推进中由盾尾的同号压浆泵进行压浆，压浆长度为 7m，浆液为水泥砂浆，砂浆强度等级为 M5，石料最大粒径为 25mm，配合比为水泥：砂子＝1∶3，水灰比为 0.5，试计算衬砌壁后压浆工程量。

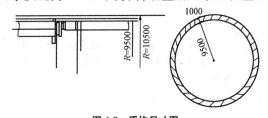

图 6-8 盾构尺寸图

【解】 根据工程量计算规则，衬砌壁后压浆工程量按管片外径和盾构壳体外径所形成的充填体积计算。

衬砌壁后压浆工程量 $=\pi \times (10.5^2 - 9.5^2) \times 7 = 439.6 m^3$

工程量计算结果见表 6-17。

表 6-17　　　　　　　　工程量计算表

项目编码	项目名称	项目特征描述	计量单位	工程量
040403003001	衬砌壁后压浆	砂浆强度等级为 M5，石料最大粒径为 10mm，配合比为水泥∶砂子＝1∶3，水灰比为 0.5	m³	439.6

三、管片设置密封条、隧道洞口柔性接缝环和管片嵌缝

1. 清单项目设置及工程量计算规则

管片设置密封条、隧道洞口柔性接缝环、管片嵌缝清单项目设置及工程量计算规则见表 6-18。

表 6-18　管片设置密封条、隧道洞口柔性接缝环及管片嵌缝

项目编码	项目名称	项目特征	计量单位	工程量计算规则	工作内容
040403005	管片设置密封条	1. 管片直径、宽度、厚度 2. 密封条材料 3. 密封条规格	环	按设计图示数量计算	密封条安装
040403006	隧道洞口柔性接缝环	1. 材料 2. 规格 3. 部位 4. 混凝土强度等级	m	按设计图示以隧道管片外径周长计算	1. 制作、安装临时防水环板 2. 制作、安装、拆除临时止水缝 3. 拆除临时钢环板 4. 拆除洞口环管片 5. 安装钢环板 6. 柔性接缝环 7. 洞口钢筋混凝土环圈
040403007	管片嵌缝	1. 直径 2. 材料 3. 规格	环	按设计图示数量计算	1. 管片嵌缝槽表面处理、配料嵌缝 2. 管片手孔封堵

2. 工程量计算实例

【例 6-10】　某隧道工程采用盾构法施工,随着盾构的掘进,盾尾一次拼装衬砌管片 8 个,在管片与管片之间用密封防水橡胶条密封,试计算管片设置密封条工程量。

【解】 根据工程量计算规则,管片设置密封条工程量按设计图示数量计算。

管片设置密封条工程量=8-1=7 环

工程量计算结果见表 6-19。

表 6-19 工程量计算表

项目编码	项目名称	项目特征描述	计量单位	工程量
040403005001	管片设置密封条	密封防水橡胶条	环	7

四、盾构机调头、转场运输及盾构基座

盾构机调头、转场运输及盾构基座清单项目设置及工程量计算规则见表 6-20。

表 6-20 盾构机调头、转场运输及盾构基座

项目编码	项目名称	项目特征	计量单位	工程量计算规则	工作内容
040403008	盾构机调头	1. 直径 2. 规格型号 3. 始发方式	台·次	按设计图示数量计算	1. 钢板、基座铺设 2. 盾构拆卸 3. 盾构调头、平行移运定位 4. 盾构拼装 5. 连接管线、调试
040403009	盾构机转场运输	1. 直径 2. 规格 3. 始发方式	台·次	按设计图示数量计算	1. 盾构机安装、拆除 2. 车架安装、拆除 3. 盾构机、车架转场运输
040403010	盾构基座	1. 材质 2. 规格 3. 部位	t	按设计图示尺寸以质量计算	1. 制作 2. 安装 3. 拆除

注:盾构基座系指常用的钢结构,如果是钢筋混凝土结构,应按《市政工程工程量计算规范》(GB 50857—2013)附录 D.7 沉管隧道中相关项目进行列项(参见本章第八节)。

第四节 管节顶升及旁通道工程量计算

一、管节垂直顶升

1. 清单项目说明

管节的顶升是在工作坑的入口处防治所要顶入的管节，在顶管出口孔壁对面侧承压壁上安装液压千斤顶和承压垫板。千斤顶将带有切口和支护开挖装置的工具先顶出工作坑出口孔壁，然后以工具管为先导，将预制管节按设计轴线逐节顶入土层中，直至工具管后第一段管节的前端进入下一工作井的进口孔壁。

2. 清单项目设置及工程量计算规则

管节垂直顶升清单项目设置及工程量计算规则见表 6-21。

表 6-21　　　　　　　　管节垂直顶升

项目编码	项目名称	项目特征	计量单位	工程量计算规则	工作内容
040404001	钢筋混凝土顶升管节	1. 材质 2. 混凝土强度等级	m³	按设计图示尺寸以体积计算	1. 钢模板制作 2. 混凝土拌合、运输、浇筑 3. 养护 4. 管节试拼装 5. 管节场内外运输
040404002	垂直顶升设备安装、拆除	规格、型号	套	按设计图示数量计算	1. 基座制作和拆除 2. 车架、设备吊装就位 3. 拆除、堆放
040404003	管节垂直顶升	1. 断面 2. 强度 3. 材质	m	按设计图示以顶升长度计算	1. 管节吊运 2. 首节顶升 3. 中间节顶升 4. 尾节顶升

3. 工程量计算实例

【例 6-11】 某隧道工程在 K0+50~K0+150 施工段,利用管节垂直顶升进行隧道推进,顶力可达 $4×10^3$ kN,管节采用钢筋混凝土制成,垂直顶升断面如图 6-9 所示,试计算管节垂直顶升工程量。

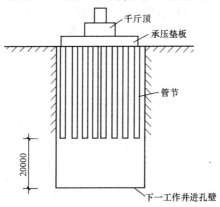

图 6-9 管节垂直顶升断面示意图

【解】 根据工程量计算规则,管节垂直顶升工程量按设计图示以顶升长度计算。

管节顶升工程量=20.00m

工程量计算结果见表 6-22。

表 6-22　　　　　　　　工程量计算表

项目编码	项目名称	项目特征描述	计量单位	工程量
040404003001	管节垂直顶升	顶力可达 $4×10^3$ kN,管节采用钢筋混凝土制成	m	20.00

二、安装止水框、连系梁、取排水头和阴极保护装置

1. 清单项目说明

(1)止水框的安装。用起吊设备将止水框运至所要安装的部位进行安装,安装时一般采用电焊方法将其固定,在安装的过程中,要对其

进行校正。

（2）连系梁的安装。运用吊运设备将联系梁吊运至所要安装的部位，对联系梁进行焊接固定，在固定之前要对其进行校正，以免发生偏差。

（3）阴极保护。阴极保护是防止电化学腐蚀及生物贴腐出水口的一种有效手段。其包括恒电位仪、阳极、参比电极安装、过渡箱的制作安装和电缆铺设。

2. 清单项目设置及工程量计算规则

安装止水框、连系梁与取排水头、阴极保护装置清单项目设置及工程量计算规则见表 6-23。

表 6-23　　　安装止水框、连系梁、取排水头及阴极保护装置

项目编码	项目名称	项目特征	计量单位	工程量计算规则	工作内容
040404004	安装止水框、连系梁	材质	t	按设计图示尺寸以质量计算	制作、安装
040404005	阴极保护装置	1. 型号 2. 规格	组	按设计图示数量计算	1. 恒电位仪安装 2. 阳极安培 3. 阴极安装 4. 参变电极安装 5. 电缆敷设 6. 接线盒安装
040404006	安装取、排水头	1. 部位 2. 尺寸	个		1. 顶升口揭顶盖 2. 取排水头部安装

3. 工程量计算实例

【例 6-12】 某隧道施工时为了排水需要以及确保隧道顶部的稳定性，特设置如图 6-10 所示的止水框和连系梁，止水框材质选用密度为 $7.85 \times 10^3 \text{kg/m}^3$ 的优质钢材，连系梁材质选用密度为 $7.87 \times 10^3 \text{kg/m}^3$ 的优质钢材，试计算止水框和连系梁工程量（止水框板厚 10cm）。

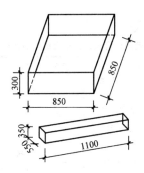

图 6-10 止水框、连系梁示意图

【解】 根据工程量计算规则,安装止水框、连系梁工程量按设计图示尺寸以质量计算。

止水框工程量 $=[(0.85\times0.3)\times4+0.85\times0.85]\times0.1\times7.85\times10^3=1367.86\text{kg}=1.368\text{t}$

连系梁工程量 $=0.35\times0.55\times1.1\times7.87\times10^3$
$=1666.47\text{kg}=1.666\text{t}$

安装止水框、连系梁工程量 $=1.368+1.666=3.034\text{t}$

工程量计算结果见表 6-24。

表 6-24　　　　　　　工程量计算表

项目编码	项目名称	项目特征描述	计量单位	工程量
040404004001	安装止水框、连系梁	止水框材质为密度为 $7.85\times10^3\text{kg/m}^3$ 的优质钢材,连系梁材质为密度为 $7.87\times10^3\text{kg/m}^3$ 的优质钢材	t	3.034

三、隧道内旁通道开挖及结构混凝土

1. 清单项目设置及工程量计算规则

隧道内旁通道开挖及结构混凝土清单项目设置及工程量计算规

则见表 6-25。

表 6-25　　隧道内旁通道开挖及结构混凝土

项目编码	项目名称	项目特征	计量单位	工程量计算规则	工作内容
040404007	隧道内旁通道开挖	1. 土壤类别 2. 土体加固方式	m^3	按设计图示尺寸以体积计算	1. 土体加固 2. 支护 3. 土方暗挖 4. 土方运输
040404008	旁通道结构混凝土	1. 断面 2. 混凝土强度等级			1. 模板制作、安装 2. 混凝土拌合、运输、浇筑 3. 洞门接口防水

2. 工程量计算实例

【例 6-13】 某隧道工程需开挖旁通道。已知隧道通道全长为 70m，断面尺寸为 2500mm×2000mm，土为三类土，试计算其工程量。

【解】 根据工程量计算规则，隧道内旁通道开挖工程量按设计图示尺寸以体积计算。

隧道内旁通道开挖工程量＝2.5×2×70＝350m³

工程量计算结果见表 6-26。

表 6-26　　工程量计算表

项目编码	项目名称	项目特征描述	计量单位	工程量
040404007001	隧道内旁通道开挖	三类土	m^3	350

四、其他工程

其他工程主要包括隧道内集水井、防爆门、钢筋混凝土复合管片和钢管片等项目。

1. 清单项目设置及工程量计算规则

其他工程清单项目设置及工程量计算规则见表 6-27。

表 6-27　　　　　　　　　　　　　其他

项目编码	项目名称	项目特征	计量单位	工程量计算规则	工作内容
040404009	隧道内集水井	1. 部位 2. 材料 3. 形式	座	按设计图示数量计算	1. 拆除管片建集水井 2. 不拆管片建集水井
040404010	防爆门	1. 形式 2. 断面	扇		1. 防爆门制作 2. 防爆门安装
040404011	钢筋混凝土复合管片	1. 图集、图纸名称 2. 构件代号、名称 3. 材质 4. 混凝土强度等级	m^3	按设计图示尺寸以体积计算	1. 构件制作 2. 试拼装 3. 运输、安装
040404012	钢管片	1. 材质 2. 探伤要求	t	按设计图示以质量计算	1. 钢管片制作 2. 试拼装 3. 探伤 4. 运输、安装

2. 工程量计算实例

【例 6-14】 某隧道工程采用盾构掘进，需要用高精度钢制作钢管片，尺寸如图 6-11 所示，试计算其工程量。

【解】 根据工程量计算规则，钢管片工程量按设计图示质量计算。

$$钢管片工程量 = 6 \times 1.5 \times 0.1 \times 7.78 \times 10^3$$
$$= 7.002 \times 10^3 \text{kg} = 7\text{t}$$

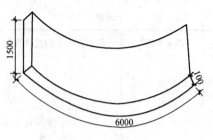

图 6-11 钢管片示意图

工程量计算结果见表 6-28。

表 6-28　　　　　　　　工程量计算表

项目编码	项目名称	项目特征描述	计量单位	工程量
040404012001	钢管片	高精度钢制作	t	7

第五节　隧道沉井工程量计算

一、沉井

1. 清单项目说明

沉井是一种收集污水的装置,在基坑上建成,用长臂挖机下沉到一定标高,再用顶管连成一体,做好流槽,盖上盖子就可,盖子一般现浇,密实性好,预制工期短。

沉井按平面形式可分为矩形、圆端形、正方形、圆形、多边形等,通常与墩台形状相配合。按建筑材料可分为无筋混凝土沉井和有筋混凝土沉井及钢沉井,按井孔布置方式不同,沉井又有单孔、双孔及多孔之分。

2. 清单项目设置及工程量计算规则

沉井清单项目设置及工程量计算规则见表 6-29。

表 6-29　　　　　　　　　　　沉井

项目编码	项目名称	项目特征	计量单位	工程量计算规则	工作内容
040405001	沉井井壁混凝土	1. 形状 2. 规格 3. 混凝土强度等级	m³	按设计尺寸以外围井筒混凝土体积计算	1. 模板制作、安装、拆除 2. 刃脚、框架、井壁混凝土浇筑 3. 养护
040405002	沉井下沉	1. 下沉深度 2. 弃土运距		按设计图示井壁外围面积乘以下沉深度以体积计算	1. 垫层凿除 2. 排水挖土下沉 3. 不排水下沉 4. 触变泥浆制作、输送 5. 弃土外运
040405003	沉井混凝土封底	混凝土强度等级			1. 混凝土干封底 2. 混凝土水下封底
040405004	沉井混凝土底板	混凝土强度等级		按设计图示尺寸以体积计算	1. 模板制作、安装、拆除 2. 混凝土拌合、运输、浇筑 3. 养护
040405005	沉井填心	材料品种			1. 排水沉井填心 2. 不排水沉井填心
040405006	沉井混凝土隔墙	混凝土强度等级			1. 模板制作、安装、拆除 2. 混凝土拌合、运输、浇筑 3. 养护

注：沉井垫层按《市政工程工程量计算规范》(GB 50857—2013)附录 C 桥涵工程中相关项目编码列项(参见本书第五章)。

二、钢封门

钢封门清单项目设置及工程量计算规则见表 6-30。

表 6-30　　　　　　　　　　钢封门

项目编码	项目名称	项目特征	计量单位	工程量计算规则	工作内容
040405007	钢封门	1. 材质 2. 尺寸	t	按设计图示尺寸以质量计算	1. 钢封门安装 2. 钢封门拆除

第六节　混凝土结构工程量计算

一、混凝土构件

1. 清单项目说明

隧道工程混凝土构件清单项目包括混凝土地梁、混凝土底板、混凝土柱、混凝土墙、混凝土梁和混凝土平台、顶板等。

(1) 混凝土地梁。在地下混凝土结构中预制梁来保证地基的整体稳定性。

(2) 钢筋混凝土底板。在基础上现浇的平板,其对基础起到整体稳定性。

(3) 钢筋混凝土墙。钢筋混凝土墙是建筑物重要的组成构件,墙体按其在建筑物和构筑物的位置不同分为内墙和外墙两类。按根据结构受力情况不同,有承重墙和非承重两类。

(4) 混凝土柱。混凝土柱是建筑中直立的起支持作用的构件。

(5) 混凝土梁。混凝土梁是指水平方向的长条形承重构件。

(6) 混凝土平台、顶板。混凝土平台是指连接两个梯段之间的水平部分,用来供楼梯转折,连通某个楼层或供使用者在攀登了一定的距离后略事休息。混凝土顶板是指房屋最上层覆盖的外围护结构,其主要功能是以抵御自然界的不利因素影响,以便以下空间有一个良好的使用环境。

2. 清单项目设置及工程量计算规则

混凝土构件清单项目设置及工程量计算规则见表 6-31。

表 6-31　　　　　　　　　　混凝土构件

项目编码	项目名称	项目特征	计量单位	工程量计算规则	工作内容
040406001	混凝土地梁	1. 类别、部位 2. 混凝土强度等级	m³	按设计图示尺寸以体积计算	1. 模板制作、安装、拆除 2. 混凝土拌合、运输、浇筑 3. 养护
040406002	混凝土底板				
040406003	混凝土柱				
040406004	混凝土墙				
040406005	混凝土梁				
040406006	混凝土平台、顶板				

注：1. 隧道洞内顶部和边墙内衬的装饰应按《市政工程工程量计算规范》(GB 50857－2013)附录 C 桥涵工程相关清单项目编码列项(参见本书第五章)。
2. 垫层、基础应按《市政工程工程量计算规范》(GB 50857－2013)附录 C 桥涵工程相关清单项目编码列项(参见本书第五章)。
3. 隧道内衬弓形底板、侧墙、支承墙应按表中混凝土底板、混凝土墙的相关清单项目编码列项,并在项目特征中描述其类别、部位。

3. 工程量计算实例

【例 6-15】 如图 6-12 所示为有梁板混凝土柱示意图,试计算其工程量。

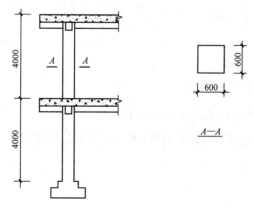

图 6-12　有梁板混凝土柱示意图

【解】 根据工程量计算规则,混凝土柱工程量按设计图示尺寸以体积计算。混凝土柱工程量 $=0.6\times 0.6\times (4+4)=2.88m^3$

工程量计算结果见表 6-32。

表 6-32　　　　　　　　工程量计算表

项目编码	项目名称	项目特征	计量单位	工程量
040406003001	混凝土柱	柱截面为 600mm×600mm,柱高总计 8m	m^3	2.88

【例 6-16】 某隧道工程,需设置一面钢筋混凝土墙,已知钢筋混凝土墙长 20mm,宽 5m,厚度为 0.6m,采用 C30 商品混凝土,石粒最大粒径为 15mm,试计算其工程量。

【解】 根据工程量计算规则,混凝土墙工程量按设计图示尺寸以体积计算。

混凝土墙工程 $=5\times 20\times 0.6=60m^3$

工程量计算结果见表 6-33。

表 6-33　　　　　　　　工程量计算表

项目编码	项目名称	项目特征	计量单位	工程量
040406004001	混凝土墙	C30 混凝土,石粒最大粒径为 15mm	m^3	60

二、其他结构混凝土

1. 清单项目设置及工程量计算规则

其他结构混凝土清单项目设置及工程量计算规则见表 6-34。

表 6-34　　　　　　　　　　其他结构混凝土

项目编码	项目名称	项目特征	计量单位	工程量计算规则	工作内容
040406007	圆隧道内架空路面	1. 厚度 2. 混凝土强度等级	m^3	按设计图示尺寸以体积计算	1. 模板制作、安装、拆除 2. 混凝土拌合、运输、浇筑 3. 养护
040406008	隧道内其他结构混凝土	1. 部位、名称 2. 混凝土强度等级			

注：1. 隧道洞内道路路面铺装应按《市政工程工程量计算规范》(GB 50857—2013)附录 B 道路工程相关清单项目编码列项（参见本书第四章）。

2. 隧道内其他结构混凝土包括楼梯、电缆沟、车道侧石等。

2. 工程量计算实例

【例 6-17】 某隧道工程全长为 50m，图 6-13 所示为圆隧道内架空路面示意图，试计算其架空路面工程量。

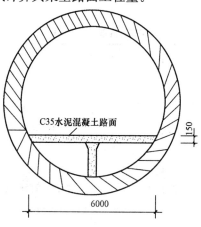

图 6-13　圆隧道内架空路面示意图

【解】 根据工程量计算规则，圆隧道内架空路面工程量按设计图示尺寸以面积计算。

圆隧道架空路面工程量 $= 6 \times 50 \times 0.15 = 45 \mathrm{m}^3$

工程量计算结果见表 6-35。

表 6-35　　　　　工程量计算表

项目编码	项目名称	项目特征	计量单位	工程量
040406007001	圆隧道内架空路面	混凝土强度等级 C35，厚度 150mm	m^2	300

第七节　沉管隧道工程量计算

一、预制沉管底垫层与钢底板

1. 清单项目设置及工程量计算规则

预制沉管底垫层与钢底板清单项目设置及工程量计算规则见表 6-36。

表 6-36　　　　　预制沉管底垫层与钢底板

项目编码	项目名称	项目特征	计量单位	工程量计算规则	工作内容
040407001	预制沉管底垫层	1. 材料品种、规格 2. 厚度	m^3	按设计图示沉管底面积乘以厚度以体积计算	1. 场地平整 2. 垫层铺设
040407002	预制沉管钢底板	1. 材质 2. 厚度	t	按设计图示尺寸以质量计算	钢底板制作、安装

2. 工程量计算实例

【例 6-18】 某隧道工程，全长 150m，预制沉管垫层采用碎石，厚度为 500mm,已知沉管底面宽度为 5000mm,试计算其工程量。

【解】 根据工程量计算规则,预制沉管底垫层工程量按设计图示沉管底面积乘以厚度以体积计算。

预制沉管底垫层工程量 $=0.5\times 5\times 150=375m^3$

工程量计算结果见表 6-37。

表 6-37　　　　　　　　　工程量计算表

项目编码	项目名称	项目特征	计量单位	工程量
040407001001	预制沉管底垫层	垫层为碎石,石粒最大粒径为 15mm	m^3	375

【例 6-19】 某隧道沉管工程,预制沉管采用钢底板,已知钢板长为 100m,厚为 10mm,宽度为 10m,试计算其工程量。

【解】 根据工程量计算规则,预制沉管钢底板工程量按设计图示尺寸以质量计算。

预制沉管钢底板工程量 $=7.78\times 10^3\times 100\times 10\times 0.01=77.8t$

工程量计算结果见表 6-38。

表 6-38　　　　　　　　　工程量计算表

项目编码	项目名称	项目特征	计量单位	工程量
040407002001	预制沉管钢底板	预制沉管钢底板,厚度 10mm	t	77.8

二、预制沉管混凝土

预制沉管混凝土清单项目主要包括预制沉管混凝土板底、预制沉管混凝土侧墙、预制沉管混凝土顶板等。

1. 清单项目设置及工程量计算规则

预制沉管混凝土清单项目设置及工程量计算规则见表 6-39。

表 6-39　　　　　　　　预制沉管混凝土

项目编码	项目名称	项目特征	计量单位	工程量计算规则	工作内容
040407003	预制沉管混凝土板底	混凝土强度等级	m^3	按设计图示尺寸以体积计算	1. 模板制作、安装、拆除 2. 混凝土拌合、运输、浇筑 3. 养护 4. 底板预埋注浆管
040407004	预制沉管混凝土侧墙				1. 模板制作、安装、拆除 2. 混凝土拌合、运输、浇筑 3. 养护
040407005	预制沉管混凝土顶板				

2. 工程量计算实例

【例 6-20】　某水底隧道全长为 300m,采用预制沉管混凝土板底,混凝土强度等级采用 C35,石粒最大粒径为 15mm,图 6-14 所示为混凝土板底示意图,试计算其工程量。

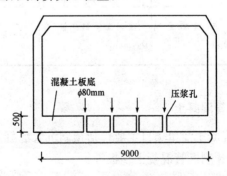

图 6-14　混凝土板底示意图

第六章 隧道工程工程量计算

【解】 根据工程量计算规则,预制沉管混凝土板底工程量按设计图示尺寸以体积计算。

预制沉管混凝土板底工程量 $=300\times 9\times 0.5=1350\mathrm{m}^3$

工程量计算结果见表 6-40。

表 6-40　　　　　工程量计算表

项目编码	项目名称	项目特征	计量单位	工程量
040407003001	预制沉管混凝土板底	混凝土强度等级采用 C35,石粒最大粒径为 15mm	m^3	1350

三、沉管外壁防锚层、鼻托垂直剪力键、端头钢壳与钢封门

沉管外壁防锚层、鼻托垂直剪力键、端头钢壳与钢封门清单项目设置及工程量计算规则见表 6-41。

表 6-41　沉管外壁防锚层、鼻托垂直剪力键、端头钢壳与钢封门

项目编码	项目名称	项目特征	计量单位	工程量计算规则	工作内容
040407006	沉管外壁防锚层	1. 材质品种 2. 规格	m^2	按设计图示尺寸以面积计算	铺设沉管外壁防锚层
040407007	鼻托垂直剪力键	材质			1. 钢剪力键制作 2. 剪力键安装
040407008	端头钢壳	1. 材质、规格 2. 强度	t	按设计图示尺寸以质量计算	1. 端头钢壳制作 2. 端头钢壳安装 3. 混凝土浇筑
040407009	端头钢封门	1. 材质 2. 尺寸			1. 端头钢封门制作 2. 端头钢封门安装 3. 端头钢封门拆除

四、沉管管段浮运临时系统

沉管管段浮运临时系统清单项目主要包括沉管管段浮运临时供电系统、沉管管段浮运临时供排水系统、沉管管段浮运临时通风系统等。

沉管管段浮运临时系统清单项目设置及工程量计算规则见表6-42。

表 6-42　　　　　沉管管段浮运临时系统

项目编码	项目名称	项目特征	计量单位	工程量计算规则	工作内容
040407010	沉管管段浮运临时供电系统	规格	套	按设计图示管段数量计算	1. 发电机安装、拆除 2. 配电箱安装、拆除 3. 电缆安装、拆除 4. 灯具安装、拆除
040407011	沉管管段浮运临时供排水系统				1. 泵阀安装、拆除 2. 管路安装、拆除
040407012	沉管管段浮运临时通风系统				1. 进排风机安装、拆除 2. 风管路安装、拆除

五、航道疏浚与沉管河床基槽开挖

1. 清单项目说明

(1) 航道疏浚。航道疏浚是指用挖泥船或其他工具在航道中清除水下泥砂的作业。航道疏浚是开发航道，增加和维护航道尺度的主要手段之一。

航道疏浚使用的挖泥船按其工作原理和输泥方式,可分为水力式和机械式两大类。一般应根据疏浚地区的土质和施工条件,选择最适宜的挖泥船型,以保证疏浚工程的质量、施工速度和节省投资。

(2)沉管河床基槽开挖。沉管基槽的断面主要由三个基本尺度决定,即底宽、深度和边坡坡度,应视具体情况、基槽搁置时间以及河道水流情况而定。

2. 清单项目设置及工程量计算规则

航道疏浚与沉管河床基槽开挖清单项目设置及工程量计算规则见表6-43。

表6-43　　　　　　　航道疏浚与沉管河床基槽开挖

项目编码	项目名称	项目特征	计量单位	工程量计算规则	工作内容
040407013	航道疏浚	1. 河床土质 2. 工况等级 3. 疏浚深度	m^3	按河床原断面与管段浮运时设计断面之差以体积计算	1. 挖泥船开收工 2. 航道疏浚挖泥 3. 土方驳运、卸泥
040407014	沉管河床基槽开挖	1. 河床土质 2. 工况等级 3. 挖土深度		按河床原断面与槽设计断面之差以体积计算	1. 挖泥船开收工 2. 沉管基槽挖泥 3. 沉管基槽清淤 4. 土方驳运、卸泥

3. 工程量计算实例

【例6-21】 某水底沉管隧道工程,需为沉管而开挖基槽,已知基槽开挖全长为200m,河床土质为砂,较硬黏土,开挖深度为6m,图6-15所示为基槽开挖断面示意图,试计算其工程量。

【解】 根据工程量计算规则,沉管河床基槽开挖工程量按河床原断面与槽设计断面之差以体积计算。

$$沉管河床基槽开挖工程量 = (20+20+2\times6\times0.5)\times6\times\frac{1}{2}\times200$$
$$= 27600 m^3$$

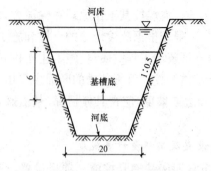

图 6-15 基槽开挖断面图

工程量计算结果见表 6-44。

表 6-44　　　　工程量计算表

项目编码	项目名称	项目特征	计量单位	工程量
040407014001	沉管河床基槽开挖	河床土质为砂,较硬黏土,开挖深度为 6m	m^3	27600

六、钢筋混凝土块沉石、基槽抛铺碎石

1. 清单项目设置及工程量计算规则

钢筋混凝土块沉石、基槽抛铺碎石清单项目设置及工程量计算规则见表 6-45。

表 6-45　　　　钢筋混凝土块沉石、基槽抛铺碎石

项目编码	项目名称	项目特征	计量单位	工程量计算规则	工作内容
040407015	钢筋混凝土块沉石	1. 工况等级 2. 沉石深度	m^3	按设计图示尺寸以体积计算	1. 预制钢筋混凝土块 2. 装船、驳运、定位沉石 3. 水下铺平石块
040407016	基槽抛铺碎石	1. 工况等级 2. 石料厚度 3. 沉石深度			1. 石料装运 2. 定位抛石、水下铺平石块

2. 工程量计算实例

【例 6-22】 某沉管隧道工程基槽抛铺碎石,全长为 400m,图 6-16 所示为基槽抛铺碎石断面示意图,抛铺厚度为 1m,碎石粒径为 40mm,试计算其工程量。

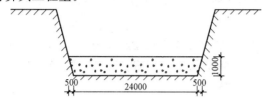

图 6-16 基槽抛铺碎石断面图

【解】 根据工程量计算规则,基槽抛铺碎石按设计图示尺寸以体积计算。

基槽抛铺碎石工程量 $=(24+0.5)\times 1.0\times 400$
$\qquad\qquad\qquad\quad =9800\mathrm{m}^3$

工程量计算结果见表 6-46。

表 6-46　　　　　　　　工程量计算表

项目编码	项目名称	项目特征	计量单位	工程量
040407016001	基槽抛铺碎石	碎石粒径为 40mm,石料厚度 1000mm	m	9800

七、沉管管节浮运与沉放连接

1. 清单项目说明

(1)沉管管节浮运。沉管管节浮运是管段在干坞内预制完成后,就可在干坞内灌水使预制管段逐渐浮起,浮起的过程中利用在干坞四周预先为管段浮运铺设的锚位,用地锚绳索固定上浮的管段,然后通过布置在干坞坞顶的绞车将管段逐渐牵引出坞。

(2)管段沉放连接。管段连接的方法主要有水下混凝土连接法、水力压接法两种。

采用水下混凝土连接法时,先在接头两侧管段的端部安设平堰板(与管段同时制作),待管段沉放完后,在前后两块平堰板左右两侧,水中安放圆弧形堰板,围成一个圆形钢围堰,同时在隧道衬砌的外边,用钢檐板把隧道内外隔开,最后往围堰内灌筑水下混凝土,形成管段的连接。

水力压接法就是利用作用在管段上的巨大水压力使安装在管段前端面周边上的一圈胶垫发生压缩变形,形成一个水密性相当可靠的管段接头。

2. 清单项目设置及工程量计算规则

沉管管节浮运与沉放连接清单项目设置及工程量计算规则见表 6-47。

表 6-47　　　　　沉管管节浮运与沉放连接

项目编码	项目名称	项目特征	计量单位	工程量计算规则	工作内容
040407017	沉管管节浮运	1. 单节管段质量 2. 管段浮运距离	kt·m	按设计图示尺寸和要求以沉管管节质量和浮运距离的复合单位计算	1. 干坞放水 2. 管段起浮定位 3. 管段浮运 4. 加载水箱制作、安装、拆除 5. 系缆柱制作、安装、拆除
040407018	管段沉放连接	1. 单节管段重量 2. 管段下沉深度	节	按设计图示数量计算	1. 管段定位 2. 管段压水下沉 3. 管段端面对接 4. 管节拉合

八、砂肋软体排覆盖与沉管水下压石

1. 清单项目设置及工程量计算规则

砂肋软体排覆盖与沉管水下压石清单项目设置及工程量计算规

表6-48 砂肋软体排覆盖与沉管水下压石

项目编码	项目名称	项目特征	计量单位	工程量计算规则	工作内容
040407019	砂肋软体排覆盖	1. 材料品种 2. 规格	m²	按设计图示尺寸以沉管顶面积加侧面外表面积计算	水下覆盖软体排
040407020	沉管水下压石		m³	按设计图示尺寸以顶、侧压石的体积计算	1. 装石船开收工 2. 定位抛石、卸石 3. 水下铺石

2. 工程量计算实例

【例6-23】 某隧道工程,全长为200m,采用砂肋软体排覆盖,排体选用面布230g/m²的编织布与底布150g/m²短纤涤纶针刺无纺土工布复合,图6-17所示为砂肋软体排覆盖示意图,试计算其工程量。

【解】 根据工程量计算规则,砂肋软体排覆盖工程量按设计图示尺寸以沉管顶面积加侧面外表面积计算。

砂肋软体排覆盖工程量 $= [(18+0.5\times2)+\sqrt{(0.5+0.4)^2+0.5^2}\times 2+(6.0+0.8)\times 2]\times 200 = 6932\text{m}^2$

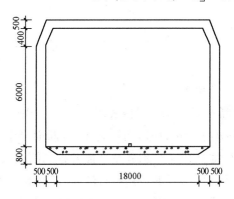

图6-17 砂肋软体排覆盖示意图

工程量计算结果见表6-49。

表6-49 工程量计算表

项目编码	项目名称	项目特征	计量单位	工程量
040407019001	砂肋软体排覆盖	排体选用编织布与短纤涤纶针刺无纺土工布复合	m²	6932

九、沉管接缝处理与沉管底部压浆固封充填

沉管接缝处理与沉管底部压浆固封充填清单项目设置及工程量计算规则见表6-50。

表6-50 沉管接缝处理与沉管底部压浆固封充填

项目编码	项目名称	项目特征	计量单位	工程量计算规则	工作内容
040407021	沉管接缝处理	1. 接缝连接形式 2. 接缝长度	条	按设计图示数量计算	1. 按缝拉合 2. 安装止水带 3. 安装止水钢板 4. 混凝土拌合、运输、浇筑
040407022	沉管底部压浆固封充填	1. 压浆材料 2. 压浆要求	m³	按设计图示尺寸以体积计算	1. 制浆 2. 管底压浆 3. 封孔

第八节 全统市政定额隧道工程说明

1. 隧道开挖与出渣

(1)平硐全断面开挖4m²以内和斜井、竖井全断面开挖5m²以内的最小断面不得小于2m²;如果实际施工中,断面小于2m²和平硐全断面开挖的断面大于100m²,斜井全断面开挖的断面大于20m²,竖井全断面开挖断面大于25m²时,各省、自治区、直辖市可另编补充定额。

(2)平硐全断面开挖的坡度在5°以内;斜井全断面开挖的坡度在

15°～30°范围内。平硐开挖与出渣定额,适用于独头开挖和出渣长度在 500m 内的隧道。斜井和竖井开挖与出渣定额,适用于长度在 50m 内的隧道。硐内地沟开挖定额,只适用于硐内独立开挖的地沟,非独立开挖地沟不得执行本定额。

(3)开挖定额均按光面爆破制定,如采用一般爆破开挖时,其开挖定额应乘以系数 0.935。

(4)平硐各断面开挖的施工方法,斜井的上行和下行开挖,竖井的正井和反井开挖,均已综合考虑,施工方法不同时,不得换算。

(5)爆破材料仓库的选址由公安部门确定,2km 内爆破材料的领退运输用工已包括在定额内,超过 2km 时,其运输费用另行计算。

(6)出渣定额中,岩石类别已综合取定,石质不同时不予调整。

(7)平硐出渣"人力、机械装渣,轻轨斗车运输"子目中,重车上坡,坡度在 2.5% 以内的工效降低因素已综合在定额内,实际在 2.5% 以内的不同坡度,定额不得换算。

(8)斜井出渣定额,是按向上出渣制定的;若采用向下出渣时,可执行本定额;若从斜井底通过平硐出渣时,其平硐段的运输应执行相应的平硐出渣定额。

(9)斜井和竖井出渣定额,均包括硐口外 50m 内的人工推斗车运输;若出硐口后运距超过 50m,运输方式也与本运输方式相同时,超过部分可执行平硐出渣、轻轨斗车运输,每增加 50m 运距的定额;若出硐后,改变了运输方式,应执行相应的运输定额。

(10)定额是按无地下水制定的(不含施工湿式作业积水),如果施工出现地下水时,积水的排水费和施工的防水措施费,另行计算。

(11)隧道施工中出现塌方和溶洞时,由于塌方和溶洞造成的损失(含停工、窝工)及处理塌方和溶洞发生的费用,另行计算。

(12)隧道工程硐口的明槽开挖执行《全国统一市政工程预算定额》第一册"通用项目"土石方工程的相应开挖定额。

(13)各开挖子目,是按电力起爆编制的。若采用火雷管导火索起爆时,可按如下规定换算:电雷管换为火雷管,数量不变,将子目中的两种胶质线扣除,换为导火索,导火索的长度按每个雷管 2.12m 计算。

2. 临时工程

(1)临时工程定额适用于隧道硐内施工所用的通风、供水、压风、照明、动力管线以及轻便轨道线路的临时性工程。

(2)定额按年摊销量计算,一年内不足一年按一年计算;超过一年按每增一季定额增加;不足一季(三个月)按一季计算(不分月)。

3. 岩石隧道衬砌工程

(1)现浇混凝土及钢筋混凝土边墙、拱部均考虑了施工操作平台。竖井采用的脚手架,已综合考虑在定额内,不另计算。喷射混凝土定额中未考虑喷射操作平台费用,如施工中需搭设操作平台时,执行喷射平台定额。

(2)混凝土及钢筋混凝土边墙、拱部衬砌,已综合了先拱后墙、先墙后拱的衬砌比例,因素不同时,不另计算。墙如为弧形时,其弧形段每 10m³ 衬砌体积按相应定额增加人工 1.3 工日。

(3)定额中的模板是以钢拱架、钢模板计算的,如实际施工的拱架及模板不同时,可按各地区规定执行。

(4)定额中的钢筋是以机制手绑、机制电焊综合考虑的(包括钢筋除锈),实际施工不同时,不做调整。

(5)料石砌拱部,不分拱跨大小和拱体厚度均执行本定额。

(6)隧道内衬施工中,凡处理地震、涌水、流砂、坍塌等特殊情况所采取的必要措施,必须做好签证和隐蔽验收手续,所增加的人工、材料、机械等费用,另行计算。

(7)定额中,采用混凝土输送泵浇筑混凝土或商品混凝土时,按各地区的规定执行。

4. 隧道沉井定额说明

(1)隧道沉井预算定额包括沉井制作、沉井下沉、封底、钢封门安拆等共 13 节 45 个子目。

(2)隧道沉井预算定额适用于软土隧道工程中采用沉井方法施工的盾构工作井及暗埋段连续沉井。

(3)沉井定额按矩形和圆形综合取定,无论采用何种形状的沉井,定额不作调整。

(4)定额中列有几种沉井下沉方法,套用何种沉井下沉定额由批准的施工组织设计确定。挖土下沉不包括土方外运费,水力出土不包括砌筑集水坑及排泥水处理。

(5)水力机械出土下沉及钻吸法吸泥下沉等子目均包括井内、外管路及附属设备的费用。

5. 盾构法掘进

(1)盾构法掘进定额包括盾构掘进、衬砌拼装、压浆、管片制作、防水涂料、柔性接缝环、施工管线路拆除以及负环管片拆除等共33节139个子目。

(2)盾构法掘进定额适用于采用国产盾构掘进机,在地面沉降达到中等程度(盾构在砖砌建筑物下穿越时允许发生结构裂缝)的软土地区隧道施工。

(3)盾构及车架安装是指现场吊装及试运行,适用于 $\phi 7000$ 以内的隧道施工,拆除是指拆卸装车。$\phi 7000$ 以上盾构及车架安拆按实计算。盾构及车架场外运输费按实另计。

(4)盾构掘进机选型,应根据地质报告、隧道复土层厚度、地表沉降量要求及掘进机技术性能等条件,由批准的施工组织设计确定。

(5)盾构掘进在穿越不同区域土层时,根据地质报告确定的盾构正掘面含砂性土的比例,按表6-51系数调整该区域的人工、机械费(不含盾构的折旧及大修理费)。

表6-51　　　　盾构掘进在穿越不同区域土层时

盾构正掘面土质	隧道横截面含砂性土比例	调整系数
一般软黏土	≤25%	1.0
黏土夹层砂	25%~50%	1.2
砂性土(干式出土盾构掘进)	>50%	1.5
砂性土(水力出土盾构掘进)	>50%	1.3

(6)盾构掘进在穿越密集建筑群、古文物建筑或堤防、重要管线时,对地表升降有特殊要求者,按表 6-52 系数调整该区域的掘进人工、机械费(不含盾构的折旧及大修理费)。

表 6-52　　盾构掘进在穿越对地表升降有特殊要求时

盾构直径/mm	允许地表升降量/mm			
	±250	±200	±150	±100
φ≥7000	1.0	1.1	1.2	—
φ<7000	—	—	1.0	1.2

注:1. 允许地表升降量是指复土层厚度大于 1 倍盾构直径处的轴线上方地表升降量。
　　2. 如第(5)、(6)条所列两种情况同时发生时,调整系数相加减 1 计算。

(7)采用干式出土掘进,其土方以吊出井口装车止。采用水力出土掘进,其排放的泥浆水以送至沉淀池止,水力出土所需的地面部分取水、排水的土建及土方外运费用另计。水力出土掘进用水按取用自然水源考虑,不计水费,若采用其他水源需计算水费时可另计。

(8)盾构掘进定额中已综合考虑了管片的宽度和成环块数等因素,执行定额时不得调整。

(9)盾构掘进定额中含贯通测量费用,不包括设置平面控制网、高程控制网、过江水准及方向、高程传递等测量,如发生时费用另计。

(10)预制混凝土管片采用高精度钢模和高强度等级混凝土,定额中已含钢模摊销费,管片预制场地费另计,管片场外运输费另计。

(11)钢管片制作已包括台座摊销费,侧面环板燕尾槽加工不包括在内。

(12)复合管片钢壳包括台模摊销费,钢筋在复合管片混凝土浇捣子目内。

6. 垂直顶升

(1)垂直顶升预算定额包括顶升管节、复合管片制作、垂直顶升设备安拆、管节垂直顶升、阴极保护安装及滩地揭顶盖等共 6 节 21 个子目。

(2)垂直顶升预算定额适用于管节外壁断面小于 4m^2、每座顶升高度小于 10m 的不出土垂直顶升。

(3)预制管节制作混凝土已包括内模摊销费及管节制成后的外壁涂料。管节中的钢筋已归入顶升钢壳制作的子目中。

(4)阴极保护安装不包括恒电位仪、阳极、参比电极的原值。

(5)滩地揭顶盖只适用于滩地水深不超过 0.5m 的区域,定额未包括进出水口的围护工程,发生时可套用相应定额计算。

7. 地下连续墙

(1)地下连续墙预算定额包括导墙、挖土成槽、钢筋笼制作吊装、锁口管吊拔、浇捣连续墙混凝土、大型支撑基坑土方及大型支撑安装、拆除等共 7 节 29 个子目。

(2)地下连续墙预算定额适用于在黏土、砂土及冲填土等软土层地下连续墙工程,以及采用大型支撑围护的基坑土方工程。

(3)地下连续墙成槽的护壁泥浆采用比重为 1.055 的普通泥浆。若需取用重晶石泥浆可按不同比重泥浆单价进行调整。护壁泥浆使用后的废浆处理另行计算。

(4)钢筋笼制作包括台模摊销费,定额中预埋件用量与实际用量有差异时允许调整。

(5)大型支撑基坑开挖定额适用于地下连续墙、混凝土板桩、钢板桩等作围护的跨度大于 8m 的深基坑开挖。定额中已包括湿土排水,若需采用井点降水或支撑安拆需打拔中心稳定桩等,其费用另行计算。

(6)大型支撑基坑开挖由于场地狭小只能单面施工时,挖土机械按表 6-53 调整。

表 6-53　　　　　　　　挖土机械单面施工　　　　　　　　　　t

宽　度	两边停机施工	单边停机施工
基坑宽 15m 内	15	25
基坑宽 15m 外	25	40

(7)混凝土、砂浆(锚杆用)均以半成品体积,按常用强度等级列入

定额。设计强度等级不同时,可以调整。内衬现浇混凝土,按现场拌合编制。若采用预拌(商品)混凝土,按各地区规定执行。

(8)模板,以钢模为主,定额已适当配以木模。模板与混凝土的接触面积用"m²"表示。各种衬砌形式的模板与混凝土接触面积取定数详见表6-54。

表 6-54 岩石层隧道混凝土及钢筋混凝土衬砌每 10m³ 混凝土与模板接触面积

序号	项 目	混凝土衬砌厚度/cm	接触面积/m²
1	平洞拱跨跨径 10m 内	30~50	23.81
2	平洞拱跨跨径 10m 内	50~80	15.51
3	平洞拱跨跨径 10m 内	80 以上	9.99
4	平洞拱跨跨径 10m 以上	30~50	24.09
5	平洞拱跨跨径 10m 以上	50~80	15.82
6	平洞拱跨跨径 10m 以上	80 以上	10.32
7	平洞边墙	30~50	24.55
8	平洞边墙	50~80	17.33
9	平洞边墙	80 以上	12.01
10	斜井拱跨跨径 10m 内	30~50	26.19
11	斜井拱跨跨径 10m 内	50~80	17.06
12	斜井边墙	30~50	27.01
13	斜井边墙	50~80	18.84
14	竖井	15~25	46.69
15	竖井	25~35	30.22
16	竖井	35~45	23.12

8. 地下混凝土结构

(1)地下混凝土结构预算定额包括护坡、地梁、底板、墙、柱、梁、平台、顶板、楼梯、电缆沟、侧石、弓形底板、支承墙、内衬侧墙及顶内衬、行车道槽形板以及隧道内车道等地下混凝土结构共 11 节 58 个子目。

(2)地下混凝土结构预算定额适用于地下铁道车站、隧道暗埋段、引道段沉井内部结构、隧道内路面及现浇内衬混凝土工程。

(3)定额中混凝土浇捣未含脚手架费用。

(4)圆形隧道路面以大型槽形板作底模,如采用其他形式时定额允许调整。

(5)隧道内衬施工未包括各种滑模、台车及操作平台费用,可另行计算。

9. 地基加固、监测

(1)地基加固、监测定额分为地基加固和监测两部分共7节59个子目。地基加固包括分层注浆、压密注浆、双重管和三重管高压旋喷;监测包括地表和地下监测孔布置、监控测试等。

(2)地基加固、监测定额按软土地层建筑地下构筑物时采用的地基加固方法和监测手段进行编制。地基加固是控制地表沉降,提高土体承载力,降低土体渗透系数的一个手段,适用于深基坑底部稳定、隧道暗挖法施工和其他建筑物基础加固等。监测是地下构筑物建造时,反映施工对周围建筑群影响程度的测试手段。定额适用于建设单位确认需要监测的工程项目,包括监测点布置和监测两部分。监测单位需及时向建设单位提供可靠的测试数据,工程结束后监测数据立案成册。

(3)分层注浆加固的扩散半径为0.8m,压密注浆加固半径为0.75m,双重管、三重管高压旋喷的固结半径分别为0.4m、0.6m。浆体材料(水泥、粉煤灰、外加剂等)用量按设计含量计算,若设计未提供含量要求时,按批准的施工组织设计计算。检测手段只提供注浆前后N值的变化。

(4)定额不包括泥浆处理和微型桩的钢筋费用,为配合土体快速排水需打砂井的费用另计。

10. 金属构件制作

(1)金属构件制作定额包括顶升管片钢壳、钢管片、顶升止水框,联系梁、车架、走道板、钢跑板、盾构基座、钢围令、钢闸墙、钢轨枕、钢支架、钢扶梯、钢栏杆、钢支撑、钢封门等金属构件的制作共8节26个子目。

(2)金属构件制作定额适用于软土层隧道施工中的钢管片、复合管片钢壳及盾构工作井布置、隧道内施工用的金属支架、安全通道、钢闸墙、垂直顶升的金属构件以及隧道明挖法施工中大型支撑等加工制作。

(3)金属构件制作的预算价格仅适用于施工单位加工制作,需外加工者则按实结算。

(4)金属构件制作定额钢支撑按 $\phi 600mm$ 考虑,采用 12mm 钢板卷管焊接而成,若采用成品钢管时定额不作调整。

(5)钢管片制作已包括台座摊销费,侧面环板燕尾槽加工不包括在内。

(6)复合管片钢壳包括台模摊销费,钢筋在复合管片混凝土浇捣子目内。

(7)垂直顶升管节钢骨架已包括法兰、钢筋和靠模摊销费。

(8)构件制作均按焊接计算,不包括安装螺栓在内。

第七章　管网工程工程量计算

第一节　管道铺设工程量计算

管道工程是市政工程不可缺少的组成部分。各种用途的管道都是由管子和管道附件组成的。管道附件是指连接在管道上的阀门、接头配件等部件的总称。为便于生产厂家制造，设计、施工单位选用，国家对管子和管道附件制定了统一的规定标准。

一、各类管道铺设

1. 清单项目说明

市政工程中常用的各类管道主要有混凝土管、钢管、铸铁管、塑料管、直埋式预制保温管等。

(1)混凝土管。混凝土管道铺设时首先应稳管，排水管道的安装常用坡度板法和边线法控制管道中心和高程，边线法控制管道中心和高程比坡度板法速度快，但准确度不如坡度板法。

(2)钢管。市政给排水工程中常用的钢管主要有有缝钢管、无缝钢管、不锈钢管三类。其具有较高的机械强度和刚度，管内外表面光滑、水力条件好等特点。

(3)铸铁管。铸铁管是给水管网及运输水管道最常用的管，其具有抗腐蚀性好、耐用、价格低的优点，但质脆、不耐振动和弯折、工作压力较钢管低、管壁较钢管厚，而且自重较大。

(4)塑料管。塑料管按制造原料的不同可分为硬聚氯乙烯管、聚乙烯管及工程塑料管三类。塑料管具有质量轻、耐腐蚀性好、管内壁光滑、使用寿命长的特点。

(5)直埋式预制保温管。预制直埋保温管是由输送介质的钢管(工作管)、聚氨酯硬质泡沫塑料(保温层)、高密度聚乙烯外套管(保护层)紧密结合而成。预制直埋保温管一般由工作钢管层、聚氨酯保温层和高密度聚乙烯保护层三层构成。

2. 清单项目设置及工程量计算规则

各类管道铺设清单项目设置及工程量计算规则见表 7-1。

表 7-1　　　　　　　　各类管道铺设

项目编码	项目名称	项目特征	计量单位	工程量计算规则	工作内容
040501001	混凝土管	1. 垫层、基础材质及厚度 2. 管座材质 3. 规格 4. 接口方式 5. 铺设深度 6. 混凝土强度等级 7. 管道检验及试验要求	m	按设计图示中心线长度以延长米计算。不扣除附属构筑物、管件及阀门等所占长度	1. 垫层、基础铺筑及养护 2. 模板制作、安装、拆除 3. 混凝土拌合、运输、浇筑、养护 4. 预制管枕安装 5. 管道铺设 6. 管道接口 7. 管道检验及试验
040501002	钢管	1. 垫层、基础材质及厚度 2. 材质及规格 3. 接口方式 4. 铺设深度 5. 管道检验及试验要求 6. 集中防腐运距			1. 垫层、基础铺筑及养护 2. 模板制作、安装、拆除 3. 混凝土拌合、运输、浇筑、养护 4. 管道铺设 5. 管道检验及试验 6. 集中防腐运输
040501003	铸铁管				
040501004	塑料管	1. 垫层、基础材质及厚度 2. 材质及规格 3. 连接形式 4. 铺设深度 5. 管道检验及试验要求			1. 垫层、基础铺筑及养护 2. 模板制作、安装、拆除 3. 混凝土拌合、运输、浇筑、养护 4. 管道铺设 5. 管道检验及试验

续表

项目编码	项目名称	项目特征	计量单位	工程量计算规则	工作内容
040501005	直埋式预制保温管	1. 垫层材质及厚度 2. 材质及规格 3. 接口方式 4. 铺设深度 5. 管道检验及试验要求	m	按设计图示中心线长度以延长米计算。不扣除附属构筑物、管件及阀门等所占长度	1. 垫层铺筑及养护 2. 管道铺设 3. 接口处保温 4. 管道检验及试验

注：管道铺设项目中的做法如为标准设计，也可在项目特征中标注标准图集号。

二、管道架空跨越与隧道（沟、管）内管道

1. 清单项目设置及工程量计算规则

管道架空跨越与隧道（沟、管）内管道清单项目设置及工程量计算规则见表 7-2。

表 7-2　　　　管道架空跨越与隧道（沟、管）内管道

项目编码	项目名称	项目特征	计量单位	工程量计算规则	工作内容
040501006	管道架空跨越	1. 管道架设高度 2. 管道材质及规格 3. 接口方式 4. 管道检验及试验要求 5. 集中防腐运距	m	按设计图示中心线长度以延长米计算。不扣除管件及阀门等所占长度	1. 管道架设 2. 管道检验及试验 3. 集中防腐运输
040405007	隧道（沟、管）内管道	1. 基础材质及厚度 2. 混凝土强度等级 3. 材质及规格 4. 接口方式 5. 管道检验及试验要求 6. 集中防腐运输	m	按设计图示中心线长度以延长米计算。不扣除附属构筑物、管件及阀门等所占长度	1. 基础铺筑、养护 2. 模板制作、安装、拆除 3. 混凝土拌合、运输、浇筑、养护 4. 管道铺设 5. 管道检验及试验 6. 集中防腐运输

注：管道架空跨越铺设的支架制作、安装及支架基础、垫层应按《市政工程工程量计算规范》（GB 50857—2013）附录 E.3 支架制作及安装相关项目编码列项（参见本章第二节）。

2. 工程量计算实例

【例 7-1】 某市政排水管渠在修建过程中采用斜拉索架空管,如图 7-1 所示,试计算其工程量。

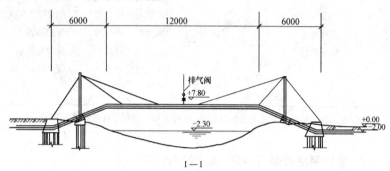

图 7-1 斜拉索架空管(单位:m)

【解】 根据工程量计算规则,管道架空跨越工程量按设计图示管道中心线长度以延长米计算,不扣除管件及阀门等所占长度。

管道架空跨越工程量 $=\sqrt{(7.8-2)^2+6^2}\times 2+12=28.69$m

工程量计算结果见表 7-3。

表 7-3　　　　　　　　　工程量计算表

项目编码	项目名称	项目特征描述	计量单位	工程量
040501060001	管道架空跨越	斜拉索架空管	m	28.69

三、水平导向钻进及夯管

1. 清单项目说明

(1)水平导向钻进。水平导向钻进法是一种能够快速铺装地下管线的方法。它的主要特点是，可根据预先设计的铺管线路，驱动装有楔形钻头的钻杆按照预定的方向绕过地下障碍钻进，直至抵达目的地。然后，卸下钻头换装适当尺寸的扩孔器，使之能够在拉回钻杆的同时将钻孔扩大至所需直径，并将需要铺装的管线同时返程牵回钻孔入口处。水平导向钻进的钻孔轨迹可以是直的，也可以是逐渐弯曲的。在导向绕过地下管线等障碍物，或穿越高速公路、河流和铁路时，钻头的方向可以调整。

钻孔过程可在预先挖好的发射坑和接收坑之间进行，也可在地表发射，以小角度直接从地表钻进。工作管或导管的铺设通常分两步进行。首先是沿所需的轨迹钻导向孔，然后回扩钻孔加大孔径以适应工作管的要求。

在复杂地层条件下或孔径需增加很大时，可采用多级扩孔的方法将孔径逐步扩大。坑内发射钻机固定在发射坑中，利用坑的前、后壁承受给进力和回拉力。地表发射钻机将钻机锚固在地面上。多数水平导向钻机采用钻进液润滑钻头、输送钻屑回工作坑和稳定孔壁，也有些钻机采用干式钻进。干式钻机施工导向孔时采用钻头上的高频气动锤钻进。

(2)夯管。夯管法施工是采用夯管锤进行施工的方法，是非开挖施工技术的一种。夯管锤是一种能夯进空心钢管的设备，其基本原理是以压缩空气或液压油为动力，将待铺设的钢管沿设计路线直接夯入地层，随着钢管的推进，被切割的泥土进入钢管内，等钢管抵达目标位置后，将管中的土芯排除从而实现铺管。钢管在夯进过程中边夯进边焊接，进入钢管内的土可采用压缩空气、高压水射流、螺旋钻杆、人工掏土等方法进行清理。

2. 清单项目设置及工程量计算规则

水平导向钻进及夯管清单项目设置及工程量计算规则见表7-4。

表 7-4　　　　　　　　　水平导向钻进及夯管

项目编码	项目名称	项目特征	计量单位	工程量计算规则	工作内容
040501008	水平导向钻进	1. 土壤类别 2. 材质及规格 3. 一次成孔长度 4. 接口方式 5. 管道检验及试验要求 6. 集中防腐运距	m	按设计图示长度以延长米计算。扣除附属构筑物(检查井)所占长度	1. 设备安装、拆除 2. 定位、成孔 3. 管道接口 4. 拉管 5. 纠偏、监测 6. 泥浆制作、注浆 7. 管道检测及试验 8. 集中防腐运输 9. 泥浆、土方外运
040501009	夯管	1. 土壤类别 2. 材质及规格 3. 一次夯管长度 4. 接口方式 5. 管道检验及试验要求 6. 集中防腐运距			1. 设备安装、拆除 2. 定位、夯管 3. 管道接口 4. 纠偏、监测 6. 管道检测及试验 7. 集中防腐运输 8. 土方外运

四、工作坑、顶管

1. 清单项目说明

(1)工作坑。修建工作坑要开挖土方，还需要许多支撑材料。深工作坑的结构复杂，顶管施工工期长，耗费劳动力多，所以工作坑造价甚高，顶进过程中要力求长距离顶进，少挖工作坑。

(2)顶管。顶管是一项用于市政施工的非开挖掘进式管道铺设施工技术。优点在于不影响周围环境或者影响较小，施工场地小，噪声小，而且能够深入地下作业，这是开挖埋管无法比拟的优点。但是顶管技术也有缺点，如施工时间较长、工程造价高等。

2. 清单项目设置及工程量计算规则

工作坑、顶管清单项目设置及工程量计算规则见表 7-5。

表 7-5 　　　　　　　　　　工作坑、顶管

项目编码	项目名称	项目特征	计量单位	工程量计算规则	工作内容
040501010	顶(夯)管工作坑	1. 土壤类别 2. 工作坑平面尺寸及深度 3. 支撑、围护方式 4. 垫层、基础材质及厚度 5. 混凝土强度等级 6. 设备、工作台主要技术要求	座	按设计图示数量计算	1. 支撑、围护 2. 模板制作、安装、拆除 3. 混凝土拌合、运输、浇筑、养护 4. 工作坑内设备、工作台安装及拆除
040501011	预制混凝土工作坑	1. 土壤类别 2. 工作坑平面尺寸及深度 3. 垫层、基础材质及厚度 4. 混凝土强度等级 5. 设备、工作台主要技术要求 6. 混凝土构件运距	座	按设计图示数量计算	1. 混凝土工作坑制作 2. 下沉、定位 3. 模板制作、安装、拆除 4. 混凝土拌合、运输、浇筑、养护 5. 工作坑内设备、工作台安装及拆除 6. 混凝土构件运输
040501012	顶管	1. 土壤类别 2. 顶管工作方式 3. 管道材质及规格 4. 中继间规格 5. 工具管材质及规格 6. 触变泥浆要求 7. 管道检验及试验要求 8. 集中防腐运距	m	按设计图示长度以延长米计算。扣除附属构筑物(检查井)所占的长度	1. 管道顶进 2. 管道接口 3. 中继间、工具管及附属设备安装拆除 4. 管内挖、运土及方提升 5. 机械顶管设备调向 6. 纠偏、监测 7. 触变泥浆制作、注浆 8. 洞口止水 9. 管道检测及试验 10. 集中防腐运输 11. 泥浆、土方外运

3. 工程量计算实例

【例7-2】 图7-2所示为顶管法施工示意图,已知工作坑为边长2m的正方形,三类土,开挖深度为3.5m,顶进距离为12m,试计算顶管工程量。

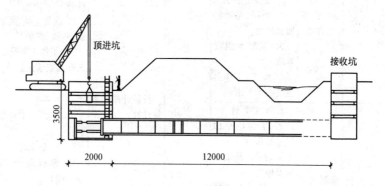

图7-2 顶管施工示意图

【解】 根据工程量计算规则,顶管工程量按设计图示长度以延长米计算,扣除附属构筑物(检查井)所占的长度。

$$顶管工程工程量 = 12m$$

工程量计算结果见表7-6。

表7-6 工程量计算表

项目编码	项目名称	项目特征描述	计量单位	工程量
040501012001	顶管	钢管,三类土	m	12

五、土壤加固、新旧管连接与临时放水管线

土壤加固、新旧管连接与临时放水管线清单项目设置及工程量计算规则见表7-7。

表 7-7　　土壤加固、新旧管连接与临时放水管线

项目编码	项目名称	项目特征	计量单位	工程量计算规则	工作内容
040501013	土壤加固	1. 土壤类别 2. 加固填充材料 3. 加固方式	1. m 2. m³	1. 按设计图示加固段长度以延长米计算 2. 按设计图示加固段体积以立方米计算	打孔、调浆、灌注
040501014	新旧管连接	1. 材质及规格 2. 连接方式 3. 带（不带）介质连接	处	按设计图示数量计算	1. 切管 2. 钻孔 3. 连接
040501015	临时放水管线	1. 材质及规格 2. 铺设方式 3. 接口形式	m	按放水管线长度以延长米计算，不扣除管件、阀门所占长度	管线铺设、拆除

六、方沟、渠道与警示带铺设

1. 清单项目说明

（1）方沟。管道方沟是指为铺设管道而开挖的一种管沟，主要由混凝土底板、砖墙和钢筋混凝土盖板组成。

（2）砌筑渠道。砌筑渠道采用的材料有砖、石、陶土块、混凝土块、钢筋混凝土块等。施工材料的选择，应根据当地的供应情况，就地取材。大型排水渠道通常由渠顶、渠底和基础以及渠身构成。如图 7-3 所示为石砌拱形渠道。

（3）混凝土渠道。混凝土渠道是指在施工现场支模浇制的渠道，图 7-4 所示为大型排水渠道示意图。

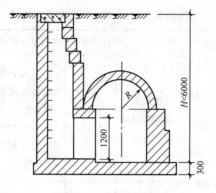

图 7-3 石砌拱形渠道

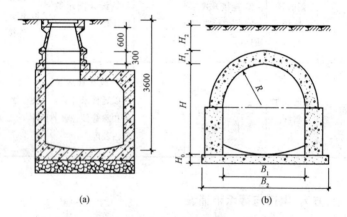

(a)   (b)

图 7-4 大型排水渠道示意图

(a)矩形钢筋混凝土渠道；(b)大型钢筋混凝土渠道

(4)警示带。警示带以 PVC 薄膜为基材,具有良好的绝缘、耐燃、耐寒、耐电压、耐酸碱、耐溶剂等特性。它耐磨、耐腐蚀、耐油性佳,用于地面警告区域标示,颜色有红、黄、蓝、绿、白、黑、黄与黑、绿与白、红与白供参考,适应不同的需求。

2. 清单项目设置及工程量计算规则

方沟、渠道与警示带铺设清单项目设置及工程量计算规则见表7-8。

表 7-8　　方沟、渠道与警示带铺设

项目编码	项目名称	项目特征	计量单位	工程量计算规则	工作内容
040501016	砌筑方沟	1. 断面规格 2. 垫层、基础材质及厚度 3. 砌筑材料品种、规格、强度等级 4. 混凝土强度等级 5. 砂浆强度等级、配合比 6. 勾缝、抹面要求 7. 盖板材质及规格 8. 伸缩缝（沉降缝）要求 9. 防渗、防水要求 10. 混凝土构件运距	m	按设计图示尺寸以延长米计算	1. 模板制作、安装、拆除 2. 混凝土拌合、运输、浇筑、养护 3. 砌筑 4. 勾缝、抹面 5. 盖板安装 6. 防水、止水 7. 混凝土构件运输
040501017	混凝土方沟	1. 断面规格 2. 垫层、基础材质及厚度 3. 混凝土强度等级 4. 盖板材质、规格 5. 伸缩缝（沉降缝）要求 6. 防渗、防水要求 7. 混凝土构件运距	m	按设计图示尺寸以延长米计算	1. 模板制作、安装、拆除 2. 混凝土拌合、运输、浇筑、养护 3. 盖板安装 4. 防水、止水 5. 混凝土构件运输
040501018	砌筑渠道	1. 断面规格 2. 垫层、基础材质及厚度 3. 砌筑材料品种、规格、强度等级 4. 混凝土强度等级 5. 砂浆强度等级、配合比 6. 勾缝、抹面要求 7. 伸缩缝（沉降缝）要求 8. 防渗、防水要求			1. 模板制作、安装、拆除 2. 混凝土拌合、运输、浇筑、养护 3. 渠道砌筑 4. 勾缝、抹面 5. 防水、止水

续表

项目编码	项目名称	项目特征	计量单位	工程量计算规则	工作内容
040501019	混凝土渠道	1. 断面规格 2. 垫层、基础材质及厚度 3. 混凝土强度等级 4. 伸缩缝（沉降缝）要求 5. 防渗、防水要求 6. 混凝土构件运距	m	按设计图示尺寸以延长米计算	1. 模板制作、安装、拆除 2. 混凝土拌合、运输、浇筑、养护 3. 防水、止水 4. 混凝土构件运输
040501020	警示（示踪）带铺设	规格		按铺设长度以延长米计算	铺设

3. 工程量计算实例

【例 7-3】 图 7-5 所示为某砖筑管道方沟示意图，管道方沟总长为 120m，试计算其工程量。

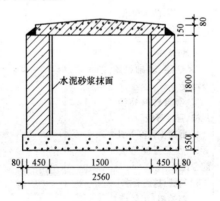

图 7-5　某砖筑管道方沟示意图

【解】 根据工程量计算规则,砌筑方沟工程量按设计图示尺寸以延长米计算。

$$砌筑方沟工程量=120m$$

工程量计算结果见表7-9。

表7-9　　　　　　　　　工程量计算表

项目编码	项目名称	项目特征描述	计量单位	工程量
040501016001	砌筑方沟	砖筑管道方沟,水泥砂浆抹面	m	120

【例7-4】 某市政管网工程采用大型砌筑渠道,渠道总长150m,采用碎石垫层,钢筋混凝土基础,试计算其工程量。

【解】 根据工程量计算规则,砌筑渠道工程量按设计图示尺寸以延长米计算。

$$砌筑渠道工程量=150m$$

工程量计算结果见表7-10。

表7-10　　　　　　　　　工程量计算表

项目编码	项目名称	项目特征描述	计量单位	工程量
040501018001	砌筑渠道	碎石垫层,钢筋混凝土基础	m	150

第二节　管道配件及支架制作安装工程量计算

一、管件、阀门安装

1. 清单项目说明

(1)铸铁管管件。给水铸铁管件材质分为灰口铸铁和球墨铸铁,接口形式分承插连接和法兰连接两种。给水铸铁管件的种类较多,常用的铸铁管件见表7-11。

表 7-11　　　　　　　　　水管零件(配件)

编号	名称	符号	编号	名称	符号
1	承插直管		17	承口法兰缩管	
2	法兰直管		18	双承缩管	
3	三法兰三通		19	承口法兰短管	
4	三承三通		20	法兰插口短管	
5	双承法兰三通		21	双承口短暂	
6	法兰四通		22	双承套管	
7	四承四通		23	马鞍法兰	
8	双承双法兰四通		24	活络接头	
9	法兰泄水管		25	法兰式墙管(甲)	
10	承口泄水管		26	承式墙管(甲)	
11	90°法兰弯管		27	喇叭口	
12	90°双承弯管		28	闷头	
13	90°承插弯管		29	塞头	
14	双承弯管		30	法兰式消火栓用弯管	
15	承插弯管		31	法兰式消火栓用丁字管	
16	法兰输管		32	法兰式消火栓用十字管	

(2)钢管管件。钢制成品管件安装包括三通、各种度数的弯头(虾壳弯)、异径管等。

(3)塑料管管件。常用的塑料管件有给水硬聚氯乙烯管件、排水硬聚氯乙烯管件两种。

1)给水硬聚氯乙烯管件。给水硬聚氯乙烯管件按连接方式不同分为粘接式承口管件、弹性密封圈式承口管件、螺纹接头管件和法兰连接管件;按加工方式不同分为注塑成型管件和管材弯制成型管件。

2)排水硬聚氯乙烯管件。排水硬聚氯乙烯管件主要有带承插口的 T 形三通和 90°肘形弯头,带承插口的三通、四通和弯头。除此之外,还有 45°弯头、异径管和管接头(管箍)等。

(4)阀门。阀门主要由阀体、阀瓣、阀盖、阀杆及手轮等组成,起开启、关闭以及调节流量、压力等作用。阀门的种类很多,按其动作特点可分为驱动阀门和自动阀门两大类。按工作压力,阀门可分为低压阀门、中压阀门、高压阀门、超高压阀门四大类。按制造材料,阀门可分为金属阀门和非金属阀门两大类。

2. 清单项目设置及工程量计算规则

管件、阀门安装清单项目设置及工程量计算规则见表 7-12。

表 7-12　　　　　　　　　　管件、阀门安装

项目编码	项目名称	项目特征	计量单位	工程量计算规则	工作内容
040502001	铸铁管管件	1. 种类 2. 材质及规格 3. 接口形式	个	按设计图示数量计算	安装
040502002	钢管管件制作、安装				制作、安装
040502003	塑料管管件	1. 种类 2. 材质及规格 3. 连接方式			安装
040502004	转换件	1. 材质及规格 2. 接口形式			
040502005	阀门	1. 种类 2. 材质及规格 3. 连接方式 4. 试验要求			

二、管道附件安装

1. 清单项目说明

市政管网工程中常用的管道附件主要有法兰、盲堵板、套管、水表、消火栓、补偿器、除污器、凝水缸、调压器、过滤器、分离器、安全水封、检漏(水)管等。

(1)法兰。法兰是使管子与管子相互连接的零件,连接于管端。

法兰上有螺栓孔眼,螺栓使两法兰紧连。法兰间通常用衬垫(法兰垫片)密封。

按照材质划分,常见的有铸铁/碳钢法兰、不锈钢法兰、PVC/PPR法兰等;按照连接方式划分,可粗略分为螺纹连接(丝接)法兰和焊接法兰,其中焊接法兰又可分为平焊法兰、对焊法兰、法兰盲板等品种。

(2)水表。水表是测量水流量的仪表。大多是水的累计流量测量。一般分为容积式水表和速度式水表两类。前者的准确度较后者为高,但对水质要求高,水中含杂质时易被堵塞。记录自来水用水量的仪表,装在水管上,当用户放水时,表上指针或字轮转动指出通过的水量。

(3)消火栓。消防栓是一种固定消防工具。主要作用是控制可燃物、隔绝助燃物、消除着火源。消防系统包括室外消火栓系统、室内消火栓系统、灭火器系统,有的还会有自动喷淋系统、水炮系统、气体灭火系统、火探系统、水雾系统等。消防栓主要供消防车从市政给水管网或室外消防给水管网取水实施灭火,也可以直接连接水带、水枪出水灭火。

(4)补偿器。补偿器由构成其工作主体的波纹管(一种弹性元件)和端管、支架、法兰、导管等附件组成,属于一种补偿元件。利用其工作主体波纹管的有效伸缩变形,以吸收管线、导管、容器等由热胀冷缩等原因而产生的尺寸变化,或补偿管线、导管、容器等的轴向、横向和角向位移;也可用于降噪减振,在现代工业中用途广泛。供热上,为了防止供热管道升温时,由于热伸长或温度应力而引起管道变形或破坏,需要在管道上设置补偿器,以补偿管道的热伸长,从而减小管壁的应力和作用在阀件或支架结构上的作用力。

(5)除污器。除污器的作用是防止管道介质中的杂质进入传动设备或精密部位,使生产发生故障或影响产品的质量。除污器安装在用户入口供水总管上,以及热源(冷源)、用热(冷)设备、水泵、调节阀入口处。其结构有Y型除污器、锥形除污器、直角式除污器和高压除污器,其主要材质有碳钢、不锈耐酸钢、锰钒钢、铸铁和可锻铸铁等。内部的过滤网有铜网和不锈耐酸钢丝网。

2. 清单项目设置及工程量计算规则

管道附件安装清单项目设置及工程量计算规则见表7-13。

表 7-13　　　　　　　管道附件安装

项目编码	项目名称	项目特征	计量单位	工程量计算规则	工作内容
040502006	法兰	1. 材质、规格、结构形式 2. 连接方式 3. 焊接方式 4. 垫片材质	个	按设计图示数量计算	安装
040502007	盲堵板制作、安装	1. 材质及规格 2. 连接方式			制作、安装
040502008	套管制作、安装	1. 形式、材质及规格 2. 管内填料材质			制作、安装
040502009	水表	1. 规格 2. 安装方式			安装
040502010	消火栓	1. 规格 2. 安装部位、方式			安装
040502011	补偿器（波纹管）	1. 规格 2. 安装方式	套		安装
040502012	除污器组成、安装				组成、安装
040502013	凝水缸	1. 材料品种 2. 型号及规格 3. 连接方式			1. 制作 2. 安装
040502014	调压器	1. 规格 2. 型号 3. 连接方式	组		安装
040502015	过滤器				
040502016	分离器				
040502017	安全水封	规格			
040502018	检漏(水)管				

注：040502013项目的凝水井应按《市政工程工程量计算规范》(GB 50857—2013)附录E.4管道附属构筑物相关清单项目编码列项(参见本章第三节)。

3. 工程量计算实例

【例7-5】 如图7-6所示,某市政工程,需要设置SX系列地下式消火栓10个,型号为SX65-16,试计算其工程量。

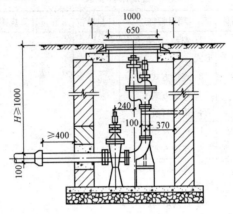

图7-6 消火栓

【解】 根据工程量计算规则,消火栓工程量按设计图示数量计算。

$$消火栓工程量 = 10 个$$

工程量计算结果见表7-14。

表7-14　　　　　　　　工程量计算表

项目编码	项目名称	项目特征	计量单位	工程量
040502010001	消火栓	SX65-16,地下式消火栓	个	10

三、支架制作安装

1. 清单项目说明

(1)支墩。设置支墩能防止铺设过程中承插式接口松动,避免事故发生。支墩的主要形式有水平弯管支墩、三通支墩、纵向向上弯管支墩及纵向向下弯管支墩等多种形式。

(2)支架。管道支架是用于地上架空敷设管道支承的一种结构件。管道支架在任何有管道敷设的地方都会用到,又被称作管道支座、管部等。它作为管道的支撑结构,根据管道的运转性能和布置要求,分成固定和活动两种。设置固定点的地方称为固定支架,这种管架与管道支架不能发生相对位移,而且,固定管架受力后的变形与管道补偿器的变形值相比,应当很小,因为管架要具有足够的刚度。设置中间支撑的地方采用活动管架,管道与管架之间允许产生相对位移,不约束管道的热变形。

2. 清单项目设置及工程量计算规则

管道支架制作安装清单项目设置及工程量计算规则见表 7-15。

表 7-15　　　　　管道支架制作安装

项目编码	项目名称	项目特征	计量单位	工程量计算规则	工作内容
040503001	砌筑支墩	1. 垫层材质、厚度 2. 混凝土强度等级 3. 砌筑材料、规格、强度等级 4. 砂浆强度等级、配合比	m^3	按设计图示尺寸以体积计算	1. 模板制作、安装、拆除 2. 混凝土拌合、运输、浇筑、养护 3. 砌筑 4. 勾缝、抹面
040503002	混凝土支墩	1. 垫层材质、厚度 2. 混凝土强度等级 3. 预制混凝土构件运距			1. 模板制作、安装、拆除 2. 混凝土拌合、运输、浇筑、养护 3. 预制混凝土支墩安装 4. 混凝土构件运输

续表

项目编码	项目名称	项目特征	计量单位	工程量计算规则	工作内容
040503003	金属支架制作、安装	1. 垫层、基础材质及厚度 2. 混凝土强度等级 3. 支架材质 4. 支架形式 5. 预埋件材质及规格	t	按设计图示质量计算	1. 模板制作、安装、拆除 2. 混凝土拌合、运输、浇筑、养护 3. 支架制作、安装
040503004	金属吊架制作、安装	1. 吊架形式 2. 吊架材质 3. 预埋件材质及规格			制作、安装

3. 工程量计算实例

【例7-6】 某市政管网工程,主干管安装在角钢支架上,如图7-7所示,主干管直径为500mm,计算角钢支架工程量(角钢理论质量为2.654kg/m)。

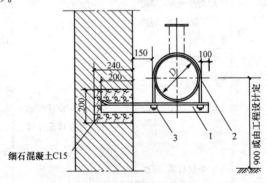

图7-7 角钢支架
1—支架;2—夹环;3—螺母

【解】 根据工程量计算规则,金属支架制作、安装工程量按设计图示质量计算。

金属支架制作、安装工程量＝(0.2＋0.15＋0.5＋0.1)×2.654
＝2.521kg＝0.003t

工程量计算结果见表7-16。

表7-16　　　　　　　　工程量计算表

项目编码	项目名称	项目特征	计量单位	工程量
040503003001	金属支架制作、安装	角钢支架	t	0.003

第三节　管道附属构筑物工程量计算

一、井类工程

1. 清单项目说明

井类工程主要包括砌筑井、混凝土井、塑料检查井、其砖砌井筒、预制混凝土井筒工程。

(1)砌筑井。为便于对管渠系统做定期检查和清通，必须设置检查井。砌筑检查井的材料有砖、石料和砂浆。

(2)混凝土井。混凝土井井筒横截面有圆形、矩形或椭圆形。井壁厚度有等截面和变截面两种，底部呈刃脚状。

(3)塑料检查井。塑料检查井由井座、井筒、井盖或防护盖座和检查井配件组成。检查井井筒采用埋地排水管材，如平壁实壁管、双层轴向中空壁管。塑料检查井适用于以下范围：

1)建筑小区(居住区、公共建筑区、厂区等)、城乡市政、工业园区、旧城改造等范围内埋地塑料排水管道外径不大于1200mm、埋设深度不大于8m的塑料排水检查井工程的设计、施工和维护保养。

2)一般土质、软土土质、季节性冻土土质和湿陷性黄土土质条件下的塑料排水检查井施工。

3)抗震设防烈度为9度及9度以下的地区。

4)一般车道的地面荷载按汽车总重15t(后轮压5t)；消防车道的

地面荷载按汽车总重 30t(后轮压 6t)设计。

5)地下水位按地面下不高于 1.0m 设计。

2. 清单项目设置及工程量计算规则

井类清单项目设置及工程量计算规则见表 7-17。

表 7-17　　　　　　　　　井类

项目编码	项目名称	项目特征	计量单位	工程量计算规则	工作内容
040504001	砌筑井	1. 垫层、基础材质及厚度 2. 砌筑材料品种、规格、强度等级 3. 勾缝、抹面要求 4. 混凝土强度等级 5. 砂浆强度等级、配合比 6. 盖板材质、规格 7. 井盖、井圈材质及规格 8. 踏步材质、规格 9. 防渗、防水要求	座	按设计图示数量计算	1. 垫层铺筑 2. 模板制作、安装、拆除 3. 混凝土拌和、运输、浇筑、养护 4. 砌筑、勾缝、抹面 5. 井圈、井盖安装 6. 盖板安装 7. 踏步安装 8. 防水、止水
040504002	混凝土井	1. 垫层、基础材质及厚度 2. 混凝土强度等级 3. 盖板材质、规格 4. 井盖、井圈材质及规格 5. 踏步材质、规格 6. 防渗、防水要求			1. 垫层铺筑 2. 模板制作、安装、拆除 3. 混凝土拌和、运输、浇筑、养护 4. 井圈、井盖安装 5. 盖板安装 6. 踏步安装 7. 防水、止水

续表

项目编码	项目名称	项目特征	计量单位	工程量计算规则	工作内容
040504003	塑料检查井	1. 垫层、基础材质及厚度 2. 检查井材质、规格 3. 井筒、井盖、井圈材质及规格	座	按设计图示数量计算	1. 垫层铺筑 2. 模板制作、安装、拆除 3. 混凝土拌合、运输、浇筑、养护 4. 检查井安装 5. 井筒、井圈、盖板安装
040504004	砖砌井筒	1. 井筒规格 2. 砌筑材料品种、规格 3. 砌筑、勾缝、抹面要求 4. 砂浆强度等级、配合比 5. 踏步材质、规格 6. 防渗、防水要求	m	按设计图示尺寸以延长米计算	1. 砌筑、勾缝、抹面 2. 踏步安装
040504005	预制混凝土井筒	1. 井筒规格 2. 踏步规格			1. 运输 2. 安装

注：管道附属构筑物为标准定型附属构筑物时，在项目特征中应标注标准图集编号及页码。

3. 工程量计算实例

【例 7-7】 某市政管道工程需砌筑地面操作立式阀门井 4 座，试计算其工程量。

【解】 根据工程量计算规则，砌筑井工程量按设计图示数量计算。

$$砌筑井工程量 = 4 \text{ 座}$$

工程量计算结果见表 7-18。

表 7-18　　　　　　　　工程量计算表

项目编码	项目名称	项目特征	计量单位	工程量
040504001001	砌筑井	地面操作立式阀门井	座	4

二、出水口、化粪池与雨水口

1. 清单项目说明

(1) 出水口。排水管渠出水口的位置、形式和出口流速，应根据排水水质、下游用水情况、水体的流量和水位变化幅度、稀释和自净能力、水流方向、波浪情况、地形变迁和气象等因素确定，并要取得当地卫生主管部门和航运管理部门的同意。

(2) 化粪池。化粪池指的是将生活污水分格沉淀，及对污泥进行厌氧消化的小型处理构筑物。其原理是固化物在池底分解，上层的水化物体，进入管道流走，防止了管道堵塞，给固化物体（粪便等垃圾）有充足的时间水解。

(3) 雨水口。雨水口指的是管道排水系统汇集地表水的设施，由进水箅、井身及支管等组成，分为偏沟式、平箅式和联合式。

2. 清单项目设置及工程量计算规则

出水口、化粪池与雨水口清单项目设置及工程量计算规则见表 7-19。

表 7-19　　　　　　　　　出水口、化粪池与雨水口

项目编码	项目名称	项目特征	计量单位	工程量计算规则	工作内容
040504006	砌体出水口	1. 垫层、基础材质及厚度 2. 砌筑材料品种、规格 3. 砌筑、勾缝、抹面要求 4. 砂浆强度等级、配合比	座	按设计图示数量计算	1. 垫层铺筑 2. 模板制作、安装、拆除 3. 混凝土拌合、运输、浇筑、养护 4. 砌筑、勾缝、抹面
040504007	混凝土出水口	1. 垫层、基础材质及厚度 2. 混凝土强度等级			1. 垫层铺筑 2. 模板制作、安装、拆除 3. 混凝土拌合、运输、浇筑、养护
040504008	整体化粪池	1. 材质 2. 型号、规格			安装
040504009	雨水口	1. 雨水箅子及圈口材质、型号、规格 2. 垫层、基础材质及厚度等级 3. 混凝土强度等级 4. 砌筑材料品种、规格 5. 砂浆强度等级、配合比			1. 垫层铺筑 2. 模板制作、安装、拆除 3. 混凝土拌合、运输、浇筑 4. 砌筑、勾缝、抹面 5. 雨水箅子安装

注：管道附属构筑物为标准定型附属构筑物时，在项目特征中应标注标准图集编号及页码。

3. 工程量计算实例

【例 7-8】 某排水管渠工程，设置出水口 10 座，图 7-8 所示为门字式出水口示意图，试计算其工程量。

【解】根据工程量计算规则,砌体出水口工程量按设计图示数量计算。

砌体出水口工程量＝10 座

工程量计算结果见表 7-20。

表 7-20　　　　　　　工程量计算表

项目编码	项目名称	项目特征	计量单位	工程量
040504006001	砌体出水口	门字式出水口	座	10

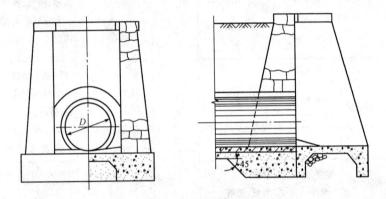

图 7-8　门字式砌体出水口示意图

第四节　管网工程计价相关问题及说明

一、清单计价相关问题及说明

(1)本章清单项目所涉及土方工程的内容应按《市政工程工程量计算规范》(GB 50857—2013)附录 A 土石方工程中相关项目编码列项(参见本书第三章)。

(2)刷油、防腐、保温工程、阴极保护及牺牲阳极应按现行国家标准《通用安装工程工程量计算规范》(GB 50856—2013)附录 M 刷油、防腐蚀、绝热工程中相关项目编码列项。

(3)高压管道及管件、阀门安装,不锈钢管及管件、阀门安装,管道焊缝无损探伤应按现行国家标准《通用安装工程工程量计算规范》(GB 50856—2013)附录 H 工业管道中相关项目编码列项。

(4)管道检验及试验要求应按各专业的施工验收规范及设计要求,对已完工管道工程进行的管道吹扫、冲洗消毒、强度试验、严密性试验、闭水试验等内容进行描述。

(5)阀门电动机需单独安装,应按现行国家标准《通用安装工程工程量计算规范》(GB 50856—2013)附录 K 给排水、采暖、燃气工程中相关项目编码列项。

(6)雨水口连接管应按《市政工程工程量计算规范》(GB 50857—2013)附录 E.1 管道铺设中相关项目编码列项(参见本章第一节)。

二、全统市政定额管网工程说明

1. 管道铺设安装工程

(1)给水管道工程。

1)管道安装定额内容包括铸铁管、混凝土管、塑料管安装,铸铁管及钢管新旧管连接、管道试压,消毒冲洗。

2)管道安装定额管节长度是综合取定的,实际不同时,不做调整。

3)套管内的管道铺设按相应的管道安装人工、机械乘以系数 1.2。

4)管道安装定额不包括以下内容:

①管道试压、消毒冲洗、新旧管道连接的排水工作内容,按批准的施工组织设计另计。

②新旧管连接所需的工作坑及工作坑垫层、抹灰,马鞍卡子、盲板安装,工作坑及工作坑垫层、抹灰执行"排水工程"有关定额,马鞍卡子、盲板安装执行给水工程有关定额。

③管道内防腐定额内容包括铸铁管、钢管的地面离心机械内涂防腐、人工内涂防腐。

④地面防腐综合考虑了现场和厂内集中防腐两种施工方法。

(2)排水管道工程。

1)定型混凝土管道基础及铺设定额包括混凝土管道基础、管道铺设、管道接口、闭水试验、管道出水口,是依据《给水排水标准图集》(1996)合订本 S2 计算的,适用于市政工程雨水、污水及合流混凝土排水管道工程。

2) $D300 \sim D700mm$ 混凝土管铺设分为人工下管和人机配合下管,$D800 \sim D2400mm$ 为人机配合下管。

3) 如在无基础的槽内铺设管道,其人工、机械乘以系数 1.18。

4) 如遇有特殊情况,必须在支撑下串管铺设,人工、机械乘以系数 1.33。

5) 若在枕基上铺设缸瓦(陶土)管,人工乘以系数 1.18。

6) 自(预)应力混凝土管胶圈接口采用给水册的相应定额项目。

7) 实际管座角度与定额不同时,采用非定型管座定额项目。企口管的膨胀水泥砂浆接口和石棉水泥接口适于 360°,其他接口均是按管座 120°和 180°列项的。如管座角度不同,按相应材质的接口做法,以管道接口调整表进行调整(表 7-21)。

表 7-21 管道接口调整表

序号	项目名称	实做角度	调整基数或材料	调整系数
1	水泥砂浆抹带接口	90°	120°定额基价	1.330
2	水泥砂浆抹带接口	135°	120°定额基价	0.890
3	钢丝网水泥砂浆抹带接口	90°	120°定额基价	1.330
4	钢丝网水泥砂浆抹带接口	135°	120°定额基价	0.890
5	企口管膨胀水泥砂浆抹带接口	90°	定额中1:2水泥砂浆	0.750
6	企口管膨胀水泥砂浆抹带接口	120°	定额中1:2水泥砂浆	0.670
7	企口管膨胀水泥砂浆抹带接口	135°	定额中1:2水泥砂浆	0.625
8	企口管膨胀水泥砂浆抹带接口	180°	定额中1:2水泥砂浆	0.500
9	企口管石棉水泥接口	90°	定额中1:2水泥砂浆	0.750
10	企口管石棉水泥接口	120°	定额中1:2水泥砂浆	0.670
11	企口管石棉水泥接口	135°	定额中1:2水泥砂浆	0.625
12	企口管石棉水泥接口	180°	定额中1:2水泥砂浆	0.500

注:现浇混凝土外套环、变形缝接口,通用于平口、企口管。

8)定额中的水泥砂浆抹带、钢丝网水泥砂浆接口均不包括内抹口,如设计要求内抹口时,按抹口周长每100延长米增加水泥砂浆0.042m³、人工9.22工日计算。

9)如工程项目的设计要求与定额所采用的标准图集不同时,执行非定型的相应项目。

10)定型混凝土管道基础及铺设各项所需模板、钢筋加工,执行"模板、钢筋、井字架工程"的相应项目。

11)定额中计列了砖砌、石砌一字式、门字式、八字式适用于D300~D2400mm不同复土厚度的出水口,是按《给水排水标准图集》(1996)合订本S2,应对应选用,非定型或材质不同时可执行《全国统一市政工程预算定额》第一册"通用项目"和"非定型井、渠、管道基础及砌筑"相应项目。

(3)燃气管道工程。

1)管道安装包括碳钢管、直埋式预制保温管、碳素钢板卷管、铸铁管(机械接口)、塑料管以及套管内铺设钢板卷管和铸铁管(机械接口)等各种管道安装。

2)管道安装工作内容除各节另有说明外,均包括沿沟排管、50mm以内的清沟底、外观检查及清扫管材。

3)新旧管道带气接头未列项目,各地区可按燃气管理条例和施工组织设计以实际发生的人工、材料、机械台班的耗用量和煤气管理部门收取的费用进行结算。

(4)管道试压、吹扫工程。

1)管道试压、吹扫包括管道强度试验、气密性试验、管道吹扫、管道总试压、牺牲阳极和测试桩安装等。

2)强度试验、气密性试验、管道总试压。

①管道压力试验,不分材质和作业环境均执行管道试压、吹扫。试压水如需加温,热源费用及排水设施另行计算。

②强度试验、气密性试验项目,均包括了一次试压的人工、材料和机械台班的耗用量。

③液压试验是按普通水考虑的，如试压介质有特殊要求，介质可按实调整。

2. 管件、钢支架制作安装及新旧管连接

(1)冷排水工程。

1)新旧管线连接项目所指的管径是指新旧管中最大的管径。

2)管件安装定额内容包括铸铁管件、承插式预应力混凝土转换件、塑料管件、分水栓、马鞍卡子、二合三通、铸铁穿墙管、水表安装。

3)铸铁管件安装适用于铸铁三通、弯头、套管、乙字管、渐缩管、短管的安装，并综合考虑了承口、插口、带盘的接口，与盘连接的阀门或法兰应另计。

4)铸铁管件安装(胶圈接口)也适用于球墨铸铁管件的安装。

5)马鞍卡子安装所列直径是指主管直径。

6)法兰式水表组成与安装定额内无缝钢管、焊接弯头所采用壁厚与设计不同时，允许调整其材料预算价格，其他不变。

7)管件安装定额不包括以下内容：

①与马鞍卡子相连的阀门安装，执行《全国统一市政工程预算定额》第七册"燃气与集中供热工程"有关定额。

②分水栓、马鞍卡子、二合三通安装的排水内容，应按批准的施工组织设计另计。

(2)燃气与集中供热工程。

1)管件制作、安装定额包括碳钢管件制作、安装，铸铁管件安装、盲(堵)板安装，钢塑过渡接头安装，防雨环帽制作与安装等。

2)异径管安装以大口径为准，长度综合取定。

3)中频煨弯不包括煨制时胎具更换。

4)挖眼接管加强筋已在定额中综合考虑。

3. 阀门、水表、消火栓安装

(1)法兰阀门安装包括法兰安装，阀门安装，阀门解体、检查、清洗、研磨，阀门水压试验、操纵装置安装等。

(2)电动阀门安装不包括电动机的安装。

(3)阀门解体、检查和研磨,已包括一次试压,均按实际发生的数量,按相应项目执行。

(4)阀门压力试验介质是按水考虑的,如设计要求其他介质,可按实调整。

(5)定额内垫片均按橡胶石棉板考虑,如垫片材质与实际不符时,可按实调整。

(6)各种法兰、阀门安装,定额中只包括一个垫片,不包括螺栓使用量,螺栓用量参考表 7-22 和表 7-23。

(7)中压法兰、阀门安装执行低压相应项目,其人工乘以系数 1.2。

表 7-22 平焊法兰安装用螺栓用量表

外径×壁厚/mm	规格	重量/kg	外径×壁厚/mm	规格	重量/kg
57×4.0	M12×50	0.319	377×10.0	M20×75	3.906
76×4.0	M12×50	0.319	426×10.0	M20×80	5.42
89×4.0	M16×55	0.635	478×10.0	M20×80	5.42
108×5.0	M16×55	0.635	529×10.0	M20×85	5.84
133×5.0	M16×60	1.338	630×8.0	M22×85	8.89
159×6.0	M16×60	1.338	720×10.0	M22×90	10.668
219×6.0	M16×65	1.404	820×10.0	M27×95	19.962
273×8.0	M16×70	2.208	920×10.0	M27×100	19.962
325×8.0	M20×70	3.747	1020×10.0	M27×105	24.633

表 7-23 对焊法兰安装用螺栓用量表

外径×壁厚/mm	规格	重量/kg	外径×壁厚/mm	规格	重量/kg
57×3.5	M12×50	0.319	325×8.0	M20×75	3.906
76×4.0	M12×50	0.319	377×9.0	M20×75	3.906
89×4.0	M16×60	0.669	426×9.0	M20×75	5.208
108×4.0	M16×60	0.669	478×9.0	M20×75	5.208
133×4.5	M16×65	1.404	529×9.0	M20×80	5.42

续表

外径×壁厚/mm	规格	重量/kg	外径×壁厚/mm	规格	重量/kg
159×5.0	M16×65	1.404	630×9.0	M22×80	8.25
219×6.0	M16×70	1.472	720×9.0	M22×80	9.9
273×8.0	M16×75	2.31	820×10.0	M27×85	18.804

4. 井类、设备基础及出水口工程

(1)给水工程。

1)取水工程定额内容包括大口井内套管安装、辐射井管安装、钢筋混凝土渗渠管制作安装、渗渠滤料填充。

2)大口井内套管安装。

①大口井套管为井底封闭套管，按法兰套管全封闭接口考虑。

②大口井底作反滤层时，执行渗渠滤料填充项目。

(2)排水工程。

1)定型井。

①定型井包括各种定型的砖砌检查井、收水井，适用于 $D700\sim D2400$ 间混凝土雨水、污水及合流管道所设的检查井和收水井。

②各类井均为砖砌，如为石砌时，执行《全国统一市政工程预算定额》第六册相应项目。

③各类井只计列了内抹灰，如设计要求外抹灰时，执行《全国统一市政工程预算定额》第六册的相应项目。

④各类井的井盖、井座、井箅均系按铸铁件计列的，如采用钢筋混凝土预制件，除扣除定额中铸铁件外应按下列规定调整。

a. 现场预制，执行《全国统一市政工程预算定额》第六册第三章相应定额。

b. 厂集中预制，除按《全国统一市政工程预算定额》第六册第三章相应定额执行外，其运至施工地点的运费可按第一册"通用项目"相应定额另行计算。

⑤混凝土过梁的制、安，当小于 $0.04m^3$/件时，执行《全国统一市

政工程预算定额》第六册"小型构件项目";当大于 0.04m³/件时,执行"定型井项目"。

⑥各类井预制混凝土构件所需的模板钢筋加工,均执行《全国统一市政工程预算定额》第六册的相应项目。但定额中已包括构件混凝土部分的人、材、机费用,不得重复计算。

⑦各类检查井,当井深大于 1.5m 时,可视井深、井字架材质执行《全国统一市政工程预算定额》第六册的相应项目。

⑧当井深不同时,除定型井定额中列有增(减)调整项目外,均按《全国统一市政工程预算定额》第六册"井筒砌筑"定额进行调整。

⑨如遇三通、四通井,执行非定型井项目。

2)非定型井。

①定额包括非定型井、渠、管道及构筑物垫层、基础、砌筑,抹灰,混凝土构件的制作、安装,检查井筒砌筑等。适用于本册定额各章节非定型的工程项目。

②定额各项目均不包括脚手架,当井深超过 1.5m,执行《全国统一市政工程预算定额》第六册井字脚手架项目;砌墙高度超过 1.2m,抹灰高度超过 1.5m 所需脚手架执行其第一册"通用项目"相应定额。

③定额所列各项目所需模板的制、安、拆,钢筋(铁件)的加工均执行《全国统一市政工程预算定额》第六册第七章相应项目。

④收水井的混凝土过梁制作、安装"执行小型构件"的相应项目。

⑤跌水井跌水部位的抹灰,按流槽抹面项目执行。

⑥混凝土枕基和管座不分角度均按相应定额执行。

⑦干砌、浆砌出水口的平坡、锥坡、翼墙执行《全国统一市政工程预算定额》第一册"通用项目"相应项目。

⑧定额中小型构件是指单件体积在 0.04m³ 以内的构件。凡大于 0.04m³ 的检查井过梁,执行混凝土过梁制作安装项目。

⑨拱(弧)型混凝土盖板的安装,按相应体积的矩形板定额人工、机械乘以系数 1.15 执行。

⑩定额只计列了井内抹灰的子目,如井外壁需要抹灰,砖、石井均

按井内侧抹灰项目人工乘以系数 0.8,其他不变。

⑪砖砌检查井的升高,执行检查井筒砌筑相应项目,降低则执行《全国统一市政工程预算定额》第一册"通用项目"拆除构筑物相应项目。

⑫石砌体均按块石考虑,如采用片石或平石时,块石与砂浆用量分别乘以系数 1.09 和 1.19,其他不变。

⑬给排水构筑物的垫层执行非定型井、渠、管道基础及砌筑定额相应项目,其中人工乘以系数 0.87,其他不变;如构筑物池底混凝土垫层需要找坡时,其中人工不变。

⑭现浇混凝土方沟底板,采用渠(管)道基础中平基的相应项目。

5. 顶管工程

(1)顶管工程包括工作坑土方,人工挖土顶管,挤压顶管,混凝土方(拱)管涵顶进,不同材质不同管径的顶管接口等项目,适用于雨、污水管(涵)以及外套管的不开槽顶管工程项目。

(2)工作坑垫层、基础执行《全国统一市政工程预算定额》第六册第三章的相应项目,人工乘以系数 1.10,其他不变。如果方(拱)涵管需设滑板和导向装置时,另行计算。

(3)工作坑挖土方是按土壤类别综合计算的,土壤类别不同,不允许调整。工作坑回填土,视其回填的实际做法,执行《全国统一市政工程预算定额》第一册"通用项目"的相应项目。

(4)工作坑内管(涵)明敷,应根据管径、接口做法执行《全国统一市政工程预算定额》第六册相应项目,人工、机械乘以系数 1.10,其他不变。

(5)定额是按无地下水考虑的,如遇地下水时,排(降)水费用按相关定额另行计算。

(6)定额中钢板内、外套环接口项目,只适用于设计所要求的永久性管口,顶进中为防止错口,在管内接口处所设置的工具式临时性钢胀圈不得套用。

(7)顶进施工的方(拱)涵断面大于 $4m^2$ 的,按箱涵顶进项目或规定执行。

(8)管道顶进项目中的顶镐均为液压自退式,如采用人力顶镐,定额人工乘以系数 1.43;如是人力退顶(回镐),时间定额乘以系数 1.20,其他不变。

(9)人工挖土顶管设备、千斤顶、高压油泵台班单价中已包括了安拆及场外运费,执行中不得重复计算。

(10)工作坑如设沉井,其制作、下沉套用给排水构筑物章的相应项目。

(11)水力机械顶进定额中,未包括泥浆处理、运输费用,可另计。

(12)单位工程中,管径 $\phi1650$ 以内敞开式顶进在 100m 以内、封闭式顶进(不分管径)在 50m 以内时,顶进定额中的人工费与机械费乘以系数 1.3。

(13)顶管采用中继间顶进时,顶进定额中的人工费与机械费乘以表 7-24 所列系数分级计算。

表 7-24　　　　　　　　中继间顶进

中继间顶进分级	一级顶进	二级顶进	三级顶进	四级顶进	超过四级
人工费、机械费调整系数	1.36	1.64	2.15	2.80	另计

(14)安拆中继间项目仅适用于敞开式管道顶进。当采用其他顶进方法时,中继间费用允许另计。

(15)钢套环制作项目以"t"为单位,适用于永久性接口内、外套环,中继间套环,触变泥浆密封套环的制作。

(16)顶管工程中的材料是按 50m 水平运距、坑边取料考虑的,如因场地等情况取用料水平运距超过 50m 时,根据超过距离和相应定额另行计算。

6. 构筑物工程

(1)管道附属构筑物。

1)管道附属构筑物定额内容包括砖砌圆形阀门井、砖砌矩形卧式阀门井、砖砌矩形水表井、消火栓井、圆形排泥湿井、管道支墩工程。

2)砖砌圆形阀门井是按《给水排水标准图集》S143、砖砌矩形卧式阀门井按《给水排水标准图集》S144、砖砌矩形水表井按《给水排水标准图集》S145、消火栓井按《给水排水标准图集》S162、圆形排泥湿井按《给水排水标准图集》S146编制的,且全部按无地下水考虑。

3)管道附属构筑物定额所指的井深是指垫层顶面至铸铁井盖顶面的距离。井深大于1.5m时,应按《全国统一市政工程预算定额》第六册"排水工程"有关项目计取脚手架搭拆费。

4)管道附属构筑物定额是按普通铸铁井盖、井座考虑的,如设计要求采用球墨铸铁井盖、井座,其材料预算价格可以换算,其他不变。

5)排气阀井,可套用阀门井的相应定额。

6)矩形卧式阀门井筒每增0.2m定额,包括两个井筒同时增0.2m。

7)管道附属构筑物定额不包括以下内容:

①模板安装拆除、钢筋制作安装。如发生时,执行第六册"排水工程"有关定额。

②预制盖板、成型钢筋的场外运输。如发生时,执行第一册"通用项目"有关定额。

③圆形排泥湿井的进水管、溢流管的安装。执行给水工程有关定额。

(2)沉井。

1)沉井工程是按深度12m以内、陆上排水沉井考虑的。水中沉井、陆上水冲法沉井以及离河岸边近的沉井,需要采取地基加固等特殊措施者,可执行第四册"隧道工程"相应项目。

2)沉井下沉项目中已考虑了沉井下沉的纠偏因素,但不包括压重助沉措施,若发生可另行计算。

3)沉井制作不包括外渗剂,若使用外渗剂时可按当地有关规定执行。

(3)现浇钢筋混凝土池类。

1)池壁遇有附壁柱时,按相应柱定额项目执行,其中人工乘以系数1.05,其他不变。

2)池壁挑檐是指在池壁上向外出檐作走道板用。池壁牛腿是指池壁上向内出檐以承托池盖用。

3)无梁盖柱包括柱帽及桩座。

4)井字梁、框架梁均执行连续梁项目。

5)混凝土池壁、柱(梁)、池盖是按在地面以上3.6m以内施工考虑的,如超过3.6m者按:

①采用卷扬机施工时,每10m³混凝土增加卷扬机(带塔)和人工见表7-25。

表7-25　　　　　　　　卷扬机施工

序　号	项目名称	增加人工工日	增加卷扬机(带塔)台班
1	池壁、隔墙	8.7	0.59
2	柱、梁	6.1	0.39
3	池盖	6.1	0.39

②采用塔式起重机施工时,每10m³混凝土增加塔式起重机台班,按相应项目中搅拌机台班用量的50%计算。

6)池盖定额项目中不包括进人孔,可按《全国统一安装工程预算定额》相应定额执行。

7)格型池池壁执行直型池壁相应项目(指厚度)人工乘以系数1.15,其他不变。

8)悬空落泥斗按落泥斗相应项目人工乘以系数1.4,其他不变。

(4)预制混凝土构件。

1)预制混凝土滤板中已包括了所设置预埋件ABS塑料滤头的套管用工,不得另计。

2)集水槽若需留孔时,按每10个孔增加0.5个工日计。

3)除混凝土滤板、铸铁滤板、支墩安装外,其他预制混凝土构件安装均执行异型构件安装项目。

(5)施工缝。

1)各种材质填缝的断面取定见表7-26。

表 7-26　　　　　　　　　各种材质填缝断面尺寸

序　号	项目名称	断面尺寸/cm
1	建筑油膏、聚氯乙烯胶泥	3×2
2	油浸木丝板	2.5×15
3	紫铜板止水带	展开宽 45
4	氯丁橡胶止水带	展开宽 30
5	其余	15×3

2) 如实际设计的施工缝断面与上表不同时,材料用量可以换算,其他不变。

3) 各项目的工作内容如下:

①油浸麻丝:熬制沥青、调配沥青麻丝、填塞。

②油浸木丝板:熬制沥青、浸木丝板、嵌缝。

③玛琋脂:熬制玛琋脂、灌缝。

④建筑油膏、沥青砂浆:熬制油膏沥青,拌合沥青砂浆,嵌缝。

⑤贴氯丁橡胶片:清理,用乙酸乙酯洗缝;隔纸,用氯丁胶粘剂贴氯丁橡胶片,最后在氯丁橡胶片上涂胶铺砂。

⑥紫铜板止水带:铜板剪裁、焊接成型、铺设。

⑦聚氯乙烯胶泥:清缝、水泥砂浆勾缝,垫牛皮纸,熬灌取聚氯乙烯胶泥。

⑧预埋止水带:止水带制作、接头及安装。

⑨铁皮盖板:平面埋木砖,钉木条,木条上钉铁皮,立面埋木砖、木砖上钉铁皮。

(6) 井、池渗漏试验。

1) 井池渗漏试验容量在 $500m^3$ 是指井或小型池槽。

2) 井、池渗漏试验注水采用电动单级离心清水泵,定额项目中已包括了泵的安装与拆除用工,不得再另计。

3) 如构筑物池容量较大,需从一个池子向另一个池注水作渗漏试验,采用潜水泵时,其台班单价可以换算,其他均不变。

(7) 模板、钢筋、井字架。

1）模板、钢筋、井字架工程定额包括现浇、预制混凝土工程所用不同材质模板的制、安、拆，钢筋、铁件的加工制作，井字脚手架等项目，适用于排水工程定额及第五册"给水工程"中的第四章管道附属构筑物和第五章取水工程。

2）模板是分别按钢模钢撑、复合木模木撑、木模木撑区分不同材质分别列项的，其中钢模模数差部分采用木模。

3）定额中现浇、预制项目中，均已包括了钢筋垫块或第一层底浆的工、料及看模工日，套用时不得重复计算。

4）预制构件模板中不包括地、胎模，需设置者，土地模可按第一册"通用项目"平整场地的相应项目执行；水泥砂浆、混凝土砖地、胎模可按第三册"桥涵工程"的相应项目执行。

5）模板安拆以槽（坑）深3m为准，超过3m时，人工增加系数8%，其他不变。

6）现浇混凝土梁、板、柱、墙的模板，支模高度是按3.6m考虑的，超过3.6m时，超过部分的工程量另按超高的项目执行。

7）模板的预留洞，按水平投影面积计算，小于$0.3m^2$者：圆形洞每10个增加0.72工日；方形洞每10个增加0.62工日。

8）小型构件是指单件体积在$0.04m^3$以内的构件；地沟盖板项目适用于单块体积在$0.3m^3$内的矩形板；井盖项目适用于井口盖板，井室盖板按矩形板项目执行，预留口按上述"7）"的规定执行。

9）钢筋加工定额是按现浇、预制混凝土构件、预应力钢筋分别列项的，工作内容包括加工制作、绑扎（焊接）成型、安放及浇捣混凝土时的维护用工等全部工作，除另有说明外均不允许调整。

10）各项目中的钢筋规格是综合计算的，子目中的××以内是指主筋最大规格，凡小于$\phi10$的构造筋均执行$\phi10$以内子目。

11）定额中非预应力钢筋加工，现浇混凝土构件是按手工绑扎，预制混凝土构件是按手工绑扎、点焊综合计算的，加工操作方法不同不予调整。

12）钢筋加工中的钢筋接头、施工损耗，绑扎铁线及成型点焊和接头用的焊条均已包括在定额内,不得重复计算。

13)预制构件钢筋,如用不同直径钢筋点焊在一起时,按直径最小的定额计算,如粗细筋直径比在2倍以上时,其人工增加系数25%。

14)后张法钢筋的锚固是按钢筋绑条焊、U形插垫编制的,如采用其他方法锚固,应另行计算。

15)定额中已综合考虑了先张法张拉台座及其相应的夹具、承力架等合理的周转摊销费用,不得重复计算。

16)非预应力钢筋不包括冷加工,如设计要求冷加工时,另行计算。

17)下列构件钢筋,人工和机械增加系数见表7-27。

表7-27　　　　构件钢筋人工和机械增加系数表

项　目	计算基数	现浇构件钢筋	构筑物钢筋		
		小型构件	小型池槽	矩形	圆形
增加系数	人工机械	100%	152%	25%	50%

7. 设备安装工程

(1)给排水工程。

1)给排水机械设备安装适用于给水厂、排水泵站及污水处理厂新建、扩建建设项目的专用设备安装。通用机械设备安装应套用《全国统一安装工程预算定额》有关专业册的相应项目。

2)设备、机具和材料的搬运。

①设备:包括自安装现场指定堆放地点运到安装地点的水平和垂直搬运。

②机具和材料:包括施工单位现场仓库运至安装地点的水平和垂直搬运。

③垂直运输基准面:在室内,以室内地平面为基准面;在室外以室外安装现场地平面为基准面。

3)工作内容。

①设备、材料及机具的搬运,设备开箱点件、外观检查,配合基础

验收、起重机具的领用、搬运、装拆、清洗、退库。

②划线定位,铲麻面、吊装、组装、连接、放置垫铁及地脚螺栓,找正、找平、精平、焊接、固定、灌浆。

③施工及验收规范中规定的调整、试验及无负荷试运转。

④工种间交叉配合的停歇时间、配合质量检查、交工验收,收尾结束工作。

⑤设备本体带有的物体、机件等附件的安装。

4)给排水机械设备安装定额除有特别说明外,均未包括下列内容:

①设备、成品、半成品、构件等自安装现场指定堆放点外的搬运工作。

②因场地狭小、有障碍物,沟、坑等所引起的设备、材料、机具等增加的搬运、装拆工作。

③设备基础地脚螺栓孔、预埋件的修整及调整所增加的工作。

④供货设备整机、机件、零件、附件的处理、修补、修改、检修、加工、制作、研磨以及测量等工作。

⑤非与设备本体联体的附属设备或构件等的安装、制作、刷油、防腐、保温等工作和脚手架搭拆工作。

⑥设备变速箱、齿轮箱的用油,以及试运转所用的油、水、电等。

⑦专用垫铁、特殊垫铁、地脚螺栓和产品图纸注明的标准件、紧固件。

⑧负荷试运转、生产准备试运转工作。

5)定额设备的安装是按无外围护条件下施工考虑的,如在有外围护的施工条件下施工,定额人工及机械应乘以 1.15 的系数,其他不变。

6)定额是按国内大多数施工企业普遍采用的施工方法、机械化程度和合理的劳动组织编制的,除另有说明外,均不得因上述因素有差异而对定额进行调整或换算。

7)一般起重机具的摊销费,执行《全国统一安装工程预算定额》的有关规定。

8) 各节有关说明。

① 拦污及提水设备。

a. 格栅组对的胎具制作,另行计算。

b. 格栅制作是按现场加工制作考虑的。

② 投药、消毒设备。

a. 管式药液混合器,以两节为准,如为三节,乘以系数 1.3。

b. 水射器安装以法兰式连接为准,不包括法兰及短管的焊接安装。

c. 加氯机为膨胀螺栓固定安装。

d. 溶药搅拌设备以混凝土基础为准考虑。

③ 水处理设备。

a. 曝气机以带有公共底座考虑,如无公共底座时,定额基价乘以系数 1.3。如需制作安装钢制支承平台时,应另行计算。

b. 曝气管的分管以闸阀划分为界,包括钻孔。塑料管为成品件,如需粘接和焊接时,可按相应规格项目的定额基价分别乘以系数 1.2 和 1.3。

c. 卧式表曝机包括泵(E)型、平板型、倒伞形和 K 型叶轮。

④ 排泥、撇渣及除砂机械。

a. 排泥设备的池底找平由土建负责,如需钳工配合,另行计算。

b. 吸泥机以虹吸式为准,如采用泵吸式,定额基价乘以系数 1.3。

⑤ 污泥脱水机械:设备安装就位的上排、拐弯、下排,定额中均已综合考虑,施工方法与定额不同时,不得调整。

⑥ 闸门及驱动装置。

a. 铸铁圆闸门包括升杆式和暗杆式,其安装深度按 6m 以内考虑。

b. 铸铁方闸门以带门框座为准,其安装深度按 6m 以内考虑。

c. 铸铁堰门安装深度按 3m 以内考虑。

d. 螺杆启闭机安装深度按手轮式为3m、手摇式为4.5m、电动为6m、汽动为3m以内考虑。

⑦集水槽、堰板制作安装及其他。

a. 集水槽制作安装。

b. 集水槽制作项目中已包括了钻孔或铣孔的用工和机械，执行时，不得再另计。

c. 碳钢集水槽制作和安装中已包括了除锈和刷一遍防锈漆、二遍调和漆的人工和材料，不得再另计除锈刷油费用。但如果油漆种类不同，油漆的单价可以换算，其他不变。

⑧堰板制作安装。

a. 碳钢、不锈钢矩形堰执行齿型堰相应项目，其中人工乘以系数0.6，其他不变。

b. 金属齿型堰板安装方法是按有连接板考虑的，非金属堰板安装方法是按无连接板考虑的，如实际安装方法不同，定额不做调整。

c. 金属堰板安装项目，是按碳钢考虑的，不锈钢堰板按金属堰板安装相应项目基价乘以系数1.2，主材另计，其他不变。

d. 非金属堰板安装项目适用于玻璃钢和塑料堰板。

⑨穿孔管、穿孔板钻孔。

a. 穿孔管钻孔项目适用于水厂的穿孔配水管、穿孔排泥管等各种材质管的钻孔。

b. 其工作内容包括：切管、划线、钻孔、场内材料运输。穿孔管的对接、安装应另按有关项目计算。

⑩斜板、斜管安装。

a. 斜板安装定额是按成品考虑的，其内容包括固定、螺栓连接等，不包括斜板的加工制作费用。

b. 聚丙烯斜管安装定额是按成品考虑的，其内容包括铺装、固定、安装等。

(2)燃气设备安装。

1)燃气用设备安装定额包括凝水缸制作、安装，调压器安装，过滤器、萘油分离器安装,安全水封、检漏管安装,煤气调长器安装。

2)凝水缸安装。

①碳钢、铸铁凝水缸安装如使用成品头部装置时,只允许调整材料费,其他不变。

②碳钢凝水缸安装未包括缸体、套管、抽水管的刷油、防腐,应按不同设计要求另行套用其他定额相应项目计算。

3)各种调压器安装。

①雷诺式调压器、T 型调压器(TMJ、TMZ)安装是指调压器成品安装,调压站内组装的各种管道、管件、各种阀门根据不同设计要求,执行燃气用设备安装定额的相应项目另行计算。

②各类型调压器安装均不包括过滤器、萘油分离器(脱萘筒)、安全放散装置(包括水封)安装,发生时,可执行燃气用设备安装定额相应项目另行计算。

③燃气用设备安装定额过滤器、萘油分离器均按成品件考虑。

4)检漏管安装是按在套管上钻眼攻丝安装考虑的,已包括小井砌筑。

5)煤气调长器是按焊接法兰考虑的,如采用直接对焊时,应减去法兰安装用材料,其他不变。

6)煤气调长器是按三波考虑的,如安装三波以上者,其人工乘以系数 1.33,其他不变。

(3)集中供热用容器具安装。

1)碳钢波纹补偿器是按焊接法兰考虑的,如直接焊接时,应减掉法兰安装用材料,其他不变。

2)法兰用螺栓按法兰阀门安装螺栓用量表选用。

第八章 水处理与生活垃圾处理工程工程量计算

第一节 水处理工程工程量计算

一、水处理构筑物

(一)沉井工程

1. 清单项目说明

水处理构筑物工程中的沉井主要包括现浇混凝土沉井井壁及隔墙、沉井下沉、沉井混凝土底板、沉井内地下混凝土结构、沉井混凝土顶板等项目。

(1)沉井下沉。沉井下沉主要有排水下沉和不排水下沉两种方式,前者适用于渗水量不大、稳定的黏性土,火灾砂砾层中渗水量虽很大,但排水并不困难时使用。

(2)沉井混凝土底板。沉井封底有排水封底和不排水封底两种方式,排水封底将井底水抽干进行封底混凝土浇筑,施工方便,质量易于控制。不排水封底是采用导管法在水中浇筑混凝土封底,施工较为复杂。

(3)沉井内地下混凝土结构。沉井内地下混凝土结构是在指在沉井内设置的设备基础,上下楼梯、操作平台等。

2. 清单项目设置及工程量计算规则

沉井清单项目设置及工程量计算规则见表8-1。

表 8-1　　　　　　　　　　　沉井

项目编码	项目名称	项目特征	计量单位	工程量计算规则	工作内容
040601001	现浇混凝土沉井井壁及隔墙	1. 混凝土强度等级 2. 防水、抗渗要求 3. 断面尺寸		按设计图示尺寸以体积计算	1. 垫木铺设 2. 模板制作、安装、拆除 3. 混凝土拌合、运输、浇筑 4. 养护 5. 预留孔封口
040601002	沉井下沉	1. 土壤类别 2. 断面尺寸 3. 下沉深度 4. 减阻材料种类	m^3	按自然面标高至设计垫层底标高间的高度乘以沉井外壁最大断面面积以体积计算	1. 垫木拆除 2. 挖土 3. 沉井下沉 4. 填充减阻材料 5. 余方弃置
040601003	沉井混凝土底板	1. 混凝土强度等级 2. 防水、抗渗要求		按设计图示尺寸以体积计算	1. 模板制作、安装、拆除 2. 混凝土拌合、运输、浇筑 3. 养护
040601004	沉井内地下混凝土结构	1. 部位 2. 混凝土强度等级 3. 防水、抗渗要求			
040601005	沉井混凝土顶板	1. 混凝土强度等级 2. 防水、抗渗要求			

注：1. 沉井混凝土地梁工程量，应计入底板内计算。
　　2. 各类垫层应按《市政工程工程量计算规范》(GB 50857—2013) 附录 C 桥涵工程相关编码列项(参见本书第五章)。

3. 工程量计算实例

【例 8-1】 某圆形雨水泵站现场预制的钢筋混凝土，沉井的立面如图 8-1 所示，试计算沉井下沉工程量。

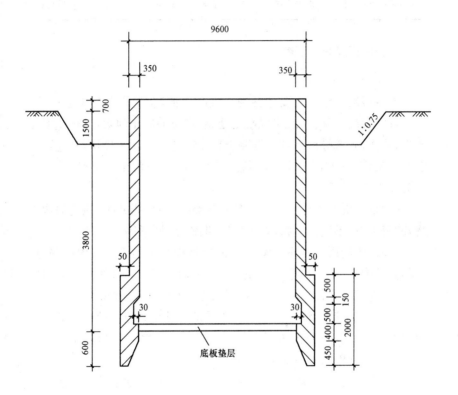

图 8-1 沉井立面图

【解】 根据工程量计算规则，沉井下沉工程量按自然面标高至设计垫层底标高间的高度乘以沉井外壁最大断面面积以体积计算。

$$沉井下沉工程量 = (1.5+3.8) \times (9.6+0.1)^2 \times \pi \times 1/4$$
$$= 391.46 m^3$$

工程量计算结果见表 8-2

表 8-2　　　　　　　　　　工程量计算表

项目编码	项目名称	项目特征描述	计量单位	工程量
040601002001	沉井下沉	下沉深度5.3m	m^3	391.46

(二)现浇混凝土工程

1. 清单项目说明

现浇混凝土工程主要包括现浇混凝土池底,现浇混凝土池壁(隔墙),现浇混凝土池柱,现浇混凝土池梁,现浇混凝土池盖板,现浇混凝土板,池槽,砌筑导流壁、筒,混凝土导流壁、筒,混凝土楼梯,其他现浇混凝土构件,预制混凝土板,预制混凝土槽,预制混凝土支墩,其他预制混凝土构件工程。

(1)现浇混凝土池底。池底是指各类构筑物(指井类、池类的构筑物)的底部,有不同的形状,如平板形、旧锥形、圆形等。

(2)现浇混凝土池壁(隔墙)。池壁是指池类构筑物的内墙壁,具有不同的形状、不同类型,如矩形池壁、圆形池壁。另外根据不同作用的池类,池壁制作样式亦有所不同,如直立池壁、斜立池壁。

(3)现浇混凝土池柱。无梁盖柱是指支承无梁池盖的柱。其高度应自池底表面算至池盖的下表面。计算工程量时应包括柱座及柱帽的体积。池柱的形式有矩形柱、圆形柱和异形柱。

(4)现浇混凝土池梁。池壁基深是指在锥形水池或坡底水池等类的池中,池壁发生曲折,而在曲折点处制作梁,此梁即为池壁基深。池梁按支承方式不同分为连续梁、单梁、悬臂梁、异型环梁。

(5)现浇混凝土池盖。现浇混凝土池盖是指由铸铁或混凝土材料根据池类构件形状所制成的模板。

2. 清单项目设置及工程量计算规则

现浇混凝土清单项目设置及工程量计算规则见表 8-3。

表 8-3　　　　　　　　　　现浇混凝土

项目编码	项目名称	项目特征	计量单位	工程量计算规则	工作内容
040601006	现浇混凝土池底	1. 混凝土强度等级 2. 防水、抗渗要求	m³	按设计图示尺寸以体积计算	1. 模板制作、安装、拆除 2. 混凝土拌合、运输、浇筑 3. 养护
040601007	现浇混凝土池壁（隔墙）				
040601008	现浇混凝土池柱				
040601009	现浇混凝土池梁				
040601010	现浇混凝土池盖板				
040601011	现浇混凝土板	1. 名称、规格 2. 混凝土强度等级 3. 防水、抗渗要求			
040601012	池槽	1. 混凝土强度等级 2. 防水、抗渗要求 3. 池槽断面尺寸 4. 盖板材质	m	按设计图示尺寸以长度计算	1. 模板制作、安装、拆除 2. 混凝土拌合、运输、浇筑 3. 养护 4. 盖板安装 5. 其他材料铺设
040601013	砌筑导流壁、筒	1. 砌体材料、规格 2. 断面尺寸 3. 砌筑、勾缝、抹面砂浆强度等级	m³	按设计图示尺寸以体积计算	1. 砌筑 2. 抹面 3. 勾缝
040601014	混凝土导流壁、筒	1. 混凝土强度等级 2. 防水、抗渗要求 3. 断面尺寸			1. 模板制作、安装、拆除 2. 混凝土拌合、运输、浇筑 3. 养护

续表

项目编码	项目名称	项目特征	计量单位	工程量计算规则	工作内容
040601015	混凝土楼梯	1. 结构 2. 底板厚度 3. 混凝土强度等级	1. m² 2. m³	1. 以平方米计量,按设计图示尺寸以水平投影面积计算 2. 以立方米计量,按设计图示尺寸以体积计算	1. 模板制作、安装、拆除 2. 混凝土拌合、运输、浇筑或预制 3. 养护 4. 楼梯安装
040601017	其他现浇混凝土构件	1. 构件名称、规格 2. 混凝土强度等级	m³	按设计图示尺寸以体积计算	1. 模板制作、安装、拆除 2. 混凝土拌合、运输、浇筑 3. 养护
040601018	预制混凝土板	1. 图集、图纸名称 2. 构件代号、名称 3. 混凝土强度等级 4. 防水、抗渗要求	m³	按设计图示尺寸以体积计算	1. 模板制作、安装、拆除 2. 混凝土拌合、运输、浇筑 3. 养护 4. 构件安装 5. 接头灌浆 6. 砂浆制作 7. 运输
040601019	预制混凝土槽				
040601020	预制混凝土支墩				
040601021	其他预制混凝土构件	1. 部位 2. 图集、图纸名称 3. 构件代号、名称 4. 混凝土强度等级 5. 防水、抗渗要求			

注:各类垫层应按《市政工程工程量计算规范》(GB 50857—2013)附录 C 桥涵工程相关编码列项(参见本书第五章)。

3. 工程量计算实例

【例 8-2】 某半地下锥坡池底,呈圆形,池底有混凝土垫层20cm,伸出池底外周边15cm,该池底总厚60cm,如图8-2所示,试计算该池池底工程量。

【解】 根据工程量计算规则,现浇混凝土池底工程量按设计图示尺寸以体积计算。

混凝土池底垫层工程量 $=\pi \times [(8+0.15\times2)/2]^2 \times 0.2$
$= 10.82 \text{m}^3$

现浇混凝土池底工程量 = 圆锥体部分 + 圆柱体部分 $= \frac{1}{3} \times \pi \times \left(\frac{7.5}{2}\right)^2 \times 0.3 + \pi \times \left(\frac{8}{2}\right)^2 \times 0.3 = 19.49 \text{m}^3$

工程量计算结果见表 8-4。

表 8-4　　　　　　　工程量计算表

项目编码	项目名称	项目特征	计量单位	工程量
040303001001	混凝土垫层	混凝土强度等级 C15	m³	10.82
040601006001	现浇混凝土池底	池底总厚 60cm,圆锥高 30cm,池壁外径 8.0m,混凝土强度等级 C25	m³	19.49

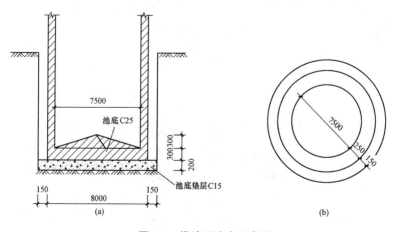

图 8-2　锥坡形池底示意图
(a)剖面图;(b)平面图

(三)金属扶梯、栏杆

1. 清单项目说明

(1)扶梯。扶梯是一种以运输带的方式运送行人的运输工具。扶梯一般为斜置。行人在扶梯的一端站上自动行走的梯级,便会自动被带到扶梯的另一端,途中梯级会一路保持水平。扶梯在两旁设有跟梯级同步移动的扶手,供使用者扶握。扶梯可以是永远向一个方向行走,但多数都可以根据时间、人流等需要,由管理人员控制行走方向。

(2)栏杆。栏杆是桥梁和建筑上的安全设施。栏杆在使用中起分隔、导向的作用,使被分割区域边界明确清晰。从形式上看,栏杆可分为节间式与连续式两种。前者由立柱、扶手及横挡组成,扶手支撑于立柱上;后者具有连续的扶手,由扶手、栏杆柱及底座组成。常见种类有:木制栏杆、石栏杆、不锈钢栏杆、铸铁栏杆、铸造石栏杆、水泥栏杆、组合式栏杆。

2. 清单项目设置及工程量计算规则

金属扶梯、栏杆清单项目设置及工程量计算规则见表 8-5。

表 8-5 金属扶梯、栏杆

项目编码	项目名称	项目特征	计量单位	工程量计算规则	工作内容
040601016	金属扶梯、栏杆	1. 材质 2. 规格 3. 防腐刷漆材质、工艺要求	1. t 2. m	1. 以吨计量,按设计图示尺寸以质量计算 2. 以米计量,按设计图示尺寸以长度计算	1. 制作、安装 2. 除锈、防腐、刷油

(四)水处理构筑物其他附属设施

水处理构筑物其他附属设施清单项目包括滤板、折板、壁板、滤料铺设、尼龙网板、刚性防水、柔性防水等。

1. 清单项目说明

(1)滤板。滤板是水处理工艺中关键装置,在滤池中起到承载滤料层过滤和反冲洗配水(气)的双重作用。滤板质量的优劣(特别是滤板的平整度和精度)直接关系到水厂、污水厂的滤后水质、水量及运行的长期效益。传统的滤池配水系统过滤和反冲洗时阻力大,配水不均匀、死水区多、滤料易板结、积泥,同时由于局部冲洗强度造成承托层松动,出现漏砂等不良后果。

(2)折板。V形折板一般指的是梁板合一的薄壁构件,目前我国生产的V形跨度为6~24m,跨度9~15m的波宽一般为2m,板厚为35mm;跨度大于15m的波宽一般为3m,板厚为45mm,板的长度一般比跨度长1500mm。

(3)壁板。壁板主要起到承重和围护作用,其常采用预制钢筋混凝土端壁板,用于钢筋混凝土水池,壁板由两块预制板拼接而成。

(4)滤料铺设。滤料采用双层及多层滤料,是当前国内外普通重组的过滤技术,双层滤料组成为:上层采用相对密度小、粒径大的轻质滤料,下层采用相对密度大、粒径小的重质滤料。由于两种滤料相对密度差,在一定的反冲洗强度下,轻质滤料仍在上层,而重质滤料在下层,构成双层滤料池。

(5)刚性防水。刚性防水采用的是砂浆和混凝土类刚性材料。地下防水工程的防水混凝土结构、各种防水层及渗排水和盲沟排水均应在地基或结构验收合格后施工。

(6)柔性防水。柔性防水采用的是柔性材料,如各种卷材、沥青胶结材料、油膏、胶泥和各种防水涂料。

2. 清单项目设置及工程量计算规则

水处理构筑物其他附属设施清单项目设置及工程量计算规则见表8-6。

表 8-6　　　　　　　　水处理构筑物其他附属设施

项目编码	项目名称	项目特征	计量单位	工程量计算规则	工作内容
040601022	滤板	1. 材质 2. 规格 3. 厚度 4. 部位	m^2	按设计图示尺寸以面积计算	1. 制作 2. 安装
040601023	折板				
040601024	壁板				
040601025	滤料铺设	1. 滤料品种 2. 滤料规格	m^3	按设计图示尺寸以体积计算	铺设
040601026	尼龙网板	1. 材料品种 2. 材料规格	m^2	按设计图示尺寸以面积计算	1. 制作 2. 安装
040601027	刚性防水	1. 工艺要求 2. 材料品种、规格			1. 配料 2. 铺筑
040601028	柔性防水				涂、贴、粘、刷防水材料

3. 工程量计算实例

【例 8-3】　无搭接钢筋的壁板如图 8-3 所示，插在底板外周槽口内，试计算其工程量。

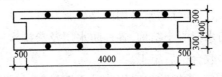

图 8-3　无搭接钢筋壁板

【解】　根据工程量计算规则，壁板工程量按设计图示尺寸以面积计算。

壁板工程量 $= (4+0.5+0.5) \times (0.3+0.4+0.3) - 0.5 \times 0.4 \times 2$
$= 4.6 m^2$

工程量计算结果见表 8-7。

表8-7 工程量计算表

项目编码	项目名称	项目特征描述	计量单位	工程量
040601024001	壁板	无搭接钢筋壁板,插在底板外周槽口内	m²	4.6

(五)沉降缝与井、池渗漏试验

沉降缝与井、池渗漏试验清单项目设置及工程量计算规则见表8-8。

表8-8 沉降缝与井、池渗漏试验

项目编码	项目名称	项目特征	计量单位	工程量计算规则	工作内容
040601029	沉降(施工)缝	1. 材料品种 2. 沉降缝规格 3. 沉降缝部位	m	按设计图示尺寸以长度计算	铺、嵌沉降(施工)缝
040601030	井、池渗漏试验	构筑物名称	m³	按设计图示储水尺寸以体积计算	渗漏试验

二、水处理设备

(一)格栅制作安装

格栅通常是由一组平行的金属栅条制成的框架,斜置在污水流经的渠道上,或泵站集水池的进口处,用以截阻大块的呈悬浮或漂浮状态的污物。

1. 清单项目设置及工程量计算规则

格栅制作安装清单项目设置及工程量计算规则见表8-9。

表 8-9　　　　　　　　　格栅制作安装

项目编码	项目名称	项目特征	计量单位	工程量计算规则	工作内容
040602001	格栅	1. 材质 2. 防腐材料 3. 规格	1. t 2. 套	1. 以吨计量,按设计图示尺寸以质量计算 2. 以套计量,按设计图示数量计算	1. 制作 2. 防腐 3. 安装

2. 工程量计算实例

【例 8-4】 某格栅是用 $\phi 10$ 钢筋制作而成,图 8-4 所示为格栅示意图,试计算格栅工程量(钢筋的理论质量为 0.617kg/m)。

【解】 根据工程量计算规则,格栅工程量按设计图示尺寸以质量计算。

格栅工程量 $=(1.0+0.6\times 5+1.0)\times 0.617=0.0031$t

工程量计算结果见表 7-10。

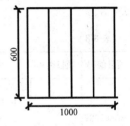

图 8-4　格栅示意图

表 8-10　　　　　　　　　工程量计算表

项目编码	项目名称	项目特征	计量单位	工程量
040602002001	格栅	$\phi 10$ 钢筋	t(套)	0.0031(1)

(二)机械设备安装

1. 清单项目说明

水处理机械设备主要包括格栅除污机、滤网清污机、压榨机、刮砂机、吸砂机、刮泥机、吸泥机、刮吸泥机、撇渣机、砂(泥)水分离器、曝气机、曝气器、滗水器、生物转盘、搅拌机、推进器、加药设备、加氯机、带式压滤机、污泥脱水机、闸门、旋转门、堰门、升杆式铸铁泥阀、平底盖闸、紫外线消毒设备、臭氧消毒设备、膜处理设备、在线水质检测设备等。

(1)格栅除污机。格栅除污机是指装备有格栅拦污功能的一种除污机械。格栅除污机可分为履带式机械格栅除污机和抓斗式机械格栅除污机。

(2)滤网清污机。滤网清污机是指用于给水系统中在原水进入处理之前或排水系统中用于清除水中污泥或悬浮杂质的一种专用机械。

(3)加氯机。加氯机是一种污水消毒的专用设备,加氯机将氯气与水发生化学反应,从而达到消毒的目的,氯容易溶解于水。其主要有旋风分离器、弹簧薄膜阀、氯气控制阀及转子流量计、中转玻璃罩及平衡水箱组成。

(4)水射器。水射器,亦称水力提升器。它由喷嘴、吸入室、喉管、扩散管组成,通过水泵的抽送,污泥以高速从喷嘴射出,使水射器的吸入室形成负压,将消化池内的熟污泥吸入,使污泥混合,在经过一段时间的运行后,即可达到消化池内污泥搅拌的目的。

(5)管式混合器。管式混合器,是指在压缩空气曝气过程中为了使空气分散成小的气泡而进行汽水混合,加速曝气溶解氧过程的一种器械。混合器的形式很多,通常使用的有喷嘴式混合器、管式混合器。

(6)搅拌机。搅拌机是指用于消化池的搅拌机械。通常的搅拌方法有:水射器搅拌法、螺旋桨搅拌法、消化气循环搅拌法。

(7)曝气器。曝气器是一种在处理污水时的曝气设备。曝气器的任务是将空气中的氧有效地转移到混合液中去。衡量曝气设备效能的指标有动力效率和氧转移效率或充氧能力。动力效率是指一度电所能转移到液体中去的氧量;氧转移效率是指鼓风曝气转移到液体中的氧占供给的百分数(%),而充氧能力则指叶轮或转刷在单位时间内转移到液体中的氧量(kg/h)。

(8)曝气机。曝气机是一种辅助除污设备,其任务是将空气中的氧有效地转移到混合溶液中去。常用的曝气机有表面曝气机和转刷曝气机。

(9)生物转盘。生物转盘是由盘片、接触反应槽、转轴及驱动装置等所组成。生物转盘的布置形式一般可分为单级单轴、单级多轴和多轴多级。

(10)吸泥机。吸泥机主要有行车式吸泥机、垂架式中心传动吸泥机、周边传动式吸泥机、钟罩吸泥机、虹吸式吸泥机。

(11) 刮泥机。刮泥机主要有行车式提板刮泥机、链条牵引式刮泥机、悬挂式中心传动刮泥机、垂架式中心传动刮(吸)泥机、澄清池机械搅拌刮泥机。

(12) 压滤机。压滤机可分为带式压滤机和板框压滤机两种。板框压滤机又可分为人工板框压滤机和自动板框压滤机。

(13) 污泥脱水机。污泥脱水机是一种利用机械聚合的污泥脱水机械。污泥机械脱水有真空吸滤法、压滤法和离心法等。

(14) 闸门。闸门是给水管上最常见的阀门。闸板门主要由闸壳内的滑板上下移动来控制或截断水流,有升杆及暗杆之分。

(15) 旋转门。旋转门是一种管道工程中具有特殊用途的设备,其为起闭及转向设备,通常可用来调节水量的大小及流速。

(16) 堰门。堰门是指安装于平流式沉淀池的挡流板。可用铸铁、钢、木材或塑料制成。其主要可分为为铸铁堰门和钢制调节堰门两类。

(17) 升杆式铸铁泥阀。升杆式铸铁泥阀是指用于小径高压管内调节其水量及水压的铸铁制阀门。阀门常分为升杆式和暗杆式两种。

(18) 平底盖闸。平底盖闸是闸门的一种,其主要用作管道上控制和调节水压及水量,其活动性较小,安全措施较高。

(19) 启闭机械。启闭机械通常是指管道始端用于启动该系统的主要设备,通常有电动水泵等机械。

(20) 紫外线消毒设备。紫外线消毒设备是利用高强度的紫外线杀菌灯照射,破坏细菌和病毒的 DNA 等内部结构,从而达到杀灭水中病原微生物的消毒装置。适合于对紫外线技术破坏力敏感的细菌、病毒、真菌等微生物种群谱系。

(21) 臭氧消毒设备。臭氧消毒设备能在水中提取非常纯净的臭氧气体,进行室内消毒净化。可以有效预防由于室内空气污染而诱发的化学物质过敏症、头晕、呼吸急促、肺气肿、癌症等疾病。

2. 清单项目设置及工程量计算规则

机械设备安装清单项目设置及工程量计算规则见表 8-11。

表 8-11　　　　　　　　　　机械设备安装

项目编码	项目名称	项目特征	计量单位	工程量计算规则	工作内容
040602002	格栅除污机				
040602003	滤网清污机				
040602004	压榨机				
040602005	刮砂机				
040602006	吸砂机				
040602007	刮泥机	1. 类型 2. 材质 3. 型号、规格 4. 参数	台		
040602008	吸泥机				
040602009	刮吸泥机				
040602010	撇渣机				
040602011	砂(泥)水分离器				
040602012	曝气机				
040602013	曝气器		个		
040602015	滗水器		套	按设计图示数量计算	1. 安装 2. 无负荷试运转
040602016	生物转盘				
040602017	搅拌机	1. 类型 2. 材质 3. 型号、规格 4. 参数	台		
040602018	推进器				
040602019	加药设备				
040602020	加氯机		套		
040602021	氯吸收装置				
040602022	水射器	1. 材质 2. 公称直径	个		
040602023	管式混合器				
040602024	冲洗装置		套		
040602025	带式压滤机				
040602026	污泥脱水机	1. 类型 2. 材质 3. 型号、规格 4. 参数	台		
040602027	污泥浓缩机				
040602028	污泥浓缩脱水一体机				
040602029	污泥输送机				
040602030	污泥切割机				

续表

项目编码	项目名称	项目特征	计量单位	工程量计算规则	工作内容
040602031	闸门	1. 类型 2. 材质 3. 型号、规格 4. 参数	1. 座 2. t	1. 以座计量，按设计图示数量计算 2. 以吨计量，按设计图示尺寸以质量计算	1. 安装 2. 操纵装置安装 3. 调试
040602032	旋转门	^	^	^	^
040602033	堰门	^	^	^	^
040602034	拍门	^	^	^	^
040602035	启闭机	^	台	^	^
040602036	升杆式铸铁泥阀	公称直径	座	^	^
040602037	平底盖闸	^	^	^	^
040602042	紫外线消毒设备	1. 类型 2. 材质 3. 型号、规格 4. 参数	套	按设计图示数量计算	1. 安装 2. 无负荷试运转
040602043	臭氧消毒设备	^	^	^	^
040602044	除臭设备	^	^	^	^
040602045	膜处理设备	^	^	^	^
040602046	在线水质检测设备	^	^	^	^

(三)布气管、斜管

1. 清单项目说明

(1)布气管。布气管是将空气打入污泥中所用的钢管管道,其是将空气打入污泥中,并使其以微小气泡的形式由水中析出,污水中相对密度近于小的微小颗粒的污染物质粘附到气泡上,并随气泡升至水面。

(2)斜管。斜管也称六角形蜂窝斜管、斜管填料、蜂窝填料、聚丙烯斜管,斜管填料是在浅池理论上发展出来的沉淀装置,广泛应用于水处理沉淀池及沉淀设备中,是目前在给水排水工程中采用最广泛而且成熟的一项水处理设备装置。它适用范围广、处理效果高、占地面积小。

2. 清单项目设置及工程量计算规则

布气管、斜管清单项目设置及工程量计算规则见表 8-12。

表 8-12   布气管、斜管

项目编码	项目名称	项目特征	计量单位	工程量计算规则	工作内容
040602014	布气管	1. 材质 2. 直径	m	按设计图示以长度计算	1. 钻孔 2. 安装
040602041	斜管	1. 斜管材料品种 2. 斜管规格			安装

3. 工程量计算实例

【例 8-5】 计算如图 7-4 所示的布气管试验管段工程量,布气管采用 φ20 的优质钢制成。

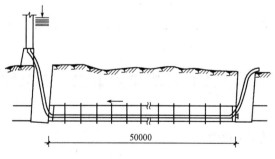

图 8-5 布气管布置图

【解】 根据工程量计算规则,布气管工程量按设计图示以长度计算。

试验段布气管工程量＝50m。

工程量计算结果见表 8-13。

表 8-13　　　　　　　　　工程量计算表

项目编码	项目名称	项目特征描述	计量单位	工程量
040602014001	布气管	钢管，φ20	m	50

(四)集水槽、堰板、斜板

集水槽、堰板、斜板清单项目设置及工程量计算规则见表 8-14。

表 8-14　　　　　　　　集水槽、堰板、斜板

项目编码	项目名称	项目特征	计量单位	工程量计算规则	工作内容
040602038	集水槽	1. 材质 2. 厚度	m²	按设计图示尺寸以面积计算	1. 制作 2. 安装
040602039	堰板	3. 形式 4. 防腐材料			
040602040	斜板	1. 材料品种 2. 厚度			安装

第二节　生活垃圾处理工程工程量计算

一、垃圾卫生填埋

1. 清单项目说明

垃圾卫生填埋是指利用自然界的代谢机能，按照工程理论和土工标准，对垃圾进行土地填埋处理和有效控制，寻求垃圾的无害化与稳定的一种处置方法。

(1)场地平整。根据场区的防渗和排水坡度的要求,需要根据场区地质条件进行竖向平整和横向平整。竖向平整是考虑场区防渗处理需要建设锚固沟,以利于膜的锚固。横向平整是为了便于地下水的收集导排、渗滤液的收集导排以及填埋场区内部雨水的收集导排。

(2)垃圾坝。垃圾坝是建在垃圾填埋库区汇水上下游或周边,由黏土、块石等建筑材料筑成,起到阻挡垃圾形成填埋场初始库容的堤坝。

(3)防渗系统。防渗系统是在垃圾填埋场场底和四周边坡上为构筑渗沥液防渗屏障所选用的各种材料组成的体系。

(4)防渗结构。防渗结构是在垃圾填埋场场底和四周边坡上为构筑渗沥液防渗屏障所选用的各种材料的空间层次结构。

(5)防渗材料。防渗材料是用于防渗系统工程的各种土工合成材料的总称,包括高密度聚乙烯(HDPE)膜、膨润土防水毯(GCL)、土工布、土工复合排水网等。

(6)渗滤液。渗滤液是由雨水、地表水及地下水渗入填埋场,以及生化反应对垃圾的降解作用,产生了含有高浓度悬浮物和高浓度有机或无机成分的液体。

(7)渗沥液收集导排系统。在防渗系统上部,用于收集和导排渗沥液的设施。

(8)地下水收集导排系统。在防渗系统基础层下方,用于收集和导排地下水的设施。

(9)填埋气收集导排系统。在垃圾堆体内,用于填埋气体收集和导排的设施。

(10)覆盖。采用不同的材料铺设于垃圾层上的实施过程,根据覆盖的要求和作用的不同分为日覆盖、中间覆盖、最终覆盖。

(11)填埋场封场。填埋作业至设计计终场标高或填埋场停止使用后,用不同功能材料进行覆盖的过程。

2. 清单项目设置及工程量计算规则

垃圾卫生填埋清单项目设置及工程量计算规则见表8-15。

表 8-15　　　　　　　　　　　垃圾卫生填埋

项目编码	项目名称	项目特征	计量单位	工程量计算规则	工作内容
040701001	场地平整	1. 部位 2. 坡度 3. 压实度	m²	按设计图示尺寸以面积计算	1. 找坡、平整 2. 压实
040701002	垃圾坝	1. 结构类型 2. 土石种类、密实度 3. 砌筑形式、砂浆强度等级 4. 混凝土强度等级 5. 断面尺寸	m³	按设计图示尺寸以体积计算	1. 模板制作、安装、拆除 2. 地基处理 3. 摊铺、夯实、碾压、整形、修坡 4. 砌筑、填缝、铺浆 5. 浇筑混凝土 6. 沉降缝 7. 养护
040701003	压实黏土防渗层	1. 部位 2. 压实度 3. 渗透系数			1. 填筑、平整 2. 压实
040701004	高密度聚乙烯(HDPD)膜	1. 铺设位置 2. 厚度、防渗系数 3. 材料规格、强度、单位重量 4. 连(搭)接方式	m²	按设计图示尺寸以面积计算	1. 裁剪 2. 铺设 3. 连(搭)接
040701005	钠基膨润土防水毯(GCL)				
040701006	土工合成材料				
040701007	袋装土保护层	1. 厚度 2. 材料品种、规格 3. 铺设位置			1. 运输 2. 土装袋 3. 铺设或铺筑 4. 袋装土放置

续表

项目编码	项目名称	项目特征	计量单位	工程量计算规则	工作内容
040701008	帷幕灌浆垂直防渗	1. 地质参数 2. 钻孔孔径、深度、间距 3. 水泥浆配比	m	按设计图示尺寸以长度计算	1. 钻孔 2. 清孔 3. 压力注浆
040701009	碎(卵)石导流层	1. 材料品种 2. 材料规格 3. 导流层厚度或断面尺寸	m³	按设计图示尺寸以体积计算	1. 运输 2. 铺筑
040701010	穿孔管铺设	1. 材质、规格、型号 2. 直径、壁厚 3. 穿孔尺寸、间距 4. 连接方式 5. 铺设位置	m	按设计图示尺寸以长度计算	1. 铺设 2. 连接 3. 管件安装
040701011	无孔管铺设	1. 材质、规格 2. 直径、壁厚 3. 连接方式 4. 铺设位置	m	按设计图示尺寸以长度计算	
040701012	盲沟	1. 材质、规格 2. 垫层、粒料规格 3. 断面尺寸 4. 外层包裹材料性能指标			1. 垫层、粒料铺筑 2. 管材铺设、连接 3. 粒料填充 4. 外层材料包裹
040701013	导气石笼	1. 石笼直径 2. 石料粒径 3. 导气管材质、规格 4. 反滤层材料 5. 外层包裹材料性能指标	1. m 2. 座	1. 以米计量，按设计图示尺寸以长度计算 2. 以座计量，按设计图示数量计算	1. 外层材料包裹 2. 导气管铺设 3. 石料填充

续表

项目编码	项目名称	项目特征	计量单位	工程量计算规则	工作内容
040701014	浮动覆盖膜	1. 材质、规格 2. 锚固方式	m^2	按设计图示尺寸以面积计算	1. 浮动膜安装 2. 布置重力压管 3. 四周锚固
040701015	燃烧火炬装置	1. 基座形式、材质、规格、强度等级 2. 燃烧系统类型、参数	套	按设计图示数量计算	1. 浇筑混凝土 2. 安装 3. 调试
040701016	监测井	1. 地质参数 2. 钻孔孔径、深度 3. 监测井材料、直径、壁厚、连接方式 4. 滤料材质	口	按设计图示数量计算	1. 钻孔 2. 井筒安装 3. 填充滤料
040701017	堆体整形处理	1. 压实度 2. 边坡坡度			1. 挖、填及找坡 2. 边坡整形 3. 压实
040701018	覆盖植被层	1. 材料品种 2. 厚度 3. 渗透系数	m^2	按设计图示尺寸以面积计算	1. 铺筑 2. 压实
040701019	防风网	1. 材质、规格 2. 材料性能指标			安装
040701020	垃圾压缩设备	1. 类型、材质 2. 规格、型号 3. 参数	套	按设计图示数量计算	1. 安装 2. 调试

注：1. 边坡处理应按《市政工程工程量计算规范》(GB 50857—2013)附录 C 桥涵工程相关编码列项(参见本书第五章)。

2. 填埋场渗沥液处理系统应按《市政工程工程量计算规范》(GB 50857—2013)附录 F 水处理工程中相关项目编码列项(参见本章第一节)。

二、垃圾焚烧

1. 清单项目说明

垃圾焚烧是一种传统的处理垃圾的方法,现代各国相继建造焚烧炉,垃圾焚烧法已成为城市垃圾处理的主要方法之一。将垃圾用焚烧法处理后,垃圾能减量化,节省用地,还可消灭各种病原体,将有毒有害物质转化为无害物。现代的垃圾焚烧炉皆配有良好的烟尘净化装置,减轻对大气的污染。但近年来,垃圾焚烧法在国内外已开始进入萎缩期。目前有很多国家和地区,通过了对焚烧垃圾的部分禁令。

2. 清单项目设置及工程量计算规则

垃圾焚烧清单项目设置及工程量计算规则见表 8-16。

表 8-16　　　　　　　　垃圾焚烧

项目编码	项目名称	项目特征	计量单位	工程量计算规则	工作内容
040702001	汽车衡	1. 规格、型号 2. 精度	台	按设计图示数量计算	1. 安装 2. 调试
040702002	自动感应洗车装置	1. 类型 2. 规格、型号 3. 参数	套		
040702003	破碎机		台		
040702004	垃圾卸料门	1. 尺寸 2. 材质 3. 自动开关装置	m²	按设计图示尺寸以面积计算	
040702005	垃圾抓斗起重机	1. 规格、型号、精度 2. 跨度、高度 3. 自动称重、控制系统要求	套	按设计图示数量计算	
040702006	焚烧炉体	1. 类型 2. 规格、型号 3. 处理能力 4. 参数			

第三节 清单计价相关问题及说明

一、水处理工程清单计价相关问题及说明

(1)水处理工程中建筑物应按现行国家标准《房屋建筑与装饰工程工程量计算规范》(GB 50854—2013)相关项目编码列项,园林绿化项目应按现行国家标准《园林绿化工程工程量计算规范》(GB 50858—2013)相关项目编码列项。

(2)本章第一节清单项目工作内容中均未包括土石方工程、回填夯实等内容,发生时应按《市政工程工程量计算规范》(GB 50857—2013)附录 A 土石方工程中相关项目编码列项(参见本书第三章)。

(3)本章第一节中设备安装工程只列了水处理工程专用设备的项目,各类仪表、泵、阀门等标准、定型设备应按现行国家标准《通用安装工程工程量计算规范》(GB 50856—2013)中相关项目编码列项。

二、生活垃圾处理清单计价相关问题及说明

(1)垃圾处理工程中的建筑物、园林绿化等应按相关专业计量规范清单项目编码列项。

(2)本章第二节清单项目工作内容中均未包括土石方工程、回填夯实等内容,发生时应按《市政工程工程量计算规范》(GB 50857—2013)附录 A 土石方工程中相关项目编码列项(参见本书第三章)。

(3)本章第二节中设备安装工程只列了垃圾处理工程专用设备的项目,其余如除尘装置、除渣设备、烟气净化设备、飞灰固化设备、发电设备及各类风机、仪表、泵、阀门等标准、定型设备等应按现行国家标准《通用安装工程工程量计算规范》(GB 50856—2013)中相关项目编码列项。

第九章 路灯、钢筋及拆除工程工程量计算

第一节 路灯工程工程量计算

一、变配电设备工程

变配电设备是用来改变电压和分配电能的电气设备，由变压器、高低压开关设备、保护电器、测量仪表、母线、蓄电池及整流器等组成。

(一)变压器、变电站

1. 清单项目说明

(1)变压器。变压器是利用电磁感应的原理来改变交流电压的装置，主要构件是初级线圈、次级线圈和铁芯(磁芯)。主要功能有：电压变换、电流变换、阻抗变换、隔离、稳压(磁饱和变压器)等。按用途可以分为：配电变压器、电力变压器、全密封变压器、组合式变压器、干式变压器、油浸式变压器、单相变压器、电炉变压器、整流变压器等。

(2)变电站。变电站是电力系统的一部分，其功能是变换电压等级、汇集配送电能，主要包括变压器、母线、线路开关设备、建筑物及电力系统安全和控制所需的设施。

组合型成套箱式变电站是一种新型设备，它的特点可以使变配系统一体化，而且体积小，安装方便，维修也方便，经济效益比较高。

2. 清单项目设置及工程量计算规则

变压器、变电站清单项目设置及工程量计算规则见表9-1。

表 9-1　　　　　　　　　　变压器、变电站

项目编码	项目名称	项目特征	计量单位	工程量计算规则	工作内容
040801001	杆上变压器	1. 名称 2. 型号 3. 容量(kV·A) 4. 电压(kV) 5. 支架材质、规格 6. 网门、保护门材质、规格 7. 油过滤要求 8. 干燥要求	台	按设计图示数量计算	1. 支架制作、安装 2. 本体安装 3. 油过滤 4. 干燥 5. 网门、保护门制作、安装 6. 补刷(喷)油漆 7. 接地
040801002	地上变压器	1. 名称 2. 型号 3. 容量(kV·A) 4. 电压(kV) 5. 基础形式、材质、规格 6. 网门、保护门材质、规格 7. 油过滤要求 8. 干燥要求	台	按设计图示数量计算	1. 基础制作、安装 2. 本体安装 3. 油过滤 4. 干燥 5. 网门、保护门制作、安装 6. 补刷(喷)油漆 7. 接地
040801003	组合型成套箱式变电站	1. 名称 2. 型号 3. 容量(kV·A) 4. 电压(kV) 5. 组合形式 6. 基础形式、材质、规格			1. 基础制作、安装 2. 本体安装 3. 进箱母线安装 4. 补刷(喷)油漆 5. 接地

3. 工程量计算实例

【例 9-1】 某工程需要安装两台型号为 SG-100kV·A/10-0.4kV 的干式电力变压器,试计算其工程量。

【解】 根据工程量计算规则,地上变压器工程量按设计图示数量计算。

$$干式电力变压器工程量 = 2 台$$

工程量计算结果见表 9-2。

表 9-2　　　　　　　　　工程量计算表

项目编码	项目名称	项目特征描述	计量单位	工程量
040801002001	地上变压器	SG-100kV·A/10-0.4kV	台	2

【例 9-2】 图 9-1 所示为组合型成套箱式变电站安装示意图。已知箱式变电站安装高度为 1.5m,试计算组合型箱式变电站工程量。

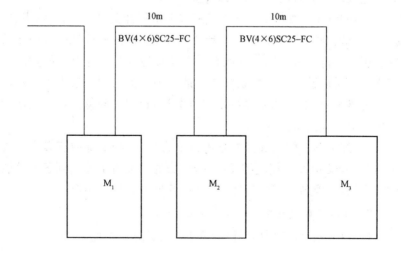

图 9-1　组合型成套箱式变电站安装示意图

【解】根据工程量计算规则,组合型成套箱式变电站按设计图示数量计算。

$$组合型成套箱式变电站工程量=3\ 台$$

工程量计算结果见表 9-3。

表 9-3　　　　　工程量计算表

项目编码	项目名称	项目特征描述	计量单位	工程量
040801003001	组合型成套箱式变电站	安装高度为 1.5m	台	3

(二)配电柜、箱、屏

1. 清单项目说明

(1)配电柜。配电柜是电动机控制中心的统称。配电柜使用在负荷比较分散、回路较少的场合;电动机控制中心用于负荷集中、回路较多的场合。它们把上一级配电设备某一电路的电能分配给就近的负荷。这级设备应对负荷提供保护、监视和控制。

(2)配电箱。配电箱是按电气接线要求将开关设备、测量仪表、保护电器和辅助设备组装在封闭或半封闭金属柜中或屏幅上,构成低压。正常运行时可借助手动或自动开关接通或分断电路。故障或不正常运行时借助保护电器切断电路或报警。借助测量仪表可显示运行中的各种参数,还可对某些电气参数进行调整,对偏离正常工作状态进行提示或发出信号。

(3)配电屏。配电屏主要是进行电力分配,配电屏内有多个开关柜,每个开关柜控制相应的配电箱,电力通过配电屏输出到各个楼层的配电箱,再由各个配电箱分送到各个房间和具体的用户。

2. 清单项目设置及工程量计算规则

配电柜、箱、屏清单项目设置及工程量计算规则见表 9-4。

表9-4 配电柜、箱、屏

项目编码	项目名称	项目特征	计量单位	工程量计算规则	工作内容
040801004	高压成套配电柜	1. 名称 2. 型号 3. 规格 4. 母线配置方式 5. 种类 6. 基础形式、材质、规格	台	按设计图示数量计算	1. 基础制作、安装 2. 本体安装 3. 补刷(喷)油漆 4. 接地
040801005	低压成套控制柜	1. 名称 2. 型号 3. 规格 4. 种类 5. 基础形式、材质、规格 6. 接线端子材质、规格 7. 端子板外部接线材质、规格			1. 基础制作、安装 2. 本体安装 3. 附件安装 4. 焊压接线端子 5. 端子接线 6. 补刷(喷)油漆 7. 接地
040801006	落地式控制箱	1. 名称 2. 型号 3. 规格 4. 基础形式、材质、规格 5. 回路 6. 附件种类、规格 7. 接线端子材质、规格 8. 端子板外部接线材质、规格			
040801007	杆上控制箱	1. 名称 2. 型号 3. 规格 4. 回路 5. 附件种类、规格 6. 支架材质、规格 7. 进出线管管架材质、规格、安装高度 8. 接线端子材质、规格 9. 端子板外部接线材质、规格			1. 支架制作、安装 2. 本体安装 3. 附件安装 4. 焊压接线端子 5. 端子接线 6. 进出线管管架安装 7. 补刷(喷)油漆 8. 接地

续表

项目编码	项目名称	项目特征	计量单位	工程量计算规则	工作内容
040801008	杆上配电箱	1. 名称 2. 型号 3. 规格 4. 安装方式	台	按设计图示数量计算	1. 支架制作、安装 2. 本体安装 3. 焊、压接线端子 4. 端子接线 5. 补刷(喷)油漆 6. 接地
040801009	悬挂嵌入式配电箱	5. 支架材质、规格 6. 接线端子材质、规格 7. 端子板外部接线材质、规格			
040801010	落地式配电箱	1. 名称 2. 型号 3. 规格 4. 基础形式、材质、规格 5. 接线端子材质、规格 6. 端子板外部接线材质、规格			1. 基础制作、安装 2. 本体安装 3. 焊、压接线端子 4. 端子接线 5. 补刷(喷)油漆 6. 接地
040801011	控制屏	1. 名称 2. 型号 3. 规格 4. 种类 5. 基础形式、材质、规格 6. 接线端子材质、规格 7. 端子板外部接线材质、规格 8. 小母线材质、规格 9. 屏边规格			1. 基础制作、安装 2. 本体安装 3. 端子板安装 4. 焊、压接线端子 5. 盘柜配线、端子接线 6. 小母线安装 7. 屏边安装 8. 补刷(喷)油漆 9. 接地
040801012	继电、信号屏				1. 基础制作、安装 2. 本体安装 3. 端子板安装 4. 焊、压接线端子 5. 盘柜配线、端子接线 6. 屏边安装 7. 补刷(喷)油漆 8. 接地
040801013	低压开关柜(配电屏)				

第九章 路灯、钢筋及拆除工程工程量计算

续表

项目编码	项目名称	项目特征	计量单位	工程量计算规则	工作内容
040801013	低压开关柜（配电屏）	1. 名称 2. 型号 3. 规格 4. 种类 5. 基础形式、材质、规格 6. 接线端子材质、规格 7. 端子板外部接线材质、规格 8. 小母线材质、规格 9. 屏边规格	台	按设计图示数量计算	1. 基础制作、安装 2. 本体安装 3. 端子板安装 4. 焊、压接线端子 5. 盘柜配线、端子接线 6. 屏边安装 7. 补刷（喷）油漆 8. 接地
040801014	弱电控制返回屏	1. 名称 2. 型号 3. 规格 4. 种类 5. 基础形式、材质、规格 6. 接线端子材质、规格 7. 端子板外部接线材质、规格 8. 小母线材质、规格 9. 屏边规格	台	按设计图示数量计算	1. 基础、安装 2. 本体安装 3. 端子板安装 4. 焊、压接线端子 5. 盘柜配线、端子接线 6. 小母线安装 7. 屏边安装 8. 补刷（喷）油漆 9. 接地
040801015	控制台	1. 名称 2. 型号 3. 规格 4. 种类 5. 基础形式、材质、规格 6. 接线端子材质、规格 7. 端子板外部接线材质、规格 8. 小母线材质、规格			1. 基础制作、安装 2. 本体安装 3. 端子板安装 4. 焊、压接线端子 5. 盘柜配线、端子接线 6. 小母线安装 7. 补刷（喷）油漆 8. 接地

注：1. 设备安装未包括地脚螺栓安装、浇筑（二次灌浆、抹面），如需安装应按现行国家标准《房屋建筑与装饰工程工程量计算规范》(GB 50854—2013) 中相关项目编码列项。

2. 盘、箱、柜的外部进出线预留长度见表 9-5。

表 9-5　　柜、箱、盘的外部进出线预留长度

序号	项目	预留长度(m/根)	说明
1	各种箱、柜、盘、板、盒	高+宽	盘面尺寸
2	单独安装的铁壳开关、自动开关、刀开关、启动器、箱式电阻器、变阻器	0.5	从安装对象中心算起
3	继电器、控制开关、信号灯、按钮、熔断器等小电器	0.3	
4	分支接头	0.2	分支线预留

3. 工程量计算实例

【例 9-3】 如图 9-2 所示,安装高压成套配电柜 2 台,其型号为 GFC-15(F),额定电压为 3~10kV,试计算其工程量。

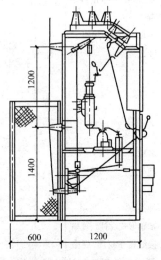

图 9-2　高压配电柜示意图

【解】 根据工程量计算规则,高压成套配电柜工程量按设计图示数量计算。

高压成套配电柜工程量=2 台

工程量计算结果见表9-6。

表9-6　　　　　　　　工程量计算表

项目编码	项目名称	项目特征描述	计量单位	工程量
040801004001	高压成套配电柜	高压成套配电柜,GFC-15(F),额定电压3~10kV	台	2

(三)其他配电设备

1. 清单项目说明

(1)电力电容器。电力电容器又称电容器,简称电容,是一种容纳电荷的器件。通常用于10kV以下电力系统,以改善和提高工频电力系统的功率因数,可以装于电容器柜内成套使用,也可以单独组装使用。电容器主要有移相电容器和串联电容器两种。

(2)熔断器。熔断器是一种保护电器,它主要由熔体和安装熔体用的绝缘体组成。它在低压电网中主要用作短路保护,有时也用于过载保护。熔断器的保护作用靠熔体来完成,一定截面的熔体只能承受一定值的电流,当通过的电流超过规定值时,熔体将熔断,从而起到保护作用。

(3)避雷器。避雷器是能释放雷电或兼能释放电力系统操作过电压能量,保护电工设备免受瞬时过电压危害,又能截断续流,不致引起系统接地短路的电器装置。避雷器通常接于带电导线与地之间,且与被保护设备并联。当过电压值达到规定的动作电压时,避雷器立即动作,流过电荷,限制过电压幅值,保护设备绝缘;电压值正常后,避雷器又迅速恢复原状,以保证系统正常供电。

(4)断路器。断路器是电力系统保护和操作的重要电气装置,能承载、关合和开断运行线路的正常电流,也能在规定时间内承载、关合和开断规定的异常电流。根据工作电压的不同,可分高压断路器和低压断路器。

(5)隔离开关。隔离开关是将电气设备与电源进行电气隔离或连接的设备。

(6)负荷开关。负荷开关是一种介于隔离开关与断路器之间的电气设备,负荷开关比普通隔离开关多了一套灭弧装置和快速分断机构。

2. 清单项目设置及工程量计算规则

其他配电设备清单项目设置及工程量计算规则见表9-7。

表9-7　　　　　　　　其他配电设备

项目编码	项目名称	项目特征	计量单位	工程量计算规则	工作内容
040801016	电力电容器	1. 名称 2. 型号 3. 规格 4. 质量	个	按设计图示数量计算	1. 本体安装、调试 2. 接线 3. 接地
040801017	跌落式熔断器	1. 名称 2. 型号 3. 规格 4. 安装部位	组		1. 本体安装、调试 2. 接线 3. 补刷(喷)油漆 4. 接地
040801018	避雷器	1. 名称 2. 型号 3. 规格 4. 电压(kV) 5. 安装部位			
040801019	低压熔断器	1. 名称 2. 型号 3. 规格 4. 接线端子材质、规格	个		1. 本体安装 2. 焊、压接线端子 3. 接线
040801020	隔离开关	1. 名称 2. 型号 3. 容量(A) 4. 电压(kV) 5. 安装条件 6. 操作机构名称、型号 7. 接线端子材质、规格	组		1. 本体安装、调试 2. 接线 3. 补刷(喷)油漆 4. 接地
040801021	负荷开关				
040801022	真空断路器		台		

第九章 路灯、钢筋及拆除工程工程量计算

续表

项目编码	项目名称	项目特征	计量单位	工程量计算规则	工作内容
040801023	限位开关	1. 名称 2. 型号 3. 规格 4. 接线端子材质、规格	个	按设计图示数量计算	1. 本体安装 2. 焊、压接线端子 3. 接线
040801024	控制器		台		
040801025	接触器				
040801026	磁力启动器				
040801027	分流器	1. 名称 2. 型号 3. 规格 4. 容量(A) 5. 接线端子材质、规格	个		
040801028	小电器	1. 名称 2. 型号 3. 规格 4. 接线端子材质、规格	个 (台、套)		
040801029	照明开关	1. 名称 2. 型号 3. 规格 4. 安装方式	个		1. 本体安装 2. 接线
040801030	插座				
040801031	线缆断线报警装置	1. 名称 2. 型号 3. 规格 4. 参数	套		1. 本体安装、调试 2. 接线
040801032	铁构件制作、安装	1. 名称 2. 材质 3. 规格	kg	按设计图示尺寸以质量计算	1. 制作 2. 安装 3. 补刷(喷)油漆
040801033	其他电器	1. 名称 2. 型号 3. 规格 4. 安装方式	个 (套、台)	按设计图示数量计算	1. 本体安装 2. 接线

注：1. 小电器包括按钮、测量表计、继电器、电磁锁、屏上辅助设备、辅助电压互感器、小型安全变压器等。
2. 其他电器安装指本节未列的电器项目，必须根据电器实际名称确定项目名称。明确描述项目特征、计量单位、工程量计算规则、工作内容。
3. 铁构件制作、安装适用于路灯工程的各种支架、铁构件的制作、安装。
4. 设备安装未包括地脚螺栓安装、浇筑(二次灌浆、抹面)，如需安装应按现行国家标准《房屋建筑与装饰工程工程量计算规范》(GB 50855-2013)中相关项目编码列项。

3. 工程量计算实例

【例 9-4】 如图 9-3 所示，安装跌落式熔断器 2 组，其型号为 RW3-10G，试计算其工程量。

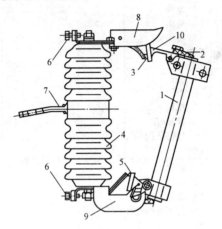

图 9-3 RW3-10G 型跌落式熔断器
1—熔管；2—熔丝元件；3—上部固定触头；4—绝缘瓷件；
5—下部固定触头；6—端部压线螺栓；7—紧固板；
8—锁紧机构；9—熔体管转轴支架；10—活动触头

【解】 根据工程量计算规则，跌落式熔断器工程量按设计图示数量计算。

跌落式熔断器工程量＝2 组

工程量计算结果见表 9-8。

表 9-8 工程量计算表

项目编码	项目名称	项目特征描述	计量单位	工程量
040801017001	跌落式熔断器	跌落式熔断器，RW3-10G	组	2

【例 9-5】 如图 9-4 所示，在墙上安装 1 组 10kV 户外交流高压负荷开关，其型号为 FW1-10，试计算其工程量。

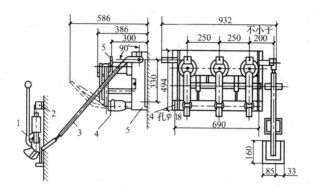

图 9-4　在墙上安装 10kV 负荷开关图
1—操动机构；2—辅助开关；3—连杆；
4—接线板；5—负荷开关

【解】　根据工程量计算规则，负荷开关工程量按设计图示数量计算。

负荷开关工程量＝1 组

工程量计算结果见表 9-9。

表 9-9　　　　　　　　工程量计算表

项目编码	项目名称	项目特征描述	计量单位	工程量
040801021001	负荷开关	10kV 户外交流高压负荷开关，FW1-10	台	1

【例 9-6】　某额定电压 1140V，额定电流 250A 的馈电网络，安装 1 台型号为 CKJ5-250A 型低压真空交流接触器供远距离接通和分断电路，以及频繁起动和停止交流电动机之用。试计算其工程量。

【解】　根据工程量计算规则，接触器工程量按设计图示数量计算。

低压真空交流接触器工程量＝1 台

工程量计算结果见表 9-10。

表 9-10　　　　　　　　工程量计算表

项目编码	项目名称	项目特征描述	计量单位	工程量
040801025001	接触器	真空接触器，CKJ5-250A	台	1

二、10kV 以下架空线路工程

1. 清单项目说明

远距离输电往往采用架空线路。架空线路分高压线路和低压线路两种：1kV 以下为低压线路，1kV 以上为高压线路。10kV 以下架空线路一般是指从区域性变电站至厂内专用变电站（总降压站）的配电线路及厂区内的高低压架空线路。

(1) 电杆组立。电杆组立是电力线路架设中的关键环节，可分为整体起立和分解起立两种形式：整体起立是大部分组装工作可在地面进行，高空作业量相对较少；而分解起立是要先立杆，再登杆进行铁件等的组装。

(2) 横担组装。架空配电线路均应尽可能采用整体起立的方法。因为整体起立可在地面上进行大部分组件的组装工作，高空作业量少，比较安全方便。这就需要在起立之前对杆塔进行组装。所谓组装，就是根据图纸及杆型装置杆塔本体、横担、金具、绝缘子等。

架空配电线路的横担比较简单，是指装在电杆上端用来安装绝缘子、固定开关设备及避雷器等的装置。

(3) 导线架设。导线架设就是将金属导线按设计要求，敷设在已组立好的线路杆塔上。通常包括放线、导线连接、紧线、弛度观测以及导线在绝缘子上的固定等内容，导线架设是架空配电线路的最后一道工序。

2. 清单项目设置及工程量计算规则

10kV 以下架空线路工程清单项目设置及工程量计算规则见表9-11。

表 9-11　　10kV 以下架空线路工程

项目编码	项目名称	项目特征	计量单位	工程量计算规则	工作内容
040802001	电杆组立	1. 名称 2. 规格 3. 材质 4. 类型 5. 地形 6. 土质 7. 底盘、拉盘、卡盘规格 8. 拉线材质、规格、类型 9. 引下线支架安装高度 10. 垫层、基础：厚度、材料品种、强度等级 11. 电杆防腐要求	根	按设计图示数量计算	1. 工地运输 2. 垫层、基础浇筑 3. 底盘、拉盘、卡盘安装 4. 电杆组立 5. 电杆防腐 6. 拉线制作、安装 7. 引下线支架安装
040802002	横担组装	1. 名称 2. 规格 3. 材质 4. 类型 5. 安装方式 6. 电压(kV) 7. 瓷瓶型号、规格 8. 金具型号、规格	组		1. 横担安装 2. 瓷瓶、金具组装
040802003	导线架设	1. 名称 2. 型号 3. 规格 4. 地形 5. 导线跨越类型	km	按设计图示尺寸另加预留量以单线长度计算	1. 工地运输 2. 导线架设 3. 导线跨越及进户线架设

注：导线架设预留长度见表 9-12。

表 9-12　　　　　　　　　导线架设预留长度

项目		预留长度/(m/根)
高压	转角	2.5
高压	分支、终端	2.0
低压	分支、终端	0.5
低压	交叉跳线转角	1.5
低压	与设备连线	0.5
低压	进户线	2.5

3. 工程量计算实例

【例 9-7】 有一新建工厂,工厂需架设 300/500V 三相四线线路,需 10m 高水泥杆 10 根,杆距为 60m,试计算其工程量。

【解】 根据工程量计算规则,电杆组立工程量按设计图示数量计算。

$$电杆组立工程量=10 根$$

工程量计算结果见表 9-13。

表 9-13　　　　　　　　　工程量计算表

项目编码	项目名称	项目特征描述	计量单位	工程量
040802001001	电杆组立	10m 高水泥杆,杆距 60m	根	10

【例 9-8】 有一新建工厂,工厂需架设 380/220V 三相四线线路,导线使用裸铜绞线(3×120+1×70),10m 高水泥杆 10 根,杆距为 60m,杆上铁横担水平安装 1 组,末根杆上有阀型避雷器 5 组,试计算导线架设工程量。

【解】 根据工程量计算规则,电杆组立及横担组装工程量按设计图示数量计算,导线架设工程量按设计尺寸另加预留量以单线长度计算。

(1)电杆组立工程量。

$$电杆组立工程量=10 根$$

(2)横担组装工程量。

$$横担组装工程量=10×1=10 组$$

(3)导线架设工程量。

根据表 9-12，导线架设预留长度按 2.5m 考虑。

$120m^2$ 导线架设工程量 $=(9\times 60+2.5)\times 3=1627.5m$
$\qquad\qquad\qquad\qquad =1.628km$

$70m^2$ 导线架设工程量 $=9\times 60+2.5=542.5m=0.543km$

(4) 避雷器工程量。

$$避雷器工程量=5\ 组$$

工程量计算结果见表 9-14。

表 9-14　　　　　　　工程量计算表

项目编码	项目名称	项目特征	计量单位	工程量
040802001001	电杆组立	混凝土电杆，高度10m	根	10
040802002001	横担组装	杆上铁横担水平安装	组	10
040802003001	导线架设	380V/220V 三相四线线路，裸铜绞线 $3\times 120mm^2$	km	1.628
040802003002	导线架设	80V/220V 三相四线线路，裸铜绞线 $1\times 70mm^2$	km	0.543
040801018001	避雷器	阀型避雷器	组	5

三、电缆工程

1. 清单项目说明

电缆通常是由几根或几组导线每组至少两根绞合而成的类似绳索的电缆，每组导线之间相互绝缘，并常围绕着一根中心扭成，整个外面包有高度绝缘的覆盖层。由于电缆具有绝缘性能好、耐压、耐拉力、敷设及维护方便等优点，所以在厂内的动力、照明、控制、通信等多采用。电缆一般采取埋地敷设、穿导管敷设、沿支架敷设、沿钢索敷设及沿槽架敷设等。

电缆的种类很多，按其用途可分为电力电缆和控制电缆两大类。

(1) 电力电缆。电力电缆是用来输送和分配大功率电能的，按其所采用的绝缘材料可分为纸绝缘电力电缆、橡胶绝缘电力电缆和聚乙烯绝缘电力电缆、聚氯乙烯绝缘电力电缆及交联聚乙烯绝缘电力电缆。

(2) 控制电缆。控制电缆是在配电装置中传输操作电流、连接电气仪表、继电保护和自动控制等回路用的,它属于低压电缆,运行电压一般在交流 500V 或直流 1000V 以下。

2. 清单项目设置及工程量计算规则

电缆工程清单项目设置及工程量计算规则见表 9-15。

表 9-15　　　　　电缆工程

项目编码	项目名称	项目特征	计量单位	工程量计算规则	工作内容
040803001	电缆	1. 名称 2. 型号 3. 规格 4. 材质 5. 敷设方式、部位 6. 电压(kV) 7. 地形	m	按设计图示尺寸另加预留及附加量以长度计算	1. 揭(盖)盖板 2. 电缆敷设
040803002	电缆保护管	1. 名称 2. 型号 3. 规格 4. 材质 5. 敷设方式 6. 过路管加固要求			1. 保护管敷设 2. 过路管加固
040803003	电缆排管	1. 名称 2. 型号 3. 规格 4. 材质 5. 垫层、基础:厚度、材料品种、强度等级 6. 排管排列形式		按设计图示尺寸以长度计算	1. 垫层、基础浇筑 2. 排管敷设
040803004	管道包封	1. 名称 2. 规格 3. 混凝土强度等级			1. 灌注 2. 养护

第九章 路灯、钢筋及拆除工程工程量计算

续表

项目编码	项目名称	项目特征	计量单位	工程量计算规则	工作内容
040803005	电缆终端头	1. 名称 2. 型号 3. 规格 4. 材质、类型 5. 安装部位 6. 电压(kV)	个	按设计图示数量计算	1. 制作 2. 安装 3. 接地
040803006	电缆中间头	1. 名称 2. 型号 3. 规格 4. 材质、类型 5. 安装方式 6. 电压(kV)	个	按设计图示数量计算	1. 制作 2. 安装 3. 接地
040803007	铺砂、盖保护板(砖)	1. 种类 2. 规格	m	按设计图示尺寸以长度计算	1. 铺砂 2. 盖保护板(砖)

注：1. 电缆穿刺线夹按电缆中间头编码列项。
  2. 电缆保护管敷设方式清单项目特征描述时应区分直埋保护管、过路保护管。
  3. 顶管敷设应按《市政工程工程量计算规范》(GB 50857—2013)附录 E.1 管道铺设中相关项目编码列项(参见本书第七章第一节)。
  4. 电缆井应按《市政工程工程量计算规范》(GB 50857—2013)附录 E.4 管道附属构筑物相关项目编码列项(参见本书第七章第三节)，如有防盗要求的应在项目特征中描述。
  5. 电缆敷设预留量及附加长度见表 9-16。

表 9-16   电缆敷设预留量及附加长度

序号	项目	预留(附加)长度/m	说明
1	电缆敷设弛度、波形弯度、交叉	2.5%	按电缆全长计算
2	电缆进入建筑物	2.0	规范规定最小值
3	电缆进入沟内吊架时引上(下)预留	1.5	规范规定最小值

续表

序号	项目	预留(附加)长度/m	说明
4	变电所进线、出线	1.5	规范规定最小值
5	电力电缆终端头	1.5	检修余量最小值
6	电缆中间接头盒	两端各留2.0	检修余量最小值
7	电缆进控制、保护屏及模拟盘等	高+宽	按盘面尺寸
8	高压开关柜及低压配电盘、箱	2.0	盘下进出线
9	电缆至电动机	2.0	从电动机接线盒算起
10	厂用变压器	3.0	从地坪算起
11	电缆绕过梁柱等增加长度	按实计算	按被绕物的断面情况计算增加长度

3. 工程量计算实例

【例 9-9】 某电缆敷设工程如图 9-5 所示,采用电缆沟铺砂盖砖直埋并列敷设 8 根 $XV_{29}(3\times35+1\times10)$ 电力电缆,变电所配电柜至室内部分电缆穿 Φ40 钢管保护,共 8m 长,室外电缆敷设共 120m 长,在配电间有 13m 穿 Φ40 钢管保护,试计算其工程量。

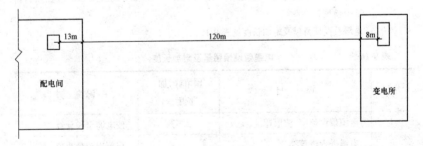

图 9-5 电缆敷设示意图

【解】 根据工程量计算规则,电缆敷设工程量按设计图示尺寸另加预留及附加量以长度计算,电缆保护管工程量按设计图示尺寸以长度计算。

(1)电缆敷设工程量。

根据表 9-16,电缆敷设预留量及附加长度按 1.5m 考虑。

电缆敷设工程量 = $(8+120+13+1.5 \times 2) \times 8 = 1152$m

(2)电缆保护管工程量。

电缆保护管工程量 = $8+13=21$m

工程量计算结果见表 9-17。

表 9-17　　　　　　　　工程量计算表

项目编码	项目名称	项目特征	计量单位	工程量
040803001001	电缆	XV29(3×35+1×10),直埋并列敷设	m	1152
040803002001	电缆保护管	Φ40 钢管	m	21

四、配管、配线工程

1. 清单项目说明

配管、配线是指由配电箱接到用电器具的供电和控制线路的安装,分明配和暗配两种。导线沿墙壁、顶棚、梁、柱等明敷称为明配线;导线在顶棚内,用瓷夹或瓷瓶配线称为暗配线。

(1)配线工程,常用的有瓷夹配线、塑料夹配线、瓷珠配线、瓷瓶配线、针式绝缘子配线、蝶式绝缘子配线、木槽板配线、钢精扎头配线等。

(2)配管工程分为沿砖或混凝土结构明配、沿砖或混凝土结构暗配、钢结构支架配管、钢索配管、钢模板配管等。

2. 清单项目设置及工程量计算规则

配管、配线工程清单项目设置及工程量计算规则见表 9-18。

表 9-18 配管、配线工程

项目编码	项目名称	项目特征	计量单位	工程量计算规则	工作内容
040804001	配管	1. 名称 2. 材质 3. 规格 4. 配置形式 5. 钢索材质、规格 6. 接地要求	m	按设计图示尺寸以长度计算	1. 预留沟槽 2. 钢索架设（拉紧装置安装） 3. 电线管路敷设 4. 接地
040804002	配线	1. 名称 2. 配线形式 3. 型号 4. 规格 5. 材质 6. 配线部位 7. 配线线制 8. 钢索材质、规格	m	按设计图示尺寸另加预留量以单线长度计算	1. 钢索架设（拉紧装置安装） 2. 支持体（绝缘子等）安装 3. 配线
040804003	接线箱	1. 名称 2. 规格 3. 材质 4. 安装形式	个	按设计图示数量计算	本体安装
040804004	接线盒				
040804005	带形母线	1. 名称 2. 型号 3. 规格 4. 材质 5. 绝缘子类型、规格 6. 穿通板材质、规格 7. 引下线材质、规格 8. 伸缩节、过渡板材质、规格 9. 分相漆品种	m	按设计图示尺寸另加预留量以单相长度计算	1. 支持绝缘子安装及耐压试验 2. 穿通板制作、安装 3. 母线安装 4. 引下线安装 5. 伸缩节安装 6. 过渡板安装 7. 拉紧装置安装 8. 刷分相漆

注：1. 配管安装不扣除管路中间的接线箱(盒)、灯头盒、开关盒所占长度。
2. 配管名称指电线管、钢管、塑料管等。
3. 配管配置形式指明、暗配、钢结构支架、钢索配管、埋地敷设、水下敷设、砌筑沟内敷设等。
4. 配线名称指管内穿线、塑料护套配线等。
5. 配线形式指照明线路、木结构、砖、混凝土结构、沿钢索等。
6. 配线进入箱、柜、板的预留长度见表 9-19，母线配置安装的预留长度见表 9-20。

表 9-19　　　　配线进入箱、柜、板的预留长度（每一根线）

序号	项目	预留长度/m	说明
1	各种开关箱、柜、板	高+宽	盘面尺寸
2	单独安装（无箱、盘）的铁壳开关、闸刀开关、启动器、线槽进出线盒等	0.3	从安装对象中心算起
3	由地面管子出口引至动力接线箱	1.0	从管口计算
4	电源与管内导线连接（管内穿线与软、硬母线接点）	1.5	从管口计算

表 9-20　　　　母线配置安装的预留长度

序号	项目	预留长度/m	说明
1	带形母线终端	0.3	从最后一个支持点算起
2	带形母线与分支线连接	0.5	分支线预留
3	带形母线与设备连接	0.5	从设备端子接口算起
4	接地母线、引下线附加长度	3.9%	按接地母线、引下线全长计算

3. 工程量计算实例

【例 9-10】　如图 9-6 所示，配电箱 M_1、M_2 规格均为 800mm×800mm×150mm（宽×高×厚），悬挂嵌入式安装，配电箱底边距地高度 1.30mm，水平距离 12m。试计算配管工程量。

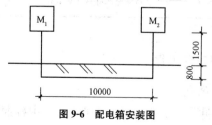

图 9-6　配电箱安装图

【解】根据工程量计算规则,配管工程量按设计图示以长度计算。

电气配管工程量=(1.3+0.8)×2+12=16.2m

工程量计算结果见表 9-21。

表 9-21　　　　　　　工程量计算表

项目编码	项目名称	项目特征	计量单位	工程量
040804001001	配管	800mm×800mm×150mm,悬挂嵌入式安装	m	16.2

【例 9-11】 如图 9-6 所示,已知两配电箱之间线路采用 BV(3×10-1×4)-SC32-DQA,试计算配线工程量。

【解】根据工程量计算规则,配线工程量按设计图示尺寸另加预留量以单线长度计算。根据表 9-19,本例中配线进入配电箱的预留长度按配电箱宽高之和考虑。

管内穿绝缘导线 BV-4mm^2 工程量=(1.3+0.8)×2+12+(0.8+0.8)×2=19.4m^2

管内穿绝缘导线 BV-10mm^2 工程量=[(1.3+0.8)×2+12]×3+(0.8+0.8)×2×3=58.2m

工程量计算结果见表 9-22。

表 9-22　　　　　　　工程量计算表

项目编码	项目名称	项目特征	计量单位	工程量
040804002001	配线	管内穿绝缘导线 BV-4mm^2	m	19.4
040804002002	配线	管内穿绝缘导线 BV-10mm^2	m	58.2

五、照明器具安装工程

1. 清单项目说明

市政工程照明器具主要包括常规照明灯、中杆照明灯、高杆照明灯、景观照明灯、桥栏杆照明灯、地道涵洞照明灯等。

(1)常规照明灯。常规照明灯指的是路灯：为了使各种机动车辆的驾驶者在夜间行驶时，能辨认出道路上的各种情况且不感到过分疲劳，以保证行车安全而设置的灯具。沿着道路两侧恰当地布置路灯，可以给使用者提供有关前方道路的方向、线型、倾斜度等视觉信息。常规照明灯包括庭院路灯，工厂厂区内、住宅小区内路灯及大马路弯灯。

(2)高杆照明灯。高杆照明灯指的是在一个较高的杆子上，安装由多个高功率和高效率光源组装的灯具。一般高杆灯的灯杆高度为20～35m(间距为90～100m)，最高的可达40～70m。

高杆照明灯的适用场所包括：市内广场、公园、站前广场、游泳、网球等体育设施、道路的主体交叉点、高速公路休息场、大型主体道路、停车场、市内街道交叉点、港口、码头、航空港、调车场、铁路枢纽等。

(3)景观照明灯。景观照明灯是现代景观中不可缺少的部分。它不仅自身具有较高的观赏性，还强调照明灯的景观与景区历史文化、周围环境的协调统一。景观照明灯利用不同的造型、相异的光色与亮度来造景。景观照明灯适用于广场、居住区、公共绿地等景观场所。使用中要注意不要过多过杂，以免喧宾夺主，使景观显得杂乱浮华。

(4)桥栏杆照明灯。桥栏杆照明灯指的是用于桥上照明所用的灯具。

(5)地道涵洞照明灯。城市道路中的地道涵洞照明灯主要有荧光灯、低压钠灯，在隧道出入口处的适应性照明宜选用高压钠灯或荧光高压汞灯。

2. 清单项目设置及工程量计算规则

照明器具安装工程清单项目设置及工程量计算规则见表 9-23。

表 9-23　　　　　　　　　照明器具安装工程

项目编码	项目名称	项目特征	计量单位	工程量计算规则	工作内容
040805001	常规照明灯		套	按设计图示数量计算	1. 垫层铺筑 2. 基础制作、安装 3. 立灯杆 4. 杆座制作、安装 5. 灯架制作、安装 6. 灯具附件安装
040805002	中杆照明灯	1. 名称 2. 型号 3. 灯杆材质、高度 4. 灯杆编号 5. 灯架形式及臂长 6. 光源数量 7. 附件配置 8. 垫层、基础：厚度、材料品种、强度等级 9. 杆座形式、材质、规格 10. 接线端子材质、规格 11. 编号要求 12. 接地要求			7. 焊、压接线端子 8. 接线 9. 补刷(喷)油漆 10. 灯杆编号 11. 接地 12. 试灯
040805003	高杆照明灯				1. 垫层铺筑 2. 基础制作、安装 3. 立灯杆 4. 杆座制作、安装 5. 灯架制作、安装 6. 灯具附件安装 7. 焊、压接线端子 8. 接线 9. 补刷(喷)油漆 10. 灯杆编号 11. 升降机构接线调试 12. 接地 13. 试灯

第九章 路灯、钢筋及拆除工程工程量计算

续表

项目编码	项目名称	项目特征	计量单位	工程量计算规则	工作内容
040805004	景观照明灯	1. 名称 2. 型号 3. 规格 4. 安装形式 5. 接地要求	1. 套 2. m	1. 以套计量,按设计图示数量计算 2. 以米计量,按设计图示尺寸以延长米计算	1. 灯具安装 2. 焊、压接线端子 3. 接线 4. 补刷(喷)油漆 5. 接地 6. 试灯
040805005	桥栏杆照明灯		套	按设计图示数量计算	
040805006	地道涵洞照明灯				

注:1. 常规照明灯是指安装在高度≤15m 的灯杆上的照明器具。
2. 中杆照明灯是指安装在高度≤19m 的灯杆上的照明器具。
3. 高杆照明灯是指安装在高度>19m 的灯杆上的照明器具。
4. 景观照明灯是指利用不同的造型、相异的光色与亮度来造景的照明器具。

3. 工程量计算实例

【例 9-12】 某桥涵工程,设计用 4 套高杆灯照明,杆高为 35m,灯架为成套升降型,6 个灯头,混凝土基础,试计算其工程量。

【解】 根据表 9-23 注可知,本例应按高杆照明灯计算工程量。根据工程量计算规则,高杆照明灯工程量按设计图示数量计算。

高杆照明灯安装工程量=4 套。

工程量计算结果见表 9-24。

表 9-24　　　　　　　　　工程量计算表

项目编码	项目名称	项目特征	计量单位	工程量
040805003001	高杆照明灯	灯杆高度为 35m,成套升降型,灯头为 6 个,混凝土基础	套	4

六、防雷接地装置工程

1. 清单项目说明

防雷接地装置是指建筑物、构筑物、电气设备等为了防止雷击的危害，以及为了预防人体接触电压及跨步电压，保证电气装置可靠运行等所设的防雷及接地的设施。

(1)接地极。接地极又称接地体，是与土壤直接接触的金属导体或导体群，分为人工接地极与自然接地极。接地极做为与大地土壤密切接触并提供与大地之间电气连接的导体，安全散流雷能量使其泄入大地。

(2)接地母线。接地母线也称层接地端子，是一条专门用于楼层内的公用接地端子。它的一端要直接与后面将要介绍的接地干线连接，另一端当然是与本楼层配线架、配线柜、钢管或金属线槽等设施所连接的接地线连接。接地母线通常与楼层内水平布线系统并排安装，用于整个楼层布线系统的公用接地。

(3)避雷引下线。避雷引下线是将避雷针接收的雷电流引向接地装置的导体，按照材料可以分为：镀锌接地引下线和镀铜接地引下线、铜材引下线(此引下线成本高，一般不采用)、超绝缘引下线。

(4)避雷针。避雷针，又称防雷针，是用来保护建筑物等避免雷击的装置。在高大建筑物顶端安装一根金属棒，用金属线与埋在地下的一块金属板连接起来，利用金属棒的尖端放电，使云层所带的电和地上的电逐渐中和，从而不会引发事故。

(5)降阻剂。降阻剂是一种人工配置的用于降低接地电阻的制剂。降阻剂由多种成分组成，其中含有细石墨、膨润土、固化剂、润滑剂、导电水泥等。它是一种良好的导电体，将它使用于接地体和土壤之间，一方面能够与金属接地体紧密接触，形成足够大的电流流通面；另一方面它能向周围土壤渗透，降低周围土壤电阻率，在接地体周围形成一个变化平缓的低电阻区域。

2. 清单项目设置及工程量计算规则

防雷接地装置工程清单项目设置及工程量计算规则见表 9-25。

表 9-25　　　　　　　　　　防雷接地装置工程

项目编码	项目名称	项目特征	计量单位	工程量计算规则	工作内容
040806001	接地极	1. 名称 2. 材质 3. 规格 4. 土质 5. 基础接地形式	根（块）	按设计图示数量计算	1. 接地极(板、桩)制作、安装 2. 补刷(喷)油漆
040806002	接地母线	1. 名称 2. 材质 3. 规格	m	按设计图示尺寸另加附加量以长度计算	1. 接地母线制作、安装 2. 补刷(喷)油漆
040806003	避雷引下线	1. 名称 2. 材质 3. 规格 4. 安装高度 5. 安装形式 6. 断接卡子、箱材质、规格	m	按设计图示尺寸另加附加量以长度计算	1. 避雷引下线制作、安装 2. 断接卡子、箱制作、安装 3. 补刷(喷)油漆
040806004	避雷针	1. 名称 2. 材质 3. 规格 4. 安装高度 5. 安装形式	套（基）	按设计图示数量计算	1. 本体安装 2. 跨接 3. 补刷(喷)油漆
040806005	降阻剂	名称	kg	按设计图示数量以质量计算	施放降阻剂

注：接地母线、引下线附加长度见表 9-20。

3. 工程量计算实例

【例 9-13】 如图 9-7 所示为避雷针在建筑物墙上安装示意图。已知某工程共计安装避雷针 3 套,试计算其工程量。

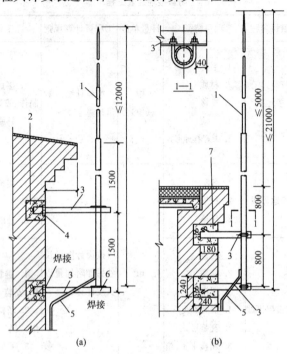

图 9-7 避雷针在建筑物墙上安装示意图

1—接闪器;2—钢筋混凝土梁 240mm×240mm×2500mm,
当避雷针高<1m 时,改为 240mm×240mm×370mm 预制混凝土块;
3—支架(∠63×6mm);4—预埋铁板(100mm×100mm×4mm);
5—接地引下线;6—支持板(δ=6mm);
7—预制混凝土块(240mm×240mm×37mm)

【解】 根据工程量计算规则,避雷针工程量按设计图示数量计算。

避雷针工程量=3 套。

工程量计算结果见表 9-26。

表 9-26　　　　　　　　工程量计算表

项目编码	项目名称	项目特征描述	计量单位	工程量
040806004001	避雷针	在建筑物墙上安装避雷针	套	3

七、电气调整试验

1. 清单项目说明

电气调整试验就是通过利用各种仪器仪表及各种数据对所属对象进行检验、检查、试验、测量、记录的论证过程。电气系统调试的主要内容包括变压器系统调试、供电系统调试、接地装置调试和电缆调试。

2. 清单项目设置及工程量计算规则

电气调整试验清单项目设置及工程量计算规则见表 9-27。

表 9-27　　　　　　　　电气调整试验

项目编码	项目名称	项目特征	计量单位	工程量计算规则	工作内容
040807001	变压器系统调试	1. 名称 2. 型号 3. 容量(kV·A)	系统	按设计图示数量计算	系统调试
040807002	供电系统调试	1. 名称 2. 型号 3. 电压(kV)			
040807003	接地装置测试	1. 名称 2. 类别	系统（组）		接地电阻测试
040807004	电缆试验	1. 名称 2. 电压(kV)	次（根、点）		试验

3. 工程量计算实例

【例 9-14】 某电气调试系统如图 9-8 所示,试计算其工程量。

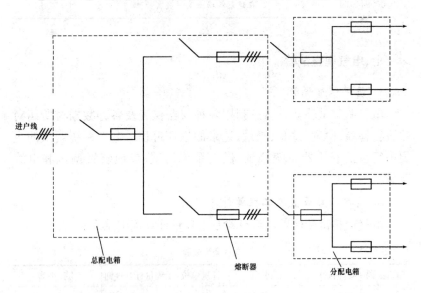

图 9-8 某电气调试系统图

【解】 根据工程量计算规则,供电系统调试工程量按设计图示数量计算。

由图 9-8 可知,该供电系统的两个分配电箱引出的 4 条回路均由总配电箱控制,故

供电系统调试工程量＝1 系统

工程量计算结果见表 9-28。

表 9-28　　　　　　　工程量计算表

项目编码	项目名称	项目特征描述	计量单位	工程量
040807002001	供电系统调试	供电系统,1kV	系统	1

八、路灯工程清单计价相关问题及说明

(1)本节清单项目工作内容中均未包括土石方开挖及回填,破除混凝土路面等,发生时应按《市政工程工程量计算规范》(GB 50857—2013)附录 K 拆除工程中相关项目编码列项(参见本章第二节)。

(2)本节清单项目工作内容中均未包括除锈、刷漆(补刷漆除外),发生时应按现行国家标准《通用安装工程工程量计算规范》(GB 50856—2013)中相关项目编码列项。

(3)本节清单项目工作内容包括补漆的工序,可不进行特征描述,由投标人根据相关规范标准自行考虑报价。

第二节 钢筋与拆除工程工程量计算

一、钢筋工程

1. 清单项目说明

钢筋是配置在钢筋混凝土及预应力钢筋混凝土构件中的钢条或钢丝的总称。

(1)钢筋牌号。钢筋的牌号分为 HPB235、HPB300、HRB335、HRBF335、HRB400、HRBF400、HRB500、HRBF500 级,HPB235、HPB300 级钢筋为光圆钢筋。低碳热轧圆盘条按其屈服强度代号为 Q215、Q235,供建筑用钢筋为 Q235,其中 Q 为"屈服"的汉语拼音字头。HRB335、HRBF335、HRB400、HRBF400、HRB500、HRBF500 级为热轧带肋钢筋。其中 H、R、B、F 分别为热轧(Hot rolled)、带肋(Ribbed)、钢筋(Bars)、细(Fine)四个词的英文首位字母。

(2)钢筋分类。钢筋的种类比较多,按照不同的标准可分为不同的类型。见表 9-29。

表 9-29　　　　　　　　　　钢筋分类

序号	分类方法	内容
1	按化学成分分类	按化学成分分类,钢筋可分为碳素钢钢筋和普通低合金钢筋两种。 (1)碳素钢钢筋是由碳素钢轧制而成。碳素钢钢筋按含碳量多少又分为:低碳钢钢筋($w_C<0.25\%$);中碳钢钢筋($w_C=0.25\%\sim0.60\%$);高碳钢钢筋($w_C>0.60\%$)。常用的有 Q235、Q215 等品种。含碳量越高,强度及硬度也越高,但塑性、韧性、冷弯及焊接性等均降低。 (2)普通低合金钢筋是在低碳钢和中碳钢的成分中加入少量元素(硅、锰、钛、稀土等)制成的钢筋。普通低合金钢筋的主要优点是强度高,综合性能好,用钢量比碳素钢少 20%左右。常用的有 24MnSi、25MnSi、40MnSiV 等品种
2	按生产工艺分类	按生产工艺可分为热轧钢筋、余热处理钢筋、冷拉钢筋、冷拔钢丝、碳素钢丝、刻痕钢丝、钢绞线、冷轧带肋钢筋、冷轧扭钢筋等。 (1)热轧钢筋是用加热钢坯轧成的条形钢筋。由轧钢厂经过热轧成材供应,钢筋直径一般为 5~50mm。分直条和盘条两种。 (2)余热处理钢筋又称调质钢筋,是经热轧后立即穿水,进行表面控制冷却,然后利用芯部余热自身完成回火处理所得的成品钢筋。其外形为月牙肋。 (3)冷拉钢筋是将热轧钢筋在常温下进行强力拉伸使其强度提高的一种钢筋。 (4)冷拔低碳钢丝由直径 6~8mm 的普通热轧圆盘条经多次冷拔而成,分甲、乙两个等级。 (5)碳素钢丝是由优质高碳钢盘条经淬火、酸洗、拔制、回火等工艺而制成的。按生产工艺可分为冷拉及矫直回火两个品种。 (6)刻痕钢丝是把热轧大直径高碳钢加热,并经铅浴淬火,然后冷拔多次,钢丝表面再经过刻痕处理而制得的钢丝。 (7)钢绞线是把光圆碳素钢丝在绞线机上进行捻合而成的钢绞线

2. 清单项目设置及工程量计算规则

钢筋工程清单项目设置及工程量计算规则见表 9-30。

表 9-30　　　　　　　　　　　　钢筋工程

项目编码	项目名称	项目特征	计量单位	工程量计算规则	工作内容
040901001	现浇构件钢筋	1. 钢筋种类 2. 钢筋规格	t	按设计图示尺寸以质量计算	1. 制作 2. 运输 3. 安装
040901002	预制构件钢筋				
040901003	钢筋网片				
040901004	钢筋笼				
040901005	先张法预应力钢筋（钢丝、钢绞线）	1. 部位 2. 预应力筋种类 3. 预应力筋规格	t	按设计图示尺寸以质量计算	1. 张拉台座制作、安装、拆除 2. 预应力筋制作、张拉
040901006	后张法预应力钢筋（钢丝束、钢绞线）	1. 部位 2. 预应力筋种类 3. 预应力规格 4. 锚具种类、规格 5. 砂浆强度等级 6. 压浆管材质、规格			1. 预应力筋孔道制作、安装 2. 锚具安装 3. 预应力筋制作、张拉 4. 安装压浆管道 5. 孔道压浆
040901007	型钢	1. 材料种类 2. 材料规格			1. 制作 2. 运输 3. 安装、定位
040901008	植筋	1. 材料种类 2. 材料规格 3. 植入深度 4. 植筋胶品种	根	按设计图示数量计算	1. 定位、钻孔、清孔 2. 钢筋加工成型 3. 注胶、植筋 4. 抗拔试验 5. 养护

续表

项目编码	项目名称	项目特征	计量单位	工程量计算规则	工作内容
040901009	预埋铁件		t	按设计图示尺寸以质量计算	1. 制作 2. 运输 3. 安装
040901010	高强螺栓	1. 材料种类 2. 材料规格	1. t 2. 套	1. 按设计图示尺寸以质量计算 2. 按设计图示数量计算	

注：1. 现浇构件中伸出构件的锚固钢筋、预制构件的吊钩和固定位置的支撑钢筋等，应并入钢筋工程量内。除设计标明的搭接外，其他施工搭接不计算工程量，由投标人在报价中综合考虑。

2. 钢筋工程所列"型钢"是指劲性骨架的型钢部分。

3. 凡型钢与钢筋组合（除预埋铁件外）的钢格栅，应分别列项。

3. 工程量计算实例

【例 9-15】 某水池采用钢筋混凝土板顶盖，其配筋构造如图 9-9 所示，试计算钢筋工程量。

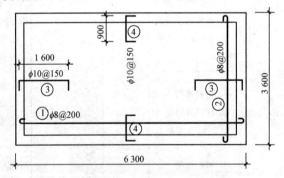

图 9-9 某水池钢筋混凝土板顶盖

【解】 根据工程量计算规则，现浇构件钢筋工程量按设计图示尺

寸以质量计算。由图9-9可知,

钢筋①根数=(3.6-0.015×2)/0.2+1=19根
钢筋②根数=(6.3-0.015×2)/0.2+1=33根
钢筋③根数=(3.6-0.015×2)/0.15+1=25根
钢筋④根数=(6.3-0.015×2)/0.15+1=43根
由此可得:
钢筋①质量=(6.3-0.015×2+2×6.25×0.008)×19×0.395
=47.81kg
钢筋②质量=(3.6-0.015×2+2×6.25×0.008)×33×0.395
=47.84kg
钢筋③质量=(1.6+0.1×2)×25×2×0.617=55.53kg
钢筋④质量=(0.9+0.1×2)×43×2×0.617=58.37kg
则,φ8钢筋工程量=47.81+47.84=95.65kg=0.096t
φ10钢筋工程量=55.53+58.37=113.9kg=0.114t
工程量计算结果见表9-31。

表9-31　　　　　　工程量计算表

项目编码	项目名称	项目特征描述	计量单位	工程量
040901001001	现浇构件钢筋	φ8	t	0.096
040901001002	现浇构件钢筋	φ10	t	0.114

二、拆除工程

1. 清单项目说明

拆除工程指对已建设的建筑物或构筑物由于时间太久某些功能已丧失,建筑问题形成危房,或城市规划等需要拆除的建筑构筑物,用人工、机械、或火药等进行拆除。

(1)拆除路面。路面主要有水泥混凝土路面、沥青混凝土路面、热拌沥青碎石路面、乳化沥青碎石路面等种类,其拆除的方法随路面种类的不同而有所区别。

(2)拆除人行道。人行道是指城市道路上专供行人通行的部分。

(3)拆除基层。基层主要承受由面层传下来的行车荷载的作用,并把它传递到垫层和土基,所以基层应具有足够的强度和刚度,但可不考虑其耐磨性能。气候因素对基层的影响不如面层那样强烈,但由于仍可能受到地下水和路表水的渗入,其结构还应有足够的水稳定性。为了保证面层厚度均匀,基层顶面应平整,而且具有与面层相同的横坡。

(4)铣刨路面。铣刨路面又称路面铣刨,就是把损坏的旧路面刮一层,再铺新面层。一般为的是消除旧路面破坏松散部分,或为了新旧面的结合良好。还有,为了提高路面平整度,铣掉下层不平整部分以提高上层平整度(以路面基层没有大的问题为前提)。一般应用在公路的中修及比较大范围的旧路面破坏松散部分,还有就是在旧路面上局部有壅包油包病害处,铣掉不平整部分以再铺新层提高路面平整度。或为了新旧面的更好结合良好起拉毛作用。

(5)拆除侧缘石。侧缘石是设在路边边缘的界石,也称道牙或缘石,它是在路面上区分车行道、人行道、绿地、隔离带和道路其他部分的界线,起保障行人、车辆交通安全和路面边缘整齐的作用。侧缘石分为侧石、平台、平缘石三种。

(6)拆除管道。拆除管道按材质不同分为拆除混凝土管道、拆除金属管道、拆除镀锌管。按管径不同分别拆除各种管道。

(7)拆除砖石结构。拆除砖石结构包括拆除检查井和构筑物。构筑物是指与人们进行生产和生活活动有关,但不是直接使用的建筑物,如烟囱、水塔、栈桥、堤坝、水池等。

(8)拆除混凝土结构。拆除混凝土结构按拆除方式不同,按有筋无筋分别进行拆除。

2. 清单项目设置及工程量计算规则

拆除工程清单项目设置及工程量计算规则见表9-32。

第九章 路灯、钢筋及拆除工程工程量计算

表 9-32　　　　　　　　　　拆除工程

项目编码	项目名称	项目特征	计量单位	工程量计算规则	工作内容
041001001	拆除路面	1. 材质	m^2	按拆除部位以面积计算	1. 拆除、清理 2. 运输
041001002	拆除人行道	2. 厚度			
041001003	拆除基层	1. 材质 2. 厚度 3. 部位			
041001004	铣刨路面	1. 材质 2. 结构形式 3. 厚度			
041001005	拆除侧、平(缘)石	材质	m	按拆除部位以延长米计算	
041001006	拆除管道	1. 材质 2. 管径			
041001007	拆除砖石结构	1. 结构形式 2. 强度等级	m^3	按拆除部位以体积计算	
041001008	拆除混凝土结构				
041001009	拆除井	1. 结构形式 2. 规格尺寸 3. 强度等级	座	按拆除部位以数量计算	
041001010	拆除电杆	1. 结构形式 2. 规格尺寸	根		
041001011	拆除管片	1. 材质 2. 部位	处		

注：1. 拆除路面、人行道及管道清单项目的工作内容中均不包括基础及垫层拆除，发生时按本章相应清单项目编码列项。
　　2. 伐树、挖树蔸应按现行国家标准《园林绿化工程工程量计算规范》GB 50858 中相应清单项目编码列项。

第十章 措施项目

第一节 单价措施项目

一、脚手架工程

1. 清单项目说明

脚手架是指施工现场为工人操作并解决垂直和水平运输而搭设的各种支架。用在外墙、内部装修或层高较高无法直接施工的地方。主要为了施工人员上下干活或外围安全网维护及高空安装构件等,脚手架制作材料通常有:钢管、竹、木或合成材料等。

脚手架工程主要包括墙面脚手架、柱面脚手架、仓面脚手架、沉井脚手架和井子架等清单项目。

2. 清单项目设置及工程量计算规则

脚手架工程清单项目设置及工程量计算规则见表10-1。

表10-1　　　　　脚手架工程

项目编码	项目名称	项目特征	计量单位	工程量计算规则	工作内容
041101001	墙面脚手架	墙高	m^2	按墙面水平边线长度乘以墙面砌筑高度计算	1. 清理场地 2. 搭设、拆除脚手架、安全网 3. 材料场内外运输
041101002	柱面脚手架	1. 柱高 2. 柱结构外围周长	m^2	按柱结构外围周长乘以柱砌筑高度计算	
041101003	仓面脚手架	1. 搭设方式 2. 搭设高度	m^2	按仓面水平面积计算	
041101004	沉井脚手架	沉井高度	m^2	按井壁中心线周长乘以井高计算	

续表

项目编码	项目名称	项目特征	计量单位	工程量计算规则	工作内容
041101005	井字架	井深	座	按设计图示数量计算	1. 清理场地 2. 搭、拆井字架 3. 材料场内外运输

注：各类井的井深按井底基础以上至井盖顶的高度计算。

二、混凝土模板及支架

1. 清单项目说明

混凝土模板及支架是指混凝土结构或钢筋混凝土结构成型的模具，由面板和支撑系统（包括龙骨、桁架、小梁等，以及垂直支承结构）、连接配件（包括螺栓、联接卡扣、模板面与支承构件以及支承构件之间联结零、配件）组成。

模板按材料分为钢模板、竹胶板、木模板和塑胶板等。竹胶板一般都是一次性的，而其他模板则可以刷上脱模剂、模板漆，以此延长模板的寿命，浇筑出高质量的墩柱。

模板按其功能可分为定型组合模板、一般木模板＋钢管（或木立柱支撑）、墙体大模板、飞模（台模）、滑动模板。

2. 清单项目设置及工程量计算规则

混凝土模板及支架清单项目设置及工程量计算规则见表10-2。

表10-2　　　　　　　混凝土模板及支架

项目编码	项目名称	项目特征	计量单位	工程量计算规则	工作内容
041102001	垫层模板	构件类型	m^2	按混凝土与模板接触面的面积计算	1. 模板制作、安装、拆除、整理、堆放 2. 模板粘接物及模内杂物清理，刷隔离剂 3. 模板场内外运输及维修
041102002	基础模板				
041102003	承台模板				
041102004	墩(台)帽模板	1. 构件类型 2. 支模高度			
041102005	墩(台)身模板				

续表

项目编码	项目名称	项目特征	计量单位	工程量计算规则	工作内容
041102006	支撑梁及横梁模板				
041102007	墩(台)盖梁模板				
041102008	拱桥拱座模板				
041102009	拱桥拱肋模板				
041102010	拱上构件模板	1. 构件类型 2. 支模高度			
041102011	箱梁模板				
041102012	柱模板				1. 模板制作、安装、拆除、整理、堆放
041102013	梁模板		m²	按混凝土与模板接触面的面积计算	2. 模板粘接物及模内杂物清理,刷隔离剂
041102014	板模板				3. 模板场内外运输及维修
041102015	板梁模板				
041102016	板拱模板				
041102017	挡墙模板				
041102018	压顶模板				
041102019	防撞护栏模板	构件类型			
041102020	楼梯模板				
041102021	小型构件模板				
041102022	箱涵滑(底)板模板				
041102023	箱涵侧墙模板	1. 构件类型 2. 支模高度			
041102024	箱涵顶板模板				

续表

项目编码	项目名称	项目特征	计量单位	工程量计算规则	工作内容
041102025	拱部衬砌模板	1. 构件类型 2. 衬砌厚度 3. 拱跨径			
041102026	边墙衬砌模板				
041102027	竖井衬砌模板	1. 构件类型 2. 壁厚			
041102028	沉井井壁(隔墙)模板	1. 构件类型 2. 支模高度			
041102029	沉井顶板模板				
041102030	沉井底板模板		m²	按混凝土与模板接触面的面积计算	1. 模板制作、安装、拆除、整理、堆放 2. 模板粘接物及模内杂物清理,刷隔离剂 3. 模板场内外运输及维修
041102031	管(渠)道平基模板	构件类型			
041102032	管(渠)道管座模板				
041102033	井顶(盖)板模板				
041102034	池底模板				
041102035	池壁(隔墙)模板	1. 构件类型 2. 支模高度			
041102036	池盖模板				
041102037	其他现浇构件模板	构件类型			
041102038	设备螺栓套	螺栓套孔深度	个	按设计图示数量计算	

续表

项目编码	项目名称	项目特征	计量单位	工程量计算规则	工作内容
041102039	水上桩基础支架、平台	1. 位置 2. 材质 3. 桩类型	m²	按支架、平台搭设的面积计算	1. 支架、平台基础处理 2. 支架、平台的搭设、使用及拆除 3. 材料场内外运输
041102040	桥涵支架	1. 部位 2. 材质 3. 支架类型	m³	按支架搭设的空间体积计算	1. 支架地基处理 2. 支架的搭设、使用及拆除 3. 支架预压 4. 材料场内外运输

注:原槽浇灌的混凝土基础、垫层不计算模板。

3. 工程量计算实例

【例 10-1】 如图 10-1 所示现浇钢筋混凝土十字形梁,试计算模板工程量。

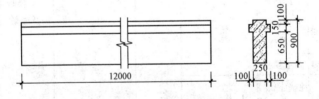

图 10-1 现浇钢筋混凝土十字形架

【解】 根据工程量计算规则,梁模板工程量按混凝土与模板接触面的面积计算。

梁模板工程量=(0.9×2+0.45)×12+0.25×0.9×2+0.1×
　　　　　　　0.15×2×2=27.51m²

工程量计算结果见表 10-3。

表 10-3　　　　　　　　　工程量计算表

项目编码	项目名称	项目特征描述	计量单位	工程量
041102013001	梁模板	现浇钢筋混凝土十字形梁，模板	m²	27.51

三、围堰

1. 清单项目说明

（1）围堰。围堰是指在水利工程建设中，为建造永久性水利设施，修建的临时性围护结构。其作用是防止水和土进入建筑物的修建位置，以便在围堰内排水，开挖基坑，修筑建筑物。一般主要用于水工建筑中，除作为正式建筑物的一部分外，围堰一般在用完后拆除。

在桥梁基础施工中，当桥梁墩、台基础位于地表水位以下时，根据当地材料修筑成各种形式的土堰；在水较深且流速较大的河流可采用木板桩或钢板桩（单层或双层）围堰，目前多使用双层薄壁钢围堰。围堰的作用既可以防水、围水，又可以支撑基坑的坑壁。

（2）筑岛。筑岛又称筑岛填心，是指在围堰围成的区域内填土、砂及砂砾石。

2. 清单项目设置及工程量计算规则

围堰清单项目设置及工程量计算规则见表 10-4。

表 10-4　　　　　　　　　　围堰

项目编码	项目名称	项目特征	计量单位	工程量计算规则	工作内容
041103001	围堰	1. 围堰类型 2. 围堰顶宽及底宽 3. 围堰高度 4. 填心材料	1. m³ 2. m	1. 以立方米计量，按设计图示围堰体积计算。 2. 以米计量，按设计图示围堰中心线长度计算	1. 清理基底 2. 打、拔工具桩 3. 堆筑、填心、夯实 4. 拆除清理 5. 材料场内外运输

续表

项目编码	项目名称	项目特征	计量单位	工程量计算规则	工作内容
041103002	筑岛	1. 筑岛类型 2. 筑岛高度 3. 填心材料	m³	按设计图示筑岛体积计算	1. 清理基底 2. 堆筑、填心、夯实 3. 拆除清理

四、便道及便桥

1. 清单项目说明

(1)便道。便道是指正式道路正在修建或修整时临时使用的道路。

(2)便桥。便桥是指为了方便施工而架设的桥,有时候需要很强的强度要求,供施工机械能够顺利方便的通行。

2. 清单项目设置及工程量计算规则

便道及便桥清单项目设置及工程量计算规则见表 10-5。

表 10-5　　　　便道及便桥

项目编码	项目名称	项目特征	计量单位	工程量计算规则	工作内容
041104001	便道	1. 结构类型 2. 材料种类 3. 宽度	m²	按设计图示尺寸以面积计算	1. 平整场地 2. 材料运输、铺设、夯实 3. 拆除、清理
041104002	便桥	1. 结构类型 2. 材料种类 3. 跨径 4. 宽度	座	按设计图示数量计算	1. 清理基底 2. 材料运输、便桥搭设 3. 拆除、清理

五、洞内临时设施

洞内临时设施主要包括洞内通风设施、洞内供水设施、洞内供电及照明设施、洞内通信设施、洞内外轨道铺设。洞内临时设施清单项目设置及工程量计算规则见表 10-6。

表 10-6　　　　　　　　　　洞内临时设施

项目编码	项目名称	项目特征	计量单位	工程量计算规则	工作内容
041105001	洞内通风设施	1. 单孔隧道长度 2. 隧道断面尺寸 3. 使用时间 4. 设备要求	m	按设计图示隧道长度以延长米计算	1. 管道铺设 2. 线路架设 3. 设备安装 4. 保养维护 5. 拆除、清理 6. 材料场内外运输
041105002	洞内供水设施				
041105003	洞内供电及照明设施				
041105004	洞内通信设施				
041105005	洞内外轨道铺设	1. 单孔隧道长度 2. 隧道断面尺寸 3. 使用时间 4. 轨道要求		按设计图示轨道铺设长度以延长米计算	1. 轨道及基础铺设 2. 保养维护 3. 拆除、清理 4. 材料场内外运输

六、大型机械设备进出场及安拆

大型机械设备进出场及安拆清单项目设置及工程量计算规则见表 10-7。

表 10-7　　　　大型机械设备进出场及安拆

项目编码	项目名称	项目特征	计量单位	工程量计算规则	工作内容
041106001	大型机械设备进出场及安拆	1. 机械设备名称 2. 机械设备规格型号	台·次	按使用机械设备的数量计算	1. 安拆费包括施工机械、设备在现场进行安装拆卸所需人工、材料、机械和试运转费用以及机械辅助设施的折旧、搭设、拆除等费用 2. 进出场费包括施工机械、设备整体或分体自停放地点运至施工现场或由一施工地点运至另一施工地点所发生的运输、装卸、辅助材料等费用

七、施工排水、降水

1. 清单项目说明

（1）成井。在水文地质钻探钻凿成孔并取得钻孔地质剖面资料之后，还必须通过抽水试验查明地下水的水位、水量、水质等情况，有时还要将其建成用于长久供水的管井。为此而采取的各种技术措施，称"成井工艺"。它是钻成孔井之后的主要工艺，包括扫孔（扫去孔壁泥皮）、冲孔（冲净井中泥砂、岩屑）、换浆（把井内浓泥浆稀释）、下管、填砾、止水、洗井等工序。

（2）排水。排水将施工期间有碍施工作业和影响工程质量的水，排到施工场地以外。

（3）降水。在地下水位较高的地区开挖深基坑，由于含水层被切断，在压差作用下，地下水必然会不断地渗流入基坑，如不进行基坑降排水工作，将会造成基坑浸水，使现场施工条件变差，地基承载力下降，在动水压力作用下还可能引起流砂、管涌和边坡失稳等现象，因此，为确保基坑施工安全，必须采取有效的降水措施，亦称降水工程。

2. 清单项目设置及工程量计算规则

施工排水、降水清单项目设置及工程量计算规则见表 10-8。

表 10-8　　　　　　　　　　　施工排水、降水

项目编码	项目名称	项目特征	计量单位	工程量计算规则	工作内容
041107001	成井	1. 成井方式 2. 地层情况 3. 成井直径 4. 井(滤)管类型、直径	m	按设计图示尺寸以钻孔深度计算	1. 准备钻孔机械、埋设护筒、钻机就位；泥浆制作、固壁；成孔、出渣、清孔等 2. 对接上、下井管(滤管)，焊接，安放，下滤料，洗井，连接试抽等
041107002	排水、降水	1. 机械规格型号 2. 降排水管规格	昼夜	按排、降水日历天数计算	1. 管道安装、拆除，场内搬运等 2. 抽水、值班、降水设备维修等

八、处理、监测、监控

1. 清单项目说明

(1)施工监测。施工监测是指在建构筑物施工过程中，采用监测仪器对关键部位各项控制指标进行监测的技术手段，在监测值接近控制值时发出报警，用来保证施工的安全性，也可用于检查施工过程是否合理。

施工监测主要包括挠度观测，温度效应观测，应力观测(通过应变片测应变)，桥梁主要参数观测，预应力观测(对于预应力结构)，索力观测(包括斜拉桥拉索，悬索桥，吊杆拱桥吊杆张拉力，钢管拱吊装扣索索力值)等。

(2)施工监控。施工监控是确保桥梁在施工或使用阶段完美体现

设计思路的一种手段,特别是近几年来,桥梁跨度、结构有了很大的突破,用常规的计算或测量手段,很难准确地得出桥梁在各种工况下的受力状况,必须引入监控作辅助控制手段,在大型桥梁的施工中起着指导和调整施工顺序的作用。

2. 清单项目设置及工程量计算规则

处理、监测、监控清单项目设置及工程量计算规则见表10-9。

表10-9　　　　　　　　　处理、监测、监控

项目编码	项目名称	工作内容及包含范围
041108001	地下管线交叉处理	1. 悬吊 2. 加固 3. 其他处理措施
041108002	施工监测、监控	1. 对隧道洞内施工时可能存在的危害因素进行检测 2. 对明挖法、暗挖法、盾构法施工的区域等进行周边环境监测 3. 对明挖基坑围护结构体系进行监测 4. 对隧道的围岩和支护进行监测 5. 盾构法施工进行监控测量

注:地下管线交叉处理指施工过程中对现有施工场地范围内各种地下交叉管线进行加固及处理所发生的费用,但不包括地下管线或设施改、移发生的费用。

第二节　总价措施项目

一、安全文明施工

安全文明施工措施项目主要包括环境保护、文明施工、安全施工和临时设施等。安全文明施工清单项目设置及工程量计算规则见表10-10。

表 10-10　　　　　　　　安全文明施工

项目编码	项目名称	工作内容及包含范围
041109001	安全文明施工	(1)环境保护：施工现场为达到环保部门要求所需要的各项措施。包括施工现场为保持工地清洁、控制扬尘、废弃物与材料运输的防护、保证排水设施通畅、设置密闭式垃圾站、实现施工垃圾与生活垃圾分类存放等环保措施；其他环境保护措施 (2)文明施工：根据相关规定在施工现场设置企业标志、工程项目简介牌、工程项目责任人员姓名牌、安全六大纪律牌、安全生产记数牌、十项安全技术措施牌、防火须知牌、卫生须知牌及工地施工总平面布置图、安全警示标志牌，施工现场围挡以及为符合场容场貌、材料堆放、现场防火等要求采取的相应措施；其他文明施工措施 (3)安全施工：根据相关规定设置安全防护设施、现场物料提升架与卸料平台的安全防护设施、垂直交叉作业与高空作业安全防护设施、现场设置安防监控系统设施、现场机械设备(包括电动工具)的安全保护与作业场所和临时安全疏散通道的安全照明与警示设施等；其他安全防护措施 (4)临时设施：施工现场临时宿舍、文化福利及公用事业房屋与构筑物、仓库、办公室、加工厂、工地实验室以及规定范围内的道路、水、电、管线等临时设施和小型临时设施等的搭设、维修、拆除、周转；其他临时设施搭设、维修、拆除

二、其他总价措施项目

其他总价措施项目主要包括夜间施工、二次搬运、冬雨季施工、行车、行人干扰、地上、地下设施、建筑物的临时保护设施和已完工程及设备保护等。其他总价措施项目清单项目设置及工程量计算规则见表 10-11。

表 10-11　　　　　　　　　其他总价措施项目

项目编码	项目名称	工作内容及包含范围
041109002	夜间施工	(1)夜间固定照明灯具和临时可移动照明灯具的设置、拆除 (2)夜间施工时,施工现场交通标志、安全标牌、警示灯等的设置、移动、拆除 (3)夜间照明设备及照明用电、施工人员夜班补助、夜间施工劳动效率降低等
041109003	二次搬运	由于施工场地条件限制而发生的材料、成品、半成品一次运输不能到达堆积地点,必须进行的二次或多次搬运
041109004	冬雨季施工	(1)冬雨季施工时增加的临时设施(防寒保温、防雨设施)的搭设、拆除 (2)冬雨季施工时对砌体、混凝土等采用的特殊加温、保温和养护措施 (3)冬雨季施工时施工现场的防滑处理、对影响施工的雨雪的清除 (4)冬雨季施工时增加的临时设施、施工人员的劳动保护用品、冬雨季施工劳动效率降低等
041109005	行车、行人干扰	(1)由于施工受行车、行人干扰的影响,导致人工、机械效率降低而增加的措施 (2)为保证行车、行人的安全,现场增设维护交通与疏导人员而增加的措施
041109006	地上、地下设施、建筑物的临时保护设施	在工程施工过程中,对已建成的地上、地下设施和建筑物进行的遮盖、封闭、隔离等必要保护措施所发生的人工和材料
041109007	已完工程及设备保护	对已完工程及设备采取的覆盖、包裹、封闭、隔离等必要保护措施所发生的人工和材料

第十一章 市政工程工程量清单计价编制

第一节 市政工程招标控制价编制

一、一般规定

招标控制价是招标人根据国家或省级、行业建设主管部门颁发的有关计价依据和办法，按设计施工图纸计算的，对招标工程限定的最高工程造价。国有资金投资的工程建设项目必须实行工程量清单招标，并必须编制招标控制价。

1. 招标控制价的作用

（1）我国对国有资金投资项目的投资控制实行的是投资概算审批制度，国有资金投资的工程原则上不能超过批准的投资概算。因此，在工程招标发包时，当编制的招标控制价超过批准的概算，招标人应当将其报原概算审批部门重新审核。

（2）国有资金投资的工程进行招标，根据《中华人民共和国招标投标法》的规定，招标人可以设标底。当招标人不设标底时，为有利于客观、合理的评审投标报价和避免哄抬标价，造成国有资产流失，招标人必须编制招标控制价。

（3）国有资金投资的工程，招标人编制并公布的招标控制价相当于招标人的采购预算，同时要求其不能超过批准的概算，因此，招标控制价是招标人在工程招标时能接受投标人报价的最高限价。

2. 招标控制价的编制人员

招标控制价应由具有编制能力的招标人编制，当招标人不具有编制招标控制价的能力时，可委托具有相应资质的工程造价咨询人编制。工程造价咨询人接受招标人委托编制招标控制价,不得再就同一工程接受投标人委托编制投标报价。

所谓具有相应工程造价咨询资质的工程造价咨询人是指根据《工程造价咨询企业管理办法》(建设部令第 149 号)的规定,依法取得工程造价咨询企业资质,并在其资质许可的范围内接受招标人的委托,编制招标控制价的工程造价咨询企业。即取得甲级工程造价咨询资质的咨询人可承担各类建设项目的招标控制价编制,取得乙级(包括乙级暂定)工程造价咨询资质的咨询人,则只能承担 5000 万元以下的招标控制价的编制。

3. 其他规定

(1)招标控制价的作用决定了招标控制价不同于标底,无须保密。为体现招标的公平、公正,防止招标人有意抬高或压低工程造价,招标人应在招标文件中如实公布招标控制价,不得对所编制的招标控制价进行上浮或下调。招标人在招标文件中公布招标控制价时,应公布招标控制价各组成部分的详细内容,不得只公布招标控制价总价。

(2)招标人应将招标控制价及有关资料报送工程所在地或有该工程管辖权的行业管理部门工程造价管理机构备查。

二、招标控制价编制与复核

1. 招标控制价编制依据

招标控制价的编制应根据下列依据进行:
(1)"13 计价规范"。
(2)国家或省级、行业建设主管部门颁发的计价定额和计价办法。
(3)建设工程设计文件及相关资料。
(4)拟定的招标文件及招标工程量清单。
(5)与建设项目相关的标准、规范、技术资料。
(6)施工现场情况、工程特点及常规施工方案。
(7)工程造价管理机构发布的工程造价信息,当工程造价信息没有发布时,参照市场价。

(8)其他的相关资料。

按上述依据进行招标控制价编制,应注意以下事项:

(1)使用的计价标准、计价政策应是国家或省、自治区、直辖市建设行政主管部门或行业建设主管部门颁布的计价定额和计价方法。

(2)采用的材料价格应是工程造价管理机构通过工程造价信息发布的材料单价,工程造价信息未发布材料单价的材料,其材料价格应通过市场调查确定。

(3)国家或省、自治区、直辖市建设行政主管部门或行业建设主管部门对工程造价计价中费用或费用标准有规定的,应按规定执行。

2. 招标控制价的编制

(1)综合单价中应包括招标文件中划分的应由投标人承担的风险范围及其费用。招标文件中没有明确的,如是工程造价咨询人编制,应提请招标人明确;如是招标人编制,应予明确。

(2)分部分项工程和措施项目中的单价项目,应根据拟定的招标文件和招标工程量清单项目中的特征描述及有关要求确定综合单价计算。招标文件中提供了暂估单价的材料,按暂估的单价计入综合单价。

(3)措施项目中的总价项目应根据拟定的招标文件和常规施工方案采用综合单价计价。措施项目中的安全文明施工费必须按国家或省级、行业建设主管部门的规定计算,不得作为竞争性费用。

(4)其他项目费应按下列规定计价。

1)暂列金额。暂列金额应按招标工程量清单中列出的金额填写。

2)暂估价。暂估价包括材料暂估单价、工程设备暂估单价和专业工程暂估价。暂估价中的材料、工程设备单价应根据招标工程量清单列出的单价计入综合单价。

3)计日工。计日工包括计日工人工、材料和施工机械。在编制招标控制价时,对计日工中的人工单价和施工机械台班单价应按省级、行业建设主管部门或其授权的工程造价管理机构公布的单价计算;材料应按工程造价管理机构发布的工程造价信息中的材料单价计算,工程造价信息未发布材料单价的材料,其价格应按市场调查确定的单价计算。

4)总承包服务费。招标人编制招标控制价时,总承包服务费应根据招标文件中列出的内容和向总承包人提出的要求,按照省级或行业建设主管部门的规定或参照下列标准计算:

①招标人仅要求对分包的专业工程进行总承包管理和协调时,按分包的专业工程估算造价的1.5%计算。

②招标人要求对分包的专业工程进行总承包管理和协调,并同时要求提供配合服务时,根据招标文件中列出的配合服务内容和提出的要求,按分包的专业工程估算造价的3%～5%计算。

③招标人自行供应材料的,按招标人供应材料价值的1%计算。

(5)招标控制价的规费和税金必须按国家或省级、行业建设主管部门的规定计算。

三、投诉与处理

(1)投标人经复核认为招标人公布的招标控制价未按照规范的规定进行编制的,应在招标控制价公布后5天内向招投标监督机构和工程造价管理机构投诉。

(2)投诉人投诉时,应当提交由单位盖章和法定代表人或其委托人签名或盖章的书面投诉书。投诉书应包括下列内容:

1)投诉人与被投诉人的名称、地址及有效联系方式。

2)投诉的招标工程名称、具体事项及理由。

3)投诉依据及有关证明材料。

4)相关的请求及主张。

(3)投诉人不得进行虚假、恶意投诉,阻碍招投标活动的正常进行。

(4)工程造价管理机构在接到投诉书后应在2个工作日内进行审查,对有下列情况之一的,不予受理:

1)投诉人不是所投诉招标工程招标文件的收受人。

2)投诉书提交的时间不符合上述第(1)条规定的。
3)投诉书不符合上述第(2)条规定的。
4)投诉事项已进入行政复议或行政诉讼程序的。

(5)工程造价管理机构应在不迟于结束审查的次日将是否受理投诉的决定书面通知投诉人、被投诉人以及负责该工程招投标监督的招投标管理机构。

(6)工程造价管理机构受理投诉后,应立即对招标控制价进行复查,组织投诉人、被投诉人或其委托的招标控制价编制人等单位人员对投诉问题逐一核对。有关当事人应当予以配合,并应保证所提供资料的真实性。

(7)工程造价管理机构应当在受理投诉的10天内完成复查,特殊情况下可适当延长,并作出书面结论通知投诉人、被投诉人及负责该工程招投标监督的招投标管理机构。

(8)当招标控制价复查结论与原公布的招标控制价误差大于±3%时,应当责成招标人改正。

(9)招标人根据招标控制价复查结论需要重新公布招标控制价的,其最终公布的时间至招标文件要求提交投标文件截止时间不足15天的,应相应延长投标文件的截止时间。

第二节　市政工程投标报价编制

一、一般规定

(1)投标价应由投标人或受其委托具有相应资质的工程造价咨询人编制。

(2)投标价中除"13计价规范"中规定的规费、税金及措施项目清单中的安全文明施工费应按国家或省级、行业建设主管部门的规定计价,不得作为竞争性费用外,其他项目的投标报价由投标人自主决定。

(3)投标人的投标报价不得低于工程成本。《中华人民共和国反不正当竞争法》第十一条规定:"经营者不得以排挤竞争对手为目的,以低于成本的价格销售商品。"《中华人民共和国招标投标法》第四十一规定:"中标人的投标应当符合下列条件……(二)能够满足招标文件的实质性要求,并且经评审的投标价格最低;但是投标价格低于成本的除外。"《评标委员会和评标方法暂行规定》(国家计委等七部委第12号令)第二十一条规定:"在评标过程中,评标委员会发现投标人的报价明显低于其他投标报价或者在设有标底时明显低于标底的,使得其投标报价可能低于其个别成本的,应当要求该投标人作出书面说明并提供相关证明材料。投标人不能合理说明或者不能提供相关证明材料的,由评标委员会认定该投标人以低于成本报价竞标,其投标应作废标处理。"

(4)实行工程量清单招标,招标人在招标文件中提供工程量清单,其目的是使各投标人在投标报价中具有共同的竞争平台。因此,要求投标人必须按招标工程量清单填报价格,工程量清单的项目编码、项目名称、项目特征、计量单位、工程数量必须与招标人招标文件中提供的招标工程量清单一致。

(5)根据《中华人民共和国政府采购法》第三十六条规定:"在招标采购中,出现下列情形之一的,应予废标……(三)投标人的报价均超过了采购预算,采购人不能支付的。"《中华人民共和国招标投标法实施条例》第五十一条规定:"有下列情形之一者,评标委员会应当否决其投标:……(五)投标报价低于成本或者高于招标文件设定的最高投标限价"。对于国有资金投资的工程,其招标控制价相当于政府采购中的采购预算,且其定义就是最高投标限价,因此投标人的投标报价不能高于招标控制价,否则,应予废标。

二、投标报价编制与复核

(1)投标报价应根据下列依据编制和复核:
1)"13计价规范"。
2)国家或省级、行业建设主管部门颁发的计价办法。

3)企业定额,国家或省级、行业建设主管部门颁发的计价定额和计价办法。

4)招标文件、招标工程量清单及其补充通知、答疑纪要。

5)建设工程设计文件及相关资料。

6)施工现场情况、工程特点及投标时拟定的施工组织设计或施工方案。

7)与建设项目相关的标准、规范等技术资料。

8)市场价格信息或工程造价管理机构发布的工程造价信息。

9)其他的相关资料。

(2)综合单价中应考虑招标文件中要求投标人承担的风险内容及其范围(幅度)产生的风险费用,招标文件中没有明确的,应提请招标人明确。在施工过程中,当出现的风险内容及其范围(幅度)在合同约定的范围内时,合同价款不作调整。

(3)分部分项工程和措施项目中的单价项目,应根据招标文件和招标工程量清单项目中的特征描述确定综合单价。招标工程量清单的项目特征描述是确定分部分项工程和措施项目中的单价的重要依据之一,投标人投标报价时应依据招标工程量清单项目的特征描述确定清单项目的综合单价。招投标过程中,当出现招标工程量清单项目特征描述与设计图纸不符时,投标人应以招标工程量清单的项目特征描述为准,确定投标报价的综合单价。当施工中施工图纸或设计变更与招标工程量清单的项目特征描述不一致时,发、承包双方应按实际施工的项目特征,依据合同约定重新确定综合单价。

招标文件中提供了暂估单价的材料,应按暂估的单价计入综合单价;综合单价中应考虑招标文件中要求投标人承担的风险内容及其范围(幅度)产生的风险费用。在施工过程中,当出现的风险内容及其范围(幅度)在合同约定的范围内时,工程价款不做调整。

(4)投标人可根据工程实际情况并结合施工组织设计,对招标人所列的措施项目进行增补。由于各投标人拥有的施工装备、技术水平和采用的施工方法有所差异,招标人提出的措施项目清单是根据一般情况确定的,没有考虑不同投标人的"个性",投标人投标时应根据自身编制的投标施工组织设计或施工方案确定措施项目,对招标人提供的措施项目进行调整。投标人根据投标施工组织设计或施工方案调整和确定的措施项目应通过评标委员会的评审。

措施项目中的总价项目应采用综合单价计价。其中安全文明施工费应按国家或省级、行业建设主管部门的规定确定,且不得作为竞争性费用。

(5)其他项目应按下列规定报价:

1)暂列金额应按招标工程量清单中列出的金额填写,不得变动。

2)材料、工程设备暂估价应按招标工程量清单中列出的单价计入综合单价,不得变动和更改。

3)专业工程暂估价应按招标工程量清单中列出的金额填写,不得变动和更改。

4)计日工应按招标工程量清单中列出的项目和数量,自主确定综合单价并计算计日工金额。

5)总承包服务费应依据招标工程量清单中列出的专业工程暂估价内容和供应材料、设备情况,按照招标人提出协调、配合与服务要求和施工现场管理需要自主确定。

(6)规费和税金应按国家或省级、行业建设主管部门的规定计算,不得作为竞争性费用。规费和税金的计取标准是依据有关法律、法规和政策规定制定的,具有强制性。投标人是法律、法规和政策的执行者,不能改变,更不能制定,而必须按照法律、法规、政策的有关规定执行。

(7)招标工程量清单与计价表中列明的所有需要填写单价和合价的项目,投标人均应填写且只允许有一个报价。未填写单价和合价的项目,可视为此项费用已包含在已标价工程量清单中其他项目的单价和合价之中。当竣工结算时,此项目不得重新组价予以调整。

(8)实行工程量清单招标,投标人的投标总价应当与组成已标价工程量清单的分部分项工程费、措施项目费、其他项目费和规费、税金的合计金额相一致,即投标人在投标报价时,不能进行投标总价优惠(或降价、让利),投标人对招标人的任何优惠(或降价、让利)均应反映在相应清单项目的综合单价中。

第三节 市政工程竣工结算编制

一、一般规定

(1)工程完工后,发承包双方必须在合同约定时间内办理工程竣工结算。合同中没有约定或约定不清的,按"13计价规范"中有关规定处理。

(2)工程竣工结算应由承包人或受其委托具有相应资质的工程造价咨询人编制,并应由发包人或受其委托具有相应资质的工程造价咨询人核对。实行总承包的工程,由总承包人对竣工结算的编制负总责。

(3)当发承包双方或一方对工程造价咨询人出具的竣工结算文件有异议时,可向工程造价管理机构投诉,申请对其进行执业质量鉴定。

(4)工程造价管理机构对投诉的竣工结算文件进行质量鉴定,宜按本章第四节的相关规定进行。

(5)根据《中华人民共和国建筑法》第六十一条规定:"交付竣工验收的建筑工程,必须符合规定的建筑工程质量标准,有完整的工程技术经济资料和经签署的工程保修书,并具备国家规定的其他竣工条件",由于竣工结算是反映工程造价计价规定执行情况的最终文件,竣工结算办理完毕,发包人应将竣工结算文件报送工程所在地或有该工程管辖权的行业管理部门的工程造价管理机构备案。竣工结算文件应作为工程竣工验收备案、交付使用的必备文件。

二、竣工结算编制与复核

(1)工程竣工结算应根据下列依据编制和复核:

1)"13 计价规范"。
2)工程合同。
3)发承包双方实施过程中已确认的工程量及其结算的合同价款。
4)发承包双方实施过程中已确认调整后追加(减)的合同价款。
5)建设工程设计文件及相关资料。
6)投标文件。
7)其他依据。

(2)分部分项工程和措施项目中的单价项目应依据发承包双方确认的工程量与已标价工程量清单的综合单价计算;发生调整的,应以发承包双方确认调整的综合单价计算。

(3)措施项目中的总价项目应依据已标价工程量清单的项目和金额计算;发生调整的,应以发承包双方确认调整的金额计算,其中安全文明施工费应按照国家或省级、行业建设主管部门的规定计算。施工过程中,国家或省级、行业建设主管部门对安全文明施工费进行了调整的,措施项目费中和安全文明施工费应作相应调整。

(4)办理竣工结算时,其他项目费的计算应按以下要求进行计价:

1)计日工的费用应按发包人实际签证确认的数量和合同约定的相应项目综合单价计算。

2)当暂估价中的材料、工程设备是招标采购的,其单价按中标价在综合单价中调整。当暂估价中的材料、设备为非招标采购的,其单价按发承包双方最终确认的单价在综合单价中调整。当暂估价中的专业工程是招标发包的,其专业工程费按中标价计算。当暂估价中的专业工程为非招标发包的,其专业工程费按发承包双方与分包人最终确认的金额计算。

3)总承包服务费应依据已标价工程量清单金额计算,发承包双方依据合同约定对总承包服务进行了调整的,应按调整后的金额计算。

4)索赔事件产生的费用在办理竣工结算时应在其他项目费中反映。索赔费用的金额应依据发承包双方确认的索赔事项和金额计算。

5)现场签证发生的费用在办理竣工结算时应在其他项目费中反

映。现场签证费用金额依据发承包双方签证资料确认的金额计算。

6)合同价款中的暂列金额在用于各项价款调整、索赔与现场签证后,若有余额,则余额归发包人,若出现差额,则由发包人补足并反映在相应的工程价款中。

(5)规费和税金应按国家或省级、行业建设主管部门对规费和税金的计取标准计算。规费中的工程排污费应按工程所在地环境保护部门规定的标准缴纳后按实列入。

(6)由于竣工结算与合同工程实施过程中的工程计量及其价款结算、进度款支付、合同价款调整等具有内在联系,因此发承包双方在合同工程实施过程中已经确认的工程计量结果和合同价款,在竣工结算办理中应直接进入结算,从而简化结算流程。

第四节 工程造价鉴定

发承包双方在履行施工合同过程中,由于不同的利益诉求,有一些施工合同纠纷需要采用仲裁、诉讼的方式解决,工程造价鉴定在一些施工合同纠纷案件处理中就成了裁决、判决的主要依据。

一、一般规定

(1)在工程合同价款纠纷案件处理中,需做工程造价司法鉴定的,应根据《工程造价咨询企业管理办法》(建设部令第149号)第二十条的规定,委托具有相应资质的工程造价咨询人进行。

(2)工程造价咨询人接受委托时提供工程造价司法鉴定服务,不仅应符合建设工程造价方面的规定,还应按仲裁、诉讼程序和要求进行,并应符合国家关于司法鉴定的规定。

(3)按照《注册造价工程师管理办法》(建设部令第150号)的规定,工程计价活动应由造价工程师担任。《建设部关于对工程造价司法鉴定有关问题的复函》(建办标函[2005]155号)第二条:"从事工程造价司法鉴定的人员,必须具备注册造价工程师执业资格,并只得在其注册的机构从事工程造价司法鉴定工作,否则不具有在该机构的工程造价成果文件上签字的权力。"鉴于进入司法程序的工程造价鉴定的难度一般较大,因此,工程造价咨询人进行工程造价司法鉴定时,应指派专业对口、经验丰富的注册造价工程师承担鉴定工作。

(4)工程造价咨询人应在收到工程造价司法鉴定资料后10天内,根据自身专业能力和证据资料判断能否胜任该项委托,如不能,应辞去该项委托。工程造价咨询人不得在鉴定期满后以上述理由不作出鉴定结论,影响案件处理。

(5)为保证工程造价司法鉴定的公正进行,接受工程造价司法鉴定委托的工程造价咨询人或造价工程师如是鉴定项目一方当事人的近亲属或代理人、咨询人以及其他关系可能影响鉴定公正的,应当自行回避;未自行回避,鉴定项目委托人以该理由要求其回避的,必须回避。

(6)《最高人民法院关于民事诉讼证据的若干规定》(法释[2001]33号)第五十九条规定:"鉴定人应当出庭接受当事人质询",因此,工程造价咨询人应当依法出庭接受鉴定项目当事人对工程造价司法鉴定意见书的质询。如确因特殊原因无法出庭的,经审理该鉴定项目的仲裁机关或人民法院准许,可以书面形式答复当事人的质询。

二、取证

(1)工程造价的确定与当时的法律法规、标准定额以及各种要素价格具有密切关系,为做好一些基础资料不完备的工程鉴定,工程造价咨询人进行工程造价鉴定工作,应自行收集以下(但不限于)鉴定资料:

1)适用于鉴定项目的法律、法规、规章、规范性文件以及规范、标准、定额。

2)鉴定项目同时期同类型工程的技术经济指标及其各类要素价格等。

(2)真实、完整、合法的鉴定依据是做好鉴定项目工程造价司法工

作鉴定的前提。工程造价咨询人收集鉴定项目的鉴定依据时,应向鉴定项目委托人提出具体书面要求,其内容包括:

1)与鉴定项目相关的合同、协议及其附件。
2)相应的施工图纸等技术经济文件。
3)施工过程中的施工组织、质量、工期和造价等工程资料。
4)存在争议的事实及各方当事人的理由。
5)其他有关资料。

(3)根据最高人民法院规定"证据应当在法庭上出示,由当事人质证。未经质证的证据,不能作为认定案件事实的依据(法释[2001]33号)",工程造价咨询人在鉴定过程中要求鉴定项目当事人对缺陷资料进行补充的,应征得鉴定项目委托人同意,或者协调鉴定项目各方当事人共同签认。

(4)根据鉴定工作需要现场勘验的,工程造价咨询人应提请鉴定项目委托人组织各方当事人对被鉴定项目所涉及的实物标的进行现场勘验。

(5)勘验现场应制作勘验记录、笔录或勘验图表,记录勘验的时间、地点、勘验人、在场人、勘验经过、结果,由勘验人、在场人签名或者盖章确认。绘制的现场图应注明绘制的时间、测绘人姓名、身份等内容。必要时应采取拍照或摄像取证,留下影像资料。

(6)鉴定项目当事人未对现场勘验图表或勘验笔录等签字确认的,工程造价咨询人应提请鉴定项目委托人决定处理意见,并在鉴定意见书中作出表述。

三、鉴定

(1)《最高人民法院关于审理建设工程施工合同纠纷案件适用法律问题的解释》(法释[2004]14号)第十六条一款规定:"当事人对建设工程的计价标准或者计价方法有约定的,按照约定结算工程价款",因此,如鉴定项目委托人明确告之合同有效,工程造价咨询人就必须依据合同约定进行鉴定,不得随意改变发承包双方合法的合意,不能以专业技术方面的惯例来否定合同的约定。

(2)工程造价咨询人在鉴定项目合同无效或合同条款约定不明确的情况下应根据法律法规、相关国家标准和"13计价规范"的规定,选择相应专业工程的计价依据和方法进行鉴定。

(3)为保证工程造价鉴定的质量,尽可能将当事人之间的分歧缩小直至化解,为司法调解、裁决或判决提供科学合理的依据,工程造价咨询人出具正式鉴定意见书之前,可报请鉴定项目委托人向鉴定项目各方当事人发出鉴定意见书征求意见稿,并指明应书面答复的期限及其不答复的相应法律责任。

(4)工程造价咨询人收到鉴定项目各方当事人对鉴定意见书征求意见稿的书面复函后,应对不同意见认真复核,修改完善后再出具正式鉴定意见书。

(5)工程造价咨询人出具的工程造价鉴定书应包括下列内容:

1)鉴定项目委托人名称、委托鉴定的内容。

2)委托鉴定的证据材料。

3)鉴定的依据及使用的专业技术手段。

4)对鉴定过程的说明。

5)明确的鉴定结论。

6)其他需说明的事宜。

7)工程造价咨询人盖章及注册造价工程师签名盖执业专用章。

(6)进入仲裁或诉讼的施工合同纠纷案件,一般都有明确的结案时限,为避免影响案件的处理,工程造价咨询人应在委托鉴定项目的鉴定期限内完成鉴定工作,如确因特殊原因不能在原定期限内完成鉴定工作时,应按照相应法规提前向鉴定项目委托人申请延长鉴定期限,并应在此期限内完成鉴定工作。

经鉴定项目委托人同意等待鉴定项目当事人提交、补充证据的,质证所用的时间不应计入鉴定期限。

(7)对于已经出具的正式鉴定意见书中有部分缺陷的鉴定结论,工程造价咨询人应通过补充鉴定作出补充结论。

第十二章 市政工程合同价款结算与支付

第一节 合同价款约定

一、一般规定

(1)工程合同价款的约定是建设工程合同的主要内容。根据有关法律条款的规定,实行招标的工程合同价款应在中标通知书发出之日起 30 天内,由发承包双方依据招标文件和中标人的投标文件在书面合同中约定。

工程合同价款的约定应满足以下几个方面的要求:
1)约定的依据要求:招标人向中标的投标人发出的中标通知书。
2)约定的时间要求:自招标人发出中标通知书之日起 30 天内。
3)约定的内容要求:招标文件和中标人的投标文件。
4)合同的形式要求:书面合同。

在工程招投标及建设工程合同签订过程中,招标文件应视为要约邀请,投标文件为要约,中标通知书为承诺。因此,在签订建设工程合同时,若招标文件与中标人的投标文件有不一致的地方,应以投标文件为准。

(2)实行招标的工程,合同约定不得违背招标文件中关于工期、造价、资质等方面的实质性内容。所谓合同实质性内容,按照《中华人民共和国合同法》第三十条规定:"有关合同标的、数量、质量、价款或者报酬、履行期限、履行地点和方式、违约责任和解决争议方法等的变更,是对要约内容的实质性变更"。

(3)不实行招标的工程合同价款,应在发承包双方认可的工程价款基础上,由发承包双方在合同中约定。

(4)工程建设合同的形式对工程量清单计价的适用性不构成影

响，无论是单价合同、总价合同，还是成本加酬金合同均可以采用工程量清单计价。采用单价合同形式时，经标价的工程量清单是合同文件必不可少的组成内容，其中的工程量一般具备合同约束力（量可调），工程款结算时按照合同中约定应予计量并按实际完成的工程量计算进行调整，由招标人提供统一的工程量清单则彰显了工程量清单计价的主要优点。总价合同是指总价包干或总价不变合同，采用总价合同形式，工程量清单中的工程量不具备合同的约束力（量不可调），工程量以合同图纸的标示内容为准，工程量以外的其他内容一般均赋予合同约束力，以方便合同变更的计量和计价。成本加酬金合同是承包人不承担任何价格变化风险的合同。

"13计价规范"中规定："实行工程量清单计价的工程，应采用单价合同；建设规模较小，技术难度较低，工期较短，且施工图设计已审查批准的建设工程可采用总价合同；紧急抢险、救灾以及施工技术特别复杂的建设工程可采用成本加酬金合同。"单价合同约定的工程价款中所包含的工程量清单项目综合单价在约定条件内是固定的，不予调整，工程量允许调整。工程量清单项目综合单价在约定的条件外，允许调整。但调整方式、方法应在合同中约定。

二、合同价款约定内容

(1) 发承包双方应在合同条款中对下列事项进行约定：

1) 预付工程款的数额、支付时间及抵扣方式，预付款是发包人为解决承包人在施工准备阶段资金周转问题提供的协助，如使用大宗材料，可根据工程具体情况设置工程材料预付款。

2) 安全文明施工措施的支付计划，使用要求等。

3) 工程计量与支付工程进度款的方式、数额及时间。

4) 工程价款的调整因素、方法、程序、支付及时间。

5) 施工索赔与现场签证的程序、金额确认与支付时间。

6) 承担计价风险的内容、范围以及超出约定内容、范围的调整办法。

7) 工程竣工价款结算编制与核对、支付及时间。

8）工程质量保证金的数额、预留方式及时间。
9）违约责任以及发生合同价款争议的解决方法及时间。
10）与履行合同、支付价款有关的其他事项等。

由于合同中涉及工程价款的事项较多，能够详细约定的事项应尽可能具体地约定，约定的用词应尽可能唯一，如有几种解释，最好对用词进行定义，尽量避免因理解上的歧义造成合同纠纷。

（2）合同中没有按照上述第（1）条的要求约定或约定不明的，若发承包双方在合同履行中发生争议由双方协商确定；当协商不能达成一致时，应按"13 计价规范"的规定执行。

第二节　工程计量

一、一般规定

（1）正确的计量是发包人向承包人支付合同价款的前提和依据，因此"13 计价规范"中规定："工程量必须按照相关工程现行国家计量规范规定的工程量计算规则计算。"这就明确了不论采用何种计价方式，其工程量必须按照相关工程的现行国家计量规范规定的工程量计算规则计算。采用统一的工程量计算规则，对于规范工程建设各方的计量计价行为，有效减少计量争议具有十分重要的意义。

（2）选择恰当的工程计量方式对于正确计量是十分必要的。由于工程建设具有投资大、周期长等特点，因而"13 计价规范"中规定："工程计量可选择按月或按工程形象进度分段计量，当采用分段结算方式时，应在合同中约定具体的工程分段划分界限。"按工程形象进度分段计量与按月计量相比，其计量结果更具稳定性，可以简化竣工结算。但应注意工程形象进度分段的时间应与按月计量保持一定关系，不应过长。

（3）因承包人原因造成的超出合同工程范围施工或返工的工程量，发包人不予计量。

（4）成本加酬金合同应按单价合同的规定计量。

二、单价合同的计量

(1)招标工程量清单标明的工程量是招标人根据拟建工程设计文件预计的工程量,不能作为承包人在实际工作中应予完成的实际和准确的工程量。招标工程量清单所列的工程量一方面是各投标人进行投标报价的共同基础;另一方面也是对各投标人的投标报价进行评审的共同平台,是招投标活动应当遵循公开、公平、公正和诚实、信用原则的具体体现。

发承包双方竣工结算的工程量应以承包人按照现行国家计量规范规定的工程量计算规则计算的实际完成应予计量的工程量确定,而非招标工程量清单所列的工程量。

(2)施工中进行工程计量,当发现招标工程量清单中出现缺项、工程量偏差,或因工程变更引起工程量增减时,应按承包人在履行合同义务中完成的工程量计算。

(3)承包人应当按照合同约定的计量周期和时间向发包人提交当期已完工程量报告。发包人应在收到报告后7天内核实,并将核实计量结果通知承包人。发包人未在约定时间内进行核实的,承包人提交的计量报告中所列的工程量应视为承包人实际完成的工程量。

(4)发包人认为需要进行现场计量核实时,应在计量前24小时通知承包人,承包人应为计量提供便利条件并派人参加。当双方均同意核实结果时,双方应在上述记录上签字确认。承包人收到通知后不派人参加计量,视为认可发包人的计量核实结果。发包人不按照约定时间通知承包人,致使承包人未能派人参加计量,计量核实结果无效。

(5)当承包人认为发包人核实后的计量结果有误时,应在收到计量结果通知后的7天内向发包人提出书面意见,并应附上其认为正确的计量结果和详细的计算资料。发包人收到书面意见后,应在7天内对承包人的计量结果进行复核后通知承包人。承包人对复核计量结果仍有异议的,按照合同约定的争议解决办法处理。

(6)承包人完成已标价工程量清单中每个项目的工程量并经发包

人核实无误后,发承包双方应对每个项目的历次计量报表进行汇总,以核实最终结算工程量,并应在汇总表上签字确认。

三、总价合同的计量

(1)由于工程量是招标人提供的,招标人必须对其准确性和完整性负责,且工程量必须按照相关工程现行国家计量规范规定的工程量计算规则计算,因而对于采用工程量清单方式形成的总价合同,若招标工程量清单中工程量与合同实施过程中的工程量存在差异时,都应按上述"单价合同的计量"中的相关规定进行调整。

(2)采用经审定批准的施工图纸及其预算方式发包形成的总价合同,由于承包人自行对施工图纸进行计量,因此除按照工程变更规定引起的工程量增减外,总价合同各项目的工程量是承包人用于结算的最终工程量。

(3)总价合同约定的项目计量应以合同工程经审定批准的施工图纸为依据,发承包双方应在合同中约定工程计量的形象目标或时间节点进行计量。

(4)承包人应在合同约定的每个计量周期内对已完成的工程进行计量,并向发包人提交达到工程形象目标完成的工程量和有关计量资料的报告。

(5)发包人应在收到报告后7天内对承包人提交的上述资料进行复核,以确定实际完成的工程量和工程形象目标。对其有异议的,应通知承包人进行共同复核。

第三节 合同价款调整与支付

一、合同价款调整

(一)一般规定

(1)下列事项(但不限于)发生,发承包双方应当按照合同约定调整合同价款：

1) 法律法规变化。

2) 工程变更。

3) 项目特征不符。

4) 工程量清单缺项。

5) 工程量偏差。

6) 计日工。

7) 物价变化。

8) 暂估价。

9) 不可抗力。

10) 提前竣工（赶工补偿）。

11) 误期赔偿。

12) 索赔。

13) 现场签证。

14) 暂列金额。

15) 发承包双方约定的其他调整事项。

(2) 出现合同价款调增事项（不含工程量偏差、计日工、现场签证、索赔）后的14天内，承包人应向发包人提交合同价款调增报告并附上相关资料；承包人在14天内未提交合同价款调增报告的，应视为承包人对该事项不存在调整价款请求。

此处所指合同价款调增事项不包括工程量偏差，是因为工程量偏差的调整在竣工结算完成之前均可提出；不包括计日工、现场签证和索赔，是因为这三项的合同价款调增时限在"13计价规范"中另有规定。

(3) 出现合同价款调减事项（不含工程量偏差、索赔）后的14天内，发包人应向承包人提交合同价款调减报告并附相关资料；发包人在14天内未提交合同价款调减报告的，应视为发包人对该事项不存在调整价款请求。

基于上述第(2)条同样的原因，此处合同价款调减事项中不包括工程量偏差和索赔两项。

第十二章 市政工程合同价款结算与支付

(4)发(承)包人应在收到承(发)包人合同价款调增(减)报告及相关资料之日起14天内对其核实,予以确认的应书面通知承(发)包人。当有疑问时,应向承(发)包人提出协商意见。发(承)包人在收到合同价款调增(减)报告之日起14天内未确认也未提出协商意见的,应视为承(发)包人提交的合同价款调增(减)报告已被发(承)包人认可。发(承)包人提出协商意见的,承(发)包人应在收到协商意见后的14天内对其核实,予以确认的应书面通知发(承)包人。承(发)包人在收到发(承)包人的协商意见后14天内既不确认也未提出不同意见的,应视为发(承)包人提出的意见已被承(发)包人认可。

(5)发包人与承包人对合同价款调整的不同意见不能达成一致的,只要对发承包双方履约不产生实质影响,双方应继续履行合同义务,直到其按照合同约定的争议解决方式得到处理。

(6)根据财政部、原建设部印发的《建设工程价款结算暂行办法》(财建[2004]369号)的相关规定,如第十五条:"发包人和承包人要加强施工现场的造价控制,及时对工程合同外的事项如实记录并履行书面手续。凡由发、承包双方授权的现场代表签字的现场签证以及发、承包双方协商确定的索赔等费用,应在工程竣工结算中如实办理,不得因发、承包双方现场代表的中途变更改变其有效性","13计价规范"对发承包双方确定调整的合同价款的支付方法进行了约定,即:"经发承包双方确认调整的合同价款,作为追加(减)合同价款,应与工程进度款或结算款同期支付"。

(二)法律法规变化

(1)工程建设过程中,发、承包双方都是国家法律、法规、规章及政策的执行者。因此,在发、承包双方履行合同的过程中,当国家的法律、法规、规章及政策发生变化,国家或省级、行业建设主管部门或其授权的工程造价管理机构据此发布工程造价调整文件,工程价款应当进行调整。"13计价规范"中规定:"招标工程以投标截止日前28天、非招标工程以合同签订前28天为基准日,其后因国家的法律、法规、规章和政策发生变化引起工程造价增减变化的,发承包双方应按照省级或行业建设主管部门或其授权的工程造价管理机构据此发布的规定调整合同价款。"

(2)因承包人原因导致工期延误的,按上述第(1)条规定的调整时间,在合同工程原定竣工时间之后,合同价款调增的不予调整,合同价款调减的予以调整。这就说明由于承包人原因导致工期延误,将按不利于承包人的原则调整合同价款。

(三)工程变更

建设工程施工合同实施过程中,如果合同签订时所依赖的承包范围、设计标准、施工条件等发生变化,则必须在新的承包范围、新的设计标准或新的施工条件等前提下对发承包双方的权利和义务进行重新分配,从而建立新的平衡,追求新的公平和合理。由于施工条件变化和发包人要求变化等原因,往往会发生合同约定的工程材料性质和品种、建筑物结构、施工工艺和方法等的变动,此时必须变更才能维护合同的公平。因此,"13计价规范"中对因分部分项工程量清单的漏项或非承包人原因引起工程变更,造成增加新的工程量清单项目时,新增项目综合单价的确定原则进行了约定,具体如下:

(1)因工程变更引起已标价工程量清单项目或其工程数量发生变化时,应按照下列规定调整:

1)已标价工程量清单中有适用于变更工程项目的,应采用该项目的单价;但当工程变更导致该清单项目的工程数量发生变化,且工程量偏差超过15%时,该项目单价应按照规定进行调整,即当工程量增加15%以上时,增加部分的工程量的综合单价应予调低;当工程量减少15%以上时,减少后剩余部分的工程量的综合单价应予调高。采用此条进行调整的前提条件是其采用的材料、施工工艺和方法相同,亦不因此增加关键线路上工程的施工时间。

如:某桩基工程施工过程中,由于设计变更,新增加预制钢筋混凝土管柱3根(45m),已标价工程量清单中有预制钢筋混凝土管柱项目的综合单价,且新增部分工程量偏差在15%以内,则就应采用该项目的综合单价。

2)已标价工程量清单中没有适用但有类似于变更工程项目的,可在合理范围内参照类似项目的单价。采用此条进行调整的前提条件是其采用的材料、施工工艺和方法基本相似,不增加关键线路上工程的施工时间,则可仅就其变更后的差异部分,参考类似的项目单价由发、承包双方协商新的项目单价。

如:某现浇混凝土边墙衬砌的混凝土强度等级为C30,施工过程中设计单位将其调整为C35,此时则可将原综合单价组成中C30混凝土价格用C35混凝土价格替换,其余不变,组成新的综合单价。

3)已标价工程量清单中没有适用也没有类似于变更工程项目的,应由承包人根据变更工程资料、计量规则和计价办法、工程造价管理机构发布的信息价格和承包人报价浮动率提出变更工程项目的单价,并应报发包人确认后调整。承包人报价浮动率可按下列公式计算:

招标工程:

承包人报价浮动率 $L=(1-中标价/招标控制价)\times100\%$

非招标工程:

承包人报价浮动率 $L=(1-报价/施工图预算)\times100\%$

4)已标价工程量清单中没有适用也没有类似于变更工程项目,且工程造价管理机构发布的信息价格缺价的,应由承包人根据变更工程资料、计量规则、计价办法和通过市场调查等取得有合法依据的市场价格提出变更工程项目的单价,并应报发包人确认后调整。

(2)工程变更引起施工方案改变并使措施项目发生变化时,承包人提出调整措施项目费的,应事先将拟实施的方案提交发包人确认,并应详细说明与原方案措施项目相比的变化情况。拟实施的方案经发承包双方确认后执行,并应按照下列规定调整措施项目费:

1)安全文明施工费应按照实际发生变化的措施项目依据国家或省级、行业建设主管部门的规定计算。

2)采用单价计算的措施项目费,应按照实际发生变化的措施项目,按上述第(1)条的规定确定单价。

3)按总价(或系数)计算的措施项目费,按照实际发生变化的措施项目调整，但应考虑承包人报价浮动因素，即调整金额按照实际调整金额乘以上述第(1)条规定的承包人报价浮动率计算。

如果承包人未事先将拟实施的方案提交给发包人确认，则应视为工程变更不引起措施项目费的调整或承包人放弃调整措施项目费的权利。

(3)当发包人提出的工程变更因非承包人原因删减了合同中的某项原定工作或工程，致使承包人发生的费用或(和)得到的收益不能被包括在其他已支付或应支付的项目中，也未被包含在任何替代的工作或工程中时，承包人有权提出并应得到合理的费用及利润补偿。这主要是为了维护合同的公平，防止发包人在签约后擅自取消合同中的工作，转而由发包人自己或其他承包人实施而使本合同工程承包人蒙受损失。

(四)项目特征不符

"13计价规范"中对清单项目特征描述及项目特征发生变化后重新确定综合单价的有关要求进行了如下约定：

(1)发包人在招标工程量清单中对项目特征的描述，应被认为是准确的和全面的，并且与实际施工要求相符合。承包人应按照发包人提供的招标工程量清单，根据项目特征描述的内容及有关要求实施合同工程，直到项目被改变为止。

(2)承包人应按照发包人提供的设计图纸实施合同工程，若在合同履行期间出现设计图纸(含设计变更)与招标工程量清单任一项目的特征描述不符，且该变化引起该项目工程造价增减变化的，应按照实际施工的项目特征，按前述"工程计量"中的有关规定重新确定相应工程量清单项目的综合单价，并调整合同价款。

(五)工程量清单缺项

导致工程量清单缺项的原因主要包括：①设计变更；②施工条件改变；③工程量清单编制错误。由于工程量清单的增减变化必然使合同价款发生增减变化。

(1)合同履行期间，由于招标工程量清单中缺项，新增分部分项工程清单项目的，应按照前述"工程变更"中的第(1)条的有关规定确定单价，并调整合同价款。

(2) 新增分部分项工程清单项目后,引起措施项目发生变化的,应按照前述"工程变更"中的第(2)条的有关规定,在承包人提交的实施方案被发包人批准后调整合同价款。

(3) 由于招标工程量清单中措施项目缺项,承包人应将新增措施项目实施方案提交发包人批准后,按照前述"工程变更"中的第(1)、(2)条的有关规定调整合同价款。

(六)工程量偏差

施工过程中,由于施工条件、地质水文、工程变更等变化以及招标工程量清单编制人专业水平的差异,往往会造成实际工程量与招标工程量清单出现偏差,工程量偏差过大,对综合成本的分摊带来影响。如突然增加太多,仍按原综合单价计价,对发包人不公平;如突然减少太多,仍按原综合单价计价,对承包人不公平。并且,这给有经验的承包人的不平衡报价打开了大门。为维护合同的公平,"13 计价规范"中进行了如下规定:

(1) 合同履行期间,当应予计算的实际工程量与招标工程量清单出现偏差,且符合下述第(2)、(3)条规定时,发承包双方应调整合同价款。

(2) 对于任一招标工程量清单项目,当因工程量偏差和前述"工程变更"中规定的工程变更等原因导致工程量偏差超过 15% 时,可进行调整。当工程量增加 15% 以上时,增加部分的工程量的综合单价应予调低;当工程量减少 15% 以上时,减少后剩余部分的工程量的综合单价应予调高。调整后的某一分部分项工程费结算价可参照以下公式计算:

1) 当 $Q_1 > 1.15Q_0$ 时:
$$S = 1.15Q_0 \times P_0 + (Q_1 - 1.15Q_0) \times P_1$$

2) 当 $Q_1 < 0.85Q_0$ 时:
$$S = Q_1 \times P_1$$

式中　　S——调整后的某一分部分项工程费结算价;

　　　　Q_1——最终完成的工程量;

　　　　Q_0——招标工程量清单中列出的工程量;

　　　　P_1——按照最终完成工程量重新调整后的综合单价;

P_0——承包人在工程量清单中填报的综合单价。

由上述两式可以看出,计算调整后的某一分部分项工程费结算价的关键是确定新的综合单价 P_1。确定的方法,一是发承包双方协商确定,二是与招标控制价相联系,当工程量偏差项目出现承包人在工程量清单中填报的综合单价与发包人招标控制价相应清单项目的综合单价偏差超过 15% 时,工程量偏差项目综合单价的调整可参考以下公式确定:

1) 当 $P_0 < P_2 \times (1-L) \times (1-15\%)$ 时,该类项目的综合单价 P_1 按 $P_2 \times (1-L) \times (1-15\%)$ 进行调整。

2) 当 $P_0 > P_2 \times (1+15\%)$ 时,该类项目的综合单价 P_1 按 $P_2 \times (1+15\%)$ 进行调整。

3) 当 $P_0 > P_2 \times (1-L) \times (1-15\%)$ 或 $P_0 < P_2 \times (1+15\%)$ 时,可不进行调整。

以上各式中 P_0——承包人在工程量清单中填报的综合单价;

P_2——发包人招标控制价相应项目的综合单价;

L——承包人报价浮动率。

(3) 如果工程量出现变化引起相关措施项目相应发生变化时,按系数或单一总价方式计价的,工程量增加的措施项目费调增,工程量减少的措施项目费调减。反之,如未引起相关措施项目发生变化,则不予调整。

(七) 计日工

(1) 发包人通知承包人以计日工方式实施的零星工作,承包人应予执行。

(2) 采用计日工计价的任何一项变更工作,在该项变更的实施过程中,承包人应按合同约定提交下列报表和有关凭证送发包人复核:

1) 工作名称、内容和数量。

2) 投入该工作所有人员的姓名、工种、级别和耗用工时。

3) 投入该工作的材料名称、类别和数量。

4) 投入该工作的施工设备型号、台数和耗用台时。

5) 发包人要求提交的其他资料和凭证。

(3) 任一计日工项目持续进行时,承包人应在该项工作实施结束后的 24 小时内向发包人提交有计日工记录汇总的现场签证报告一式三份。发包人在收到承包人提交现场签证报告后的 2 天内予以确认并将其中一份返还给承包人,作为计日工计价和支付的依据。发包人逾期未确认也未提出修改意见的,应视为承包人提交的现场签证报告已被发包人认可。

(4)任一计日工项目实施结束后,承包人应按照确认的计日工现场签证报告核实该类项目的工程数量,并应根据核实的工程数量和承包人已标价工程量清单中的计日工单价计算,提出应付价款;已标价工程量清单中没有该类计日工单价的,由发承包双方按前述"工程变更"中的相关规定商定计日工单价计算。

(5)每个支付期末,承包人应按规定向发包人提交本期间所有计日工记录的签证汇总表,并应说明本期间自己认为有权得到的计日工金额,调整合同价款,列入进度款支付。

(八)物价变化

1. 物价变化合同价款调整方法

(1)价格指数调整价格差额。

1)价格调整公式。因人工、材料和设备等价格波动影响合同价格时,根据投标函附录中的价格指数和权重表约定的数据,按以下公式计算差额并调整合同价格:

$$P = P_0 \left[A + \left(B_1 \times \frac{F_{t1}}{F_{01}} + B_2 \times \frac{F_{t2}}{F_{02}} + B_3 \times \frac{F_{t3}}{F_{03}} + \cdots + B_n \times \frac{F_{tn}}{F_{0n}} \right) - 1 \right]$$

式中 P ——需调整的价格差额;

P_0——约定的付款证书中承包人应得到的已完成工程量的金额。此项金额应不包括价格调整、不计质量保证金的扣留和支付、预付款的支付和约定的变更及其他金额已按现行价格计价的,也不计在内;

A——定值权重(即不调部分的权重);

$B_1, B_2, B_3, \cdots, B_n$ ——各可调因子的变值权重(即可调部分的权重),为各可调因子在投标函投标总报价中所占的比例;

$F_{t1}, F_{t2}, F_{t3}, \cdots, F_{tn}$ ——各可调因子的现行价格指数,指约定的付款证书相关周期最后一天的前42天的各可调因子的价格指数;

$F_{01}, F_{02}, F_{03}, \cdots, F_{0n}$ ——各可调因子的基本价格指数,指基准日期的各可调因子的价格指数。

以上价格调整公式中的各可调因子、定值和变值权重,以及基本价格指数及其来源在投标函附录价格指数和权重表中约定。价格指数应首先采用有关部门提供的价格指数,缺乏上述价格指数时,可采用有关部门提供的价格代替。

2)暂时确定调整差额。在计算调整差额时得不到现行价格指数的,可暂用上一次价格指数计算,并在以后的付款中再按实际价格指数进行调整。

3)权重的调整。约定的变更导致原定合同中的权重不合理时,由监理人与承包人和发包人协商后进行调整。

4)承包人工期延误后的价格调整。由于承包人原因未在约定的工期内竣工,则对原约定竣工日期后继续施工的工程,在使用第1)条的价格调整公式时,应采用原约定竣工日期与实际竣工日期的两个价格指数中较低的一个作为现行价格指数。

5)若人工因素已作为可调因子包括在变值权重内,则不再对其进行单项调整。

(2)造价信息调整价格差额。

1)施工期内,因人工、材料和工程设备、施工机械台班价格波动影响合同价格时,人工、机械使用费按照国家或省、自治区、直辖市建设行政管理部门、行业建设管理部门或其授权的工程造价管理机构发布的人工成本信息、机械台班单价或机械使用费系数进行调整;需要进行价格调整的材料,其单价和采购数应由发包人复核,发包人确认需调整的材料单价及数量,作为调整合同价款差额的依据。

2)人工单价发生变化且该变化因省级或行业建设主管部门发布的人工费调整文件所致时,承包双方应按省级或行业建设主管部门或其授权的工程造价管理机构发布的人工成本文件调整合同价款。人工费调整时应以调整文件的时间为界限进行。

3)材料、工程设备价格变化按照发包人提供的《承包人提供主要材料和工程设备一览表(适用于造价信息差额调整法)》,由发承包双方约定的风险范围按下列规定调整合同价款:

①承包人投标报价中材料单价低于基准单价:施工期间材料单价涨幅以基准单价为基础超过合同约定的风险幅度值,或材料单价跌幅以投标报价为基础超过合同约定的风险幅度值时,其超过部分按实调整。

②承包人投标报价中材料单价高于基准单价:施工期间材料单价跌幅以基准单价为基础超过合同约定的风险幅度值,或材料单价涨幅以投标报价为基础超过合同约定的风险幅度值时,其超过部分按实调整。

③承包人投标报价中材料单价等于基准单价:施工期间材料单价涨、跌幅以基准单价为基础超过合同约定的风险幅度值时,其超过部分按实调整。

④承包人应在采购材料前将采购数量和新的材料单价报送发包人核对,确认用于本合同工程时,发包人应确认采购材料的数量和单价。发包人在收到承包人报送的确认资料后 3 个工作日不予答复的视为已经认可,作为调整合同价款的依据。如果承包人未报经发包人核对即自行采购材料,再报发包人确认调整合同价款的,如发包人不同意,则不作调整。

4)施工机械台班单价或施工机械使用费发生变化超过省级或行业建设主管部门或其授权的工程造价管理机构规定的范围时,按其规定调整合同价款。

2. 物价变化合同价款调整要求

(1)合同履行期间,因人工、材料、工程设备、机械台班价格波动影响合同价款时,应根据合同约定,按上述"1."中介绍的方法之一调整合同价款。

(2)承包人采购材料和工程设备的,应在合同中约定主要材料、工程设备价格变化的范围或幅度;当没有约定,且材料、工程设备单价变化超过5%时,超过部分的价格应按照上述"1."中介绍的方法计算调整材料、工程设备费。

(3)发生合同工程工期延误的,应按照下列规定确定合同履行期的价格调整:

1)因非承包人原因导致工期延误的,计划进度日期后续工程的价格,应采用计划进度日期与实际进度日期两者的较高者。

2)因承包人原因导致工期延误的,计划进度日期后续工程的价格,应采用计划进度日期与实际进度日期两者的较低者。

(4)发包人供应材料和工程设备的,不适用上述第(1)和第(2)条规定,应由发包人按照实际变化调整,列入合同工程的工程造价内。

(九)暂估价

(1)按照《工程建设项目货物招标投标办法》(国家发改委、建设部等七部委27号令)第五条规定:"以暂估价形式包括在总承包范围内的货物达到国家规定规模标准的,应当由总承包中标人和工程建设项目招标人共同依法组织招标"。若发包人在招标工程量清单中给定暂估价的材料、工程设备属于依法必须招标的,应由发承包双方以招标的方式选择供应商,确定价格,并应以此为依据取代暂估价,调整合同价款。

所谓共同招标,不能简单理解为发承包双方共同作为招标人,最后共同与招标人签订合同。恰当的做法应当是仍由总承包中标人作为招标人,采购合同应当由总承包人签订。建设项目招标人参与的所谓共同招标可以通过恰当的途径体现建设项目招标人对这类招标组织的参与、决策和控制。建设项目招标人约束总承包人的最佳途径就是通过合同约定相关的程序。建设项目招标人的参与主要体现在对相关项目招标文件、评标标准和方法等能够体现招标目的和招标要求的文件进行审批,未经审批不得发出招标文件;评标时建设项目招标人也可以派代表进入评标委员会参与评标,否则,中标结果对建设项目招标人没有约束力,并且,建设项目招标人有权拒绝对相应项目拨付工程款,对相关工程拒绝验收。

(2)发包人在招标工程量清单中给定暂估价的材料、工程设备不属于依法必须招标的,应由承包人按照合同约定采购,经发包人确认单价后取代暂估价,调整合同价款。暂估材料或工程设备的单价确定后,在综合单价中只应取代暂估单价,不应再在综合单价中涉及企业管理费或利润等其他费用的变动。

(3)发包人在工程量清单中给定暂估价的专业工程不属于依法必须招标的,应按照前述"工程变更"中的相关规定确定专业工程价款,并应以此为依据取代专业工程暂估价,调整合同价款。

(4)发包人在招标工程量清单中给定暂估价的专业工程,依法必须招标的,应当由发承包双方依法组织招标选择专业分包人,并接受有管辖权的建设工程招标投标管理机构的监督,还应符合下列要求:

1)除合同另有约定外,承包人不参加投标的专业工程发包招标,应由承包人作为招标人,但拟定的招标文件、评标工作、评标结果应报送发包人批准。与组织招标工作有关的费用应当被认为已经包括在承包人的签约合同价(投标总报价)中。

2)承包人参加投标的专业工程发包招标,应由发包人作为招标人,与组织招标工作有关的费用由发包人承担。同等条件下,应优先选择承包人中标。

3)应以专业工程发包中标价为依据取代专业工程暂估价,调整合同价款。

(十)不可抗力

(1)因不可抗力事件导致的人员伤亡、财产损失及其费用增加,发承包双方应按下列原则分别承担并调整合同价款和工期:

1)合同工程本身的损害、因工程损害导致第三方人员伤亡和财产损失以及运至施工场地用于施工的材料和待安装的设备的损害,应由发包人承担。

2)发包人、承包人人员伤亡应由其所在单位负责,并应承担相应费用。

3)承包人的施工机械设备损坏及停工损失,应由承包人承担。

4)停工期间,承包人应发包人要求留在施工场地的必要的管理人员及保卫人员的费用应由发包人承担。

5)工程所需清理、修复费用,应由发包人承担。

(2)不可抗力解除后复工的,若不能按期竣工,应合理延长工期。发包人要求赶工的,赶工费用应由发包人承担。

(十一)提前竣工(赶工补偿)

《建设工程质量管理条例》第十条规定:"建设工程发包单位不得迫使承包方以低于成本的价格竞标,不得任意压缩合理工期"。因此为了保证工程质量,承包人除了根据标准规范、施工图纸进行施工外,还应当按照科学合理的施工组织设计,按部就班地进行施工作业。

(1)招标人应依据相关工程的工期定额合理计算工期,压缩的工期天数不得超过定额工期的20%,超过者,应在招标文件中明示增加赶工费用。赶工费用主要包括:①人工费的增加,如新增加投入人工的报酬,不经济使用人工的补贴等;②材料费的增加,如可能造成不经济使用材料而损耗过大,材料运输费的增加等;③机械费的增加,例如可能增加机械设备投入,不经济的使用机械等。

(2)发包人要求合同工程提前竣工的,应征得承包人同意后与承包人商定采取加快工程进度的措施,并应修订合同工程进度计划。发包人应承担承包人由此增加的提前竣工(赶工补偿)费用,除合同另有约定外,提前竣工补偿的金额可为合同价款的5%。

(3)发承包双方应在合同中约定提前竣工每日历天应补偿额度,此项费用应作为增加合同价款列入竣工结算文件中,应与结算款一并支付。

(十二)误期赔偿

(1)如果承包人未按照合同约定施工,导致实际进度迟于计划进度的,承包人应加快进度,实现合同工期。即使承包人采取了赶工措施,赶工费用仍应由承包人承担。如合同工程仍然误期,承包人应赔偿发包人由此造成的损失,并按照合同约定向发包人支付误期赔偿费,除合同另有约定外,误期赔偿可为合同价款的5%。即使承包人支付误期赔偿费,也不能免除承包人按照合同约定应承担的任何责任和应履行的任何义务。

(2)发承包双方应在合同中约定误期赔偿费,并应明确每日历天应赔额度。误期赔偿费应列入竣工结算文件中,并应在结算款中扣除。

(3)在工程竣工之前,合同工程内的某单项(位)工程已通过了竣工验收,且该单项(位)工程接收证书中表明的竣工日期并未延误,而是合同工程的其他部分产生了工期延误时,误期赔偿费应按照已颁发工程接收证书的单项(位)工程造价占合同价款的比例幅度予以扣减。

(十三)索赔

索赔是合同双方依据合同约定维护自身合法利益的行为,它的性质属于经济补偿行为,而非惩罚。

1. 索赔的条件

当合同一方向另一方提出索赔时,应有正当的索赔理由和有效证据,并应符合合同的相关约定。建设工程施工中的索赔是发、承包双方行使正当权利的行为,承包人可向发包人索赔,发包人也可向承包人索赔。任何索赔事件的确立,其前提条件是必须有正当的索赔理由。对正当索赔理由的说明必须具有证据,因为进行索赔主要是靠证据说话。没有证据或证据不足,索赔是难以成功的。

2. 索赔的证据

(1)索赔证据的要求。一般有效的索赔证据都具有以下几个特征:

1)及时性:既然干扰事件已发生,又意识到需要索赔,就应在有效时间内提出索赔意向。在规定的时间内报告事件的发展影响情况,在规定时间内提交索赔的详细额外费用计算账单,对发包人或工程师提出的疑问及时补充有关材料。如果拖延太久,将增加索赔工作的难度。

2)真实性:索赔证据必须是在实际过程中产生,完全反映实际情况,能经得住对方的推敲。由于在工程过程中合同双方都在进行合同管理,收集工程资料,所以双方应有相同的证据。使用不实的、虚假证据是违反商业道德甚至法律的。

3)全面性:所提供的证据应能说明事件的全过程。索赔报告中所涉及的干扰事件、索赔理由、索赔值等都应有相应的证据,不能凌乱和支离破碎,否则发包人将退回索赔报告,要求重新补充证据。这会拖延索赔的解决,损害承包商在索赔中的有利地位。

4)关联性:索赔的证据应当能互相说明,相互具有关联性,不能互相矛盾。

5)法律证明效力:索赔证据必须有法律证明效力,特别对准备递交仲裁的索赔报告更要注意这一点。

①证据必须是当时的书面文件,一切口头承诺、口头协议不算。

②合同变更协议必须由双方签署,或以会谈纪要的形式确定,且为决定性决议。一切商讨性、意向性的意见或建议都不算。

③工程中的重大事件、特殊情况的记录、统计应由工程师签署认可。

(2)索赔证据的种类。

1)招标文件、工程合同、发包人认可的施工组织设计、工程图纸、技术规范等。

2)工程各项有关的设计交底记录、变更图纸、变更施工指令等。

3)工程各项经发包人或合同中约定的发包人现场代表或监理工程师签认的签证。

4)工程各项往来信件、指令、信函、通知、答复等。

5)工程各项会议纪要。

6)施工计划及现场实施情况记录。

7)施工日报及工长工作日志、备忘录。

8)工程送电、送水、道路开通、封闭的日期及数量记录。

9)工程停电、停水和干扰事件影响的日期及恢复施工的日期记录。

10)工程预付款、进度款拨付的数额及日期记录。

11)工程图纸、图纸变更、交底记录的送达份数及日期记录。

12)工程有关施工部位的照片及录像等。

13)工程现场气候记录,如有关天气的温度、风力、雨雪等。

14) 工程验收报告及各项技术鉴定报告等。

15) 工程材料采购、订货、运输、进场、验收、使用等方面的凭据。

16) 国家和省级或行业建设主管部门有关影响工程造价、工期的文件、规定等。

(3) 索赔时效的功能。索赔时效是指合同履行过程中,索赔方在索赔事件发生后的约定期限内不行使索赔权即视为放弃索赔权利,其索赔权归于消灭的制度。一方面,索赔时效届满,即视为承包人放弃索赔权利,发包人可以此作为证据的代用,避免举证的困难;另一方面,只有促使承包人及时提出索赔要求,才能警示发包人充分履行合同义务,避免类似索赔事件的再次发生。

3. 承包人的索赔

(1) 若承包人认为非承包人原因发生的事件造成了承包人的损失,承包人应在确认该事件发生后,持证明索赔事件发生的有效证据和依据正当的索赔理由,按合同约定的时间向发包人发出索赔通知。发包人应按合同约定的时间对承包人提出的索赔进行答复和确认。发包人在收到最终索赔报告后并在合同约定时间内,未向承包人作出答复,视为该项索赔已经认可。

这种索赔方式称之为单项索赔,即在每一件索赔事项发生后,递交索赔通知书,编报索赔报告书,要求单项解决支付,不与其他的索赔事项混在一起。单项索赔是施工索赔通常采用的方式。它避免了多项索赔的相互影响制约,所以解决起来比较容易。

当施工过程中受到非常严重的干扰,以致承包人的全部施工活动与原来的计划不大相同,原合同规定的工作与变更后的工作相互混淆,承包人无法为索赔保持准确而详细的成本记录资料,无法采用单项索赔的方式,而只能采用综合索赔。综合索赔俗称一揽子索赔。即对整个工程(或某项工程)中所发生的数起索赔事项,综合在一起进行索赔。采取这种方式进行索赔,是在特定的情况下被迫采用的一种索赔方法。

采取综合索赔时,承包人必须提出以下证明:①承包商的投标报价是合理的;②实际发生的总成本是合理的;③承包商对成本增加没有任何责任;④不可能采用其他方法准确地计算出实际发生的损失数额。

据合同约定,承包人应按下列程序向发包人提出索赔:

1)承包人应在知道或应当知道索赔事件发生后28天内,向发包人提交索赔意向通知书,说明发生索赔事件的事由。承包人逾期未发出索赔意向通知书的,丧失索赔的权利。

2)承包人应在发出索赔意向通知书后28天内,向发包人正式提交索赔通知书。索赔通知书应详细说明索赔理由和要求,并应附必要的记录和证明材料。

3)索赔事件具有连续影响的,承包人应继续提交延续索赔通知,说明连续影响的实际情况和记录。

4)在索赔事件影响结束后的28天内,承包人应向发包人提交最终索赔通知书,说明最终索赔要求,并应附必要的记录和证明材料。

(2)承包人索赔应按下列程序处理:

1)发包人收到承包人的索赔通知书后,应及时查验承包人的记录和证明材料。

2)发包人应在收到索赔通知书或有关索赔的进一步证明材料后的28天内,将索赔处理结果答复承包人,如果发包人逾期未作出答复,视为承包人索赔要求已被发包人认可。

3)承包人接受索赔处理结果的,索赔款项应作为增加合同价款,在当期进度款中进行支付;承包人不接受索赔处理结果的,应按合同约定的争议解决方式办理。

(3)承包人要求赔偿时,可以选择下列一项或几项方式获得赔偿:

1)延长工期。

2)要求发包人支付实际发生的额外费用。

3)要求发包人支付合理的预期利润。

4)要求发包人按合同的约定支付违约金。

(4)索赔事件发生后,在造成费用损失时,往往会造成工期的变动。当索赔事件造成的费用损失与工期相关联时,承包人应根据发生的索赔事件向发包人提出费用索赔要求的同时,提出工期延长的要求。发包人在批准承包人的索赔报告时,应将索赔事件造成的费用损失和工期延长联系起来,综合做出批准费用索赔和工期延长的决定。

(5)发承包双方在按合同约定办理了竣工结算后,应被认为承包人已无权再提出竣工结算前所发生的任何索赔。承包人在提交的最终结清申请中,只限于提出竣工结算后的索赔,提出索赔的期限应自发承包双方最终结清时终止。

4. 发包人的索赔

(1)根据合同约定,发包人认为由于承包人的原因造成发包人的损失,宜按承包人索赔的程序进行索赔。当合同中未就发包人的索赔事项作具体约定,按以下规定处理。

1)发包人应在确认引起索赔的事件发生后 28 天内向承包人发出索赔通知,否则,承包人免除该索赔的全部责任。

2)承包人在收到发包人索赔报告后的 28 天内,应作出回应,表示同意或不同意并附具体意见,如在收到索赔报告后的 28 天内,未向发包人作出答复,视为该项索赔报告已经认可。

(2)发包人要求赔偿时,可以选择下列一项或几项方式获得赔偿:

1)延长质量缺陷修复期限。

2)要求承包人支付实际发生的额外费用。

3)要求承包人按合同的约定支付违约金。

(3)承包人应付给发包人的索赔金额可从拟支付给承包人的合同价款中扣除,或由承包人以其他方式支付给发包人。

(十四)现场签证

由于施工生产的特殊性,施工过程中往往会出现一些与合同工程或合同约定不一致或未约定的事项,这时就需要发承包双方用书面形式记录下来,这就是现场签证。签证有多种情形,一是发包人的口头指令,需要承包人将其提出,由发包人转换成书面签证;二是发包人的书面通知如涉及工程实施,需要承包人就完成此通知需要的人工、材料、机械设备等内容向发包人提出,取得发包人的签证确认;三是合同工程招标工程量清单中已有,但施工中发现与其不符,比如土方类别,出现流砂等，需承包人及时向发包人提出签证确认，以便调整合同价款；四是由于发包人原因未按合同约定提供场地、材料、设备或停水、停电等造成承包人停工，需承包人及时向发包人提出签证确认，以便计算索赔费用；五是合同中约定材料、设备等价格，由于市场发生变化，需承包人向发包人提出采纳数量及其单价，以便发包人核对后取得发包人的签证确认；六是其他由于施工条件、合同条件变化需现场签证的事项等。

(1) 承包人应发包人要求完成合同以外的零星项目、非承包人责任事件等工作的，发包人应及时以书面形式向承包人发出指令，并应提供所需的相关资料；承包人在收到指令后，应及时向发包人提出现场签证要求。

(2) 承包人应在收到发包人指令后的 7 天内向发包人提交现场签证报告，发包人应在收到现场签证报告后的 48 小时内对报告内容进行核实，予以确认或提出修改意见。发包人在收到承包人现场签证报告后的 48 小时内未确认也未提出修改意见的，应视为承包人提交的现场签证报告已被发包人认可。

(3) 现场签证的工作如已有相应的计日工单价，现场签证中应列明完成该类项目所需的人工、材料、工程设备和施工机械台班的数量。

如现场签证的工作没有相应的计日工单价，应在现场签证报告中列明完成该签证工作所需的人工、材料设备和施工机械台班的数量及单价。

(4) 合同工程发生现场签证事项，未经发包人签证确认，承包人便擅自施工的，除非征得发包人书面同意，否则发生的费用应由承包人承担。

(5) 按照财政部、建设部印发的《建设工程价款结算办法》(财建[2004]369 号)等十五条的规定："发包人和承包人要加强施工现场的造价控制，及时对工程合同外的事项如实纪录并履行书面手续。凡由发、承包双方授权的现场代表签字的现场签证以及发、承包双方协商确定的索赔等费用，应在工程竣工结算中如实办理，不得因发、承包双方现场代表的中途变更改变其有效性。""13计价规范"规定:"现场签证工作完成后的7天内,承包人应按照现场签证内容计算价款,报送发包人确认后,作为增加合同价款,与进度款同期支付。"此举可避免发包方变相拖延工程款以及发包人以现场代表变更而不承认某些索赔或签证的事件发生。

(6)在施工过程中,当发现合同工作内容因场地条件、地质水文、发包人要求等不一致时,承包人应提供所需的相关资料,并提交发包人签证认可,作为合同价款调整的依据。

(十五)暂列金额

(1)已签约合同价中的暂列金额应由发包人掌握使用。

(2)暂列金额虽然列入合同价款,但并不属于承包人所有,也并不必然发生。只有按照合同约定实际发生后,才能成为承包人的应得金额,纳入工程合同结算价款中,发包人按照前述相关规定与要求进行支付后,暂列金额余额仍归发包人所有。

二、合同价款期中支付

(一)预付款

(1)预付款是发包人为解决承包人在施工准备阶段资金周转问题提供的协助,预付款用于承包人为合同工程施工购置材料、工程设备,购置或租赁施工设备以及组织施工人员进场。预付款应专用于合同工程。

(2)按照财政部、原建设部印发的《建设工程价款结算暂行办法》的相关规定,"13计价规范"中对预付款的支付比例进行了约定:包工包料工程的预付款的支付比例不得低于签约合同价(扣除暂列金额)的10%,不宜高于签约合同价(扣除暂列金额)的30%。预付款的总金额,分期拨付次数,每次付款金额、付款时间等应根据工程规模、工期长短等具体情况,在合同中约定。

(3)承包人应在签订合同或向发包人提供与预付款等额的预付款保函(如有)后向发包人提交预付款支付申请。

(4)发包人应在收到支付申请的 7 天内进行核实，向承包人发出预付款支付证书，并在签发支付证书后的 7 天内向承包人支付预付款。

(5)发包人没有按合同约定按时支付预付款的，承包人可催告发包人支付；发包人在预付款期满后的 7 天内仍未支付的，承包人可在付款期满后的第 8 天起暂停施工。发包人应承担由此增加的费用和延误的工期，并应向承包人支付合理利润。

(6)当承包人取得相应的合同价款时，预付款应从每一个支付期应支付给承包人的工程进度款中扣回，直到扣回的金额达到合同约定的预付款金额为止。通常约定承包人完成签约合同价款的比例在 20%～30%时，开始从进度款中按一定比例扣还。

(7)承包人的预付款保函（如有）的担保金额根据预付款扣回的数额相应递减，但在预付款全部扣回之前一直保持有效。发包人应在预付款扣完后的 14 天内将预付款保函退还给承包人。

(二)安全文明施工费

(1)财政部、国家安全生产监督管理总局印发的《企业安全生产费用提取和使用管理办法》(财企[2012]16 号)第十九条规定：建设工程施工企业安全费用应当按照以下范围使用：

1)完善、改造和维护安全防护设施设备支出（不含'三同时'要求初期投入的安全设施），包括施工现场临时用电系统、洞口、临边、机械设备、高处作业防护、交叉作业防护、防火、防爆、防尘、防毒、防雷、防台风、防地质灾害、地下工程有害气体监测、通风、临时安全防护等设施设备支出。

2)配备、维护、保养应急救援器材、设备支出和应急演练支出。

3)开展重大危险源和事故隐患评估、监控和整改支出。

4)安全生产检查、评价（不包括新建、改建、扩建项目安全评价）、咨询和标准化建设支出。

5)配备和更新现场作业人员安全防护用品支出。

6)安全生产宣传、教育、培训支出。

7)安全生产适用的新技术、新标准、新工艺、新装备的推广应用支出。

8)安全设施及特种设备检测检验支出。

9)其他与安全生产直接相关的支出。

由于工程建设项目因专业及施工阶段的不同,对安全文明施工措施的要求也不一致,因此"13 工程计量规范"针对不同的专业工程特点,规定了安全文明施工的内容和包含的范围。在实际执行过程中,安全文明施工费包括的内容及使用范围,既应符合国家现行有关文件的规定,也应符合"13 工程计量规范"中的规定。

(2)发包人应在工程开工后的 28 天内预付不低于当年施工进度计划的安全文明施工费总额的 60%,其余部分应按照提前安排的原则进行分解,并应与进度款同期支付。

(3)发包人没有按时支付安全文明施工费的,承包人可催告发包人支付;发包人在付款期满后的 7 天内仍未支付的,若发生安全事故,发包人应承担相应责任。

(4)承包人对安全文明施工费应专款专用,在财务账目中应单独列项备查,不得挪作他用,否则发包人有权要求其限期改正;逾期未改正的,造成的损失和延误的工期应由承包人承担。

(三)进度款

(1)发承包双方应按照合同约定的时间、程序和方法,根据工程计量结果,办理期中价款结算,支付进度款。

(2)发包人支付工程进度款,其支付周期应与合同约定的工程计量周期一致。工程量的正确计量是发包人向承包人支付工程进度款的前提和依据。计量和付款周期可采用分段或按月结算的方式。

1)按月结算与支付。即实行按月支付进度款,竣工后结算的办法。合同工期在两个年度以上的工程,在年终进行工程盘点,办理年度结算。

2)分段结算与支付。即当年开工、当年不能竣工的工程按照工程形象进度,划分不同阶段,支付工程进度款。

当采用分段结算方式时,应在合同中约定具体的工程分段划分,付款周期应与计量周期一致。

(3)已标价工程量清单中的单价项目,承包人应按工程计量确认的工程量与综合单价计算;综合单价发生调整的,以发承包双方确认调整的综合单价计算进度款。

(4)已标价工程量清单中的总价项目和采用经审定批准的施工图纸及其预算方式发包形成的总价合同应由承包人根据施工进度计划和总价构成、费用性质、计划发生时间和相应的工程量等因素按计量周期进行分解,分别列入进度款支付申请中的安全文明施工费和本周期应支付的总价项目的金额中,并形成进度款支付分解表,在投标时提交,非招标工程在合同洽商时提交。在施工过程中,由于进度计划的调整,发承包双方应对支付分解进行调整。

1)已标价工程量清单中的总价项目进度款支付分解方法可选择以下之一(但不限于):

①将各个总价项目的总金额按合同约定的计量周期平均支付。

②按照各个总价项目的总金额占签约合同价的百分比,以及各个计量支付周期内所完成的单价项目的总金额,以百分比方式均摊支付。

③按照各个总价项目组成的性质(如时间、与单价项目的关联性等)分解到形象进度计划或计量周期中,与单价项目一起支付。

2)采用经审定批准的施工图纸及其预算方式发包形成的总价合同,除由于工程变更形成的工程量增减予以调整外,其工程量不予调整。因此,总价合同的进度款支付应按照计量周期进行支付分解,以便进度款有序支付。

(5)发包人提供的甲供材料金额,应按照发包人签约提供的单价和数量从进度款支付中扣除,列入本周期应扣减的金额中。

(6)承包人现场签证和得到发包人确认的索赔金额应列入本周期应增加的金额中。

(7)进度款的支付比例按照合同约定,按期中结算价款总额计,不低于60%,不高于90%。

(8)承包人应在每个计量周期到期后的7天内向发包人提交已完工程进度款支付申请一式四份,详细说明此周期认为有权得到的款额,包括分包人已完工程的价款。支付申请应包括下列内容:

1)累计已完成的合同价款。

2)累计已实际支付的合同价款。

3)本周期合计完成的合同价款:

①本周期已完成单价项目的金额。

②本周期应支付的总价项目的金额。

③本周期已完成的计日工价款。

④本周期应支付的安全文明施工费。

⑤本周期应增加的金额。

4)本周期合计应扣减的金额:

①本周期应扣回的预付款。

②本周期应扣减的金额。

5)本周期实际应支付的合同价款。

上述"本周期应增加的金额"中包括除单价项目、总价项目、计日工、安全文明施工费外的全部应增金额,如索赔、现场签证金额,"本周期应扣减的金额"包括除预付款外的全部应减金额。

由于进度款的支付比例最高不超过90%,而且根据原建设部、财政部印发的《建设工程质量保证金管理暂行办法》第七条规定:"全部或者部分使用政府投资的建设项目,按工程价款结算总额5%左右的比例预留保证金",因此"13计价规范"未在进度款支付中要求扣减质量保证金,而是在竣工结算价款中预留保证金。

(9)发包人应在收到承包人进度款支付申请后的14天内,根据计量结果和合同约定对申请内容予以核实,确认后向承包人出具进度款支付证书。若发承包双方对部分清单项目的计量结果出现争议,发包人应对无争议部分的工程计量结果向承包人出具进度款支付证书。

(10)发包人应在签发进度款支付证书后的14天内,按照支付证书列明的金额向承包人支付进度款。

(11) 若发包人逾期未签发进度款支付证书,则视为承包人提交的进度款支付申请已被发包人认可,承包人可向发包人发出催告付款的通知。发包人应在收到通知后的14天内,按照承包人支付申请的金额向承包人支付进度款。

(12) 发包人未按照规定支付进度款的,承包人可催告发包人支付,并有权获得延迟支付的利息;发包人在付款期满后的7天内仍未支付的,承包人可在付款期满后的第8天起暂停施工。发包人应承担由此增加的费用和延误的工期,向承包人支付合理利润,并应承担违约责任。

(13) 发现已签发的任何支付证书有错、漏或重复的数额,发包人有权予以修正,承包人也有权提出修正申请。经发承包双方复核同意修正的,应在本次到期的进度款中支付或扣除。

三、竣工结算价款支付

(一) 竣工结算核对

竣工结算的编制与核对是工程造价计价中发、承包双方应共同完成的重要工作。按照交易的一般原则,任何交易结束,都应做到钱、货两清,工程建设也不例外。工程施工的发承包活动作为期货交易行为,当工程竣工验收合格后,承包人将工程移交给发包人时,发承包双方应将工程价款结算清楚,即竣工结算办理完毕。

(1) 合同工程完工后,承包人应在经发承包双方确认的合同工程期中价款结算的基础上汇总编制完成竣工结算文件,应在提交竣工验收申请的同时向发包人提交竣工结算文件。

承包人未在合同约定的时间内提交竣工结算文件,经发包人催告后14天内仍未提交或没有明确答复的,发包人有权根据已有资料编制竣工结算文件,作为办理竣工结算和支付结算款的依据,承包人应予以认可。

因承包人无正当理由在约定时间内未递交竣工结算书,造成工程结算价款延期支付的,责任由承包人承担。

(2)发包人应在收到承包人提交的竣工结算文件后的28天内核对。发包人经核实,认为承包人还应进一步补充资料和修改结算文件,应在上述时限内向承包人提出核实意见,承包人在收到核实意见后的28天内应按照发包人提出的合理要求补充资料,修改竣工结算文件,并应再次提交给发包人复核后批准。

(3)发包人应在收到承包人再次提交的竣工结算文件后的28天内予以复核,将复核结果通知承包人,并应遵守下列规定:

1)发包人、承包人对复核结果无异议的,应在7天内在竣工结算文件上签字确认,竣工结算办理完毕。

2)发包人或承包人对复核结果认为有误的,无异议部分按照本条第1)款规定办理不完全竣工结算;有异议部分由发承包双方协商解决;协商不成的,应按照合同约定的争议解决方式处理。

(4)《最高人民法院关于审理建设工程施工合同纠纷案件适用法律问题的解释》(法释[2004]14号)第二十条规定:"当事人约定,发包人收到竣工结算文件后,在约定期限内不予答复,视为认可竣工结算文件的,按照约定处理。承包人请求按照竣工结算文件结算工程价款的,应予支持"。根据这一规定,要求发承包双方不仅应在合同中约定竣工结算的核对时间,并应约定发包人在约定时间内对竣工结算不予答复,视为认可承包人递交的竣工结算。"13计价规范"对发包人未在竣工结算中履行核对责任的后果进行了规定,即:发包人在收到承包人竣工结算文件后的28天内,不核对竣工结算或未提出核对意见的,应视为承包人提交的竣工结算文件已被发包人认可,竣工结算办理完毕。

(5)承包人在收到发包人提出的核实意见后的28天内,不确认也未提出异议的,应视为发包人提出的核实意见已被承包人认可,竣工结算办理完毕。

(6)发包人委托工程造价咨询人核对竣工结算的,工程造价咨询人应在28天内核对完毕,核对结论与承包人竣工结算文件不一致的,应提交给承包人复核；承包人应在 14 天内将同意核对结论或不同意见的说明提交工程造价咨询人。工程造价咨询人收到承包人提出的异议后，应再次复核，复核无异议的，应在 7 天内在竣工结算文件上签字确认，竣工结算办理完毕；复核后仍有异议的，对于无异议部分按照规定办理不完全竣工结算；有异议部分由发承包双方协商解决；协商不成的，应按照合同约定的争议解决方式处理。

承包人逾期未提出书面异议的，应视为工程造价咨询人核对的竣工结算文件已经承包人认可。

(7) 对发包人或发包人委托的工程造价咨询人指派的专业人员与承包人指派的专业人员经核对后无异议并签名确认的竣工结算文件，除非发承包人能提出具体、详细的不同意见，发承包人都应在竣工结算文件上签名确认，如其中一方拒不签认的，按下列规定办理：

1) 若发包人拒不签认的，承包人可不提供竣工验收备案资料，并有权拒绝与发包人或其上级部门委托的工程造价咨询人重新核对竣工结算文件。

2) 若承包人拒不签认的，发包人要求办理竣工验收备案的，承包人不得拒绝提供竣工验收资料，否则，由此造成的损失，承包人承担相应责任。

(8) 合同工程竣工结算核对完成，发承包双方签字确认后，发包人不得要求承包人与另一个或多个工程造价咨询人重复核对竣工结算。这可以有效地解决了工程竣工结算中存在的一审再审、以审代拖、久审不结的现象。

(9) 发包人对工程质量有异议，拒绝办理工程竣工结算的，已竣工验收或已竣工未验收但实际投入使用的工程，其质量争议应按该工程保修合同执行，竣工结算应按合同约定办理；已竣工未验收且未实际投入使用的工程以及停工、停建工程的质量争议，双方应就有争议的部分委托有资质的检测鉴定机构进行检测，并应根据检测结果确定解决方案，或按工程质量监督机构的处理决定执行后办理竣工结算，无争议部分的竣工结算应按合同约定办理。

(二)结算款支付

(1)承包人应根据办理的竣工结算文件向发包人提交竣工结算款支付申请。申请应包括下列内容：

1)竣工结算合同价款总额。

2)累计已实际支付的合同价款。

3)应预留的质量保证金。

4)实际应支付的竣工结算款金额。

(2)发包人应在收到承包人提交竣工结算款支付申请后7天内予以核实,向承包人签发竣工结算支付证书。

(3)发包人签发竣工结算支付证书后的14天内,应按照竣工结算支付证书列明的金额向承包人支付结算款。

(4)发包人在收到承包人提交的竣工结算款支付申请后7天内不予核实,不向承包人签发竣工结算支付证书的,视为承包人的竣工结算款支付申请已被发包人认可;发包人应在收到承包人提交的竣工结算款支付申请7天后的14天内,按照承包人提交的竣工结算款支付申请列明的金额向承包人支付结算款。

(5)工程竣工结算办理完毕后,发包人应按合同约定向承包人支付工程价款。发包人按合同约定应向承包人支付而未支付的工程款视为拖欠工程款。根据《最高人民法院关于审理建设工程施工合同纠纷案件适用法律问题的解释》(法释[2004]14号)第十七条:"当事人对欠付工程价款利息计付标准有约定的,按照约定处理;没有约定的,按照中国人民银行发布的同期同类贷款利率信息。发包人应向承包人支付拖欠工程款的利息,并承担违约责任。"和《中华人民共和国合同法》第二百八十六条:"发包人未按照合同约定支付价款的,承包人可以催告发包人在合理期限内支付价款。发包人逾期不支付的,除按照建设工程的性质不宜折价、拍卖的以外,承包人可以与发包人协议将该工程折价,也可以申请人民法院将该工程依法拍卖。建设工程的价款就该工程折价或者拍卖的价款优先受偿。"等规定,"13计价规范"中指出:"发包人未按照上述第(3)条和第(4)条规定支付竣工结算款的,承包人可催告发包人支付，并有权获得延迟支付的利息。发包人在竣工结算支付证书签发后或者在收到承包人提交的竣工结算款支付申请7天后的56天内仍未支付的，除法律另有规定外，承包人可与发包人协商将该工程折价，也可直接向人民法院申请将该工程依法拍卖。承包人应就该工程折价或拍卖的价款优先受偿。"

所谓优先受偿，最高人民法院在《关于建设工程价款优先受偿权的批复》(法释[2002]16号)中规定如下：

1) 人民法院在审理房地产纠纷案件和办理执行案件中，应当依照《中华人民共和国合同法》第二百八十六条的规定，认定建筑工程的承包人的优先受偿权优于抵押权和其他债权。

2) 消费者交付购买商品房的全部或者大部分款项后，承包人就该商品房享有的工程价款优先受偿权不得对抗买受人。

3) 建筑工程价款包括承包人为建设工程应当支付的工作人员报酬、材料款等实际支出的费用，不包括承包人因发包人违约所造成的损失。

4) 建设工程承包人行使优先权的期限为六个月，自建设工程竣工之日或者建设工程合同约定的竣工之日起计算。

(三) 质量保证金

(1) 发包人应按照合同约定的质量保证金比例从结算款中预留质量保证金。质量保证金用于承包人按照合同约定履行属于自身责任的工程缺陷修复义务的，为发包人有效监督承包人完成缺陷修复提供资金保证。原建设部、财政部印发的《建设工程质量保证金管理暂行办法》(建质[2005]7号)第七条规定："全部或者部分使用政府投资的建设项目，按工程价款结算总额5%左右的比例预留保证金。社会投资项目采用预留保证金方式的，预留保证金的比例可参照执行。"

(2) 承包人未按照合同约定履行属于自身责任的工程缺陷修复义务的，发包人有权从质量保证金中扣除用于缺陷修复的各项支出。经查验，工程缺陷属于发包人原因造成的，应由发包人承担查验和缺陷修复的费用。

(3)在合同约定的缺陷责任期终止后,发包人应按照规定,将剩余的质量保证金返还给承包人。原建设部、财政部印发的《建设工程质量保证金管理暂行办法》(建质[2005]7号)第九条规定:"缺陷责任期内,承包人认真履行合同约定的责任,到期后,承包人向发包人申请返还保证金。"

(四)最终结清

(1)缺陷责任期终止后,承包人已完成合同约定的全部承包工作,但合同工程的财务账目需要结清,因此承包人应按照合同约定向发包人提交最终结清支付申请。发包人对最终结清支付申请有异议的,有权要求承包人进行修正和提供补充资料。承包人修正后,应再次向发包人提交修正后的最终结清支付申请。

(2)发包人应在收到最终结清支付申请后的14天内予以核实,并应向承包人签发最终结清支付证书。

(3)发包人应在签发最终结清支付证书后的14天内,按照最终结清支付证书列明的金额向承包人支付最终结清款。

(4)发包人未在约定的时间内核实,又未提出具体意见的,应视为承包人提交的最终结清支付申请已被发包人认可。

(5)发包人未按期最终结清支付的,承包人可催告发包人支付,并有权获得延迟支付的利息。

(6)最终结清时,承包人被预留的质量保证金不足以抵减发包人工程缺陷修复费用的,承包人应承担不足部分的补偿责任。

(7)承包人对发包人支付的最终结清款有异议的,应按照合同约定的争议解决方式处理。

四、合同解除的价款结算与支付

合同解除是合同非常态的终止,为了限制合同的解除,法律规定了合同解除制度。根据解除权来源划分,可分为协议解除和法定解除。鉴于建设工程施工合同的特性,为了防止社会资源浪费,法律不赋予发承包人享有任意单方解除权,因此,除了协议解除,按照《最高人民法院关于审理建设工程施工合同纠纷案件适用法律问题的解释》第八条、第九条的规定,施工合同的解除有承包人根本违约的解除和发包人根本违约的解除两种。

(1)发承包双方协商一致解除合同的,应按照达成的协议办理结算和支付合同价款。

(2)由于不可抗力致使合同无法履行解除合同的,发包人应向承包人支付合同解除之日前已完成工程但尚未支付的合同价款,此外,还应支付下列金额:

1)招标文件中明示应由发包人承担的赶工费用。

2)已实施或部分实施的措施项目应付价款。

3)承包人为合同工程合理订购且已交付的材料和工程设备货款。

4)承包人撤离现场所需的合理费用,包括员工遣送费和临时工程拆除、施工设备运离现场的费用。

5)承包人为完成合同工程而预期开支的任何合理费用,且该项费用未包括在本款其他各项支付之内。

发承包双方办理结算合同价款时,应扣除合同解除之日前发包人应向承包人收回的价款。当发包人应扣除的金额超过了应支付的金额,承包人应在合同解除后的 86 天内将其差额退还给发包人。

(3)由于承包人违约解除合同的,对于价款结算与支付应按以下规定处理:

1)发包人应暂停向承包人支付任何价款。

2)发包人应在合同解除后 28 天内核实合同解除时承包人已完成的全部合同价款以及按施工进度计划已运至现场的材料和工程设备货款,按合同约定核算承包人应支付的违约金以及造成损失的索赔金额,并将结果通知承包人。发承包双方应在 28 天内予以确认或提出意见,并办理结算合同价款。如果发包人应扣除的金额超过了应支付的金额,则承包人应在合同解除后的 56 天内将其差额退还给发包人。

3)发承包双方不能就解除合同后的结算达成一致的,按照合同约定的争议解决方式处理。

(4)由于发包人违约解除合同的,对于价款结算与支付应按以下规定处理:

1)发包人除应按照上述第(2)条的有关规定向承包人支付各项价款外,应按合同约定核算发包人应支付的违约金以及给承包人造成损失或损害的索赔金额费用。该笔费用由承包人提出,发包人核实后与承包人协商确定后的7天内向承包人签发支付证书。

2)发承包双方协商不能达成一致的,按照合同约定的争议解决方式处理。

第四节　合同价款争议的解决

施工合同履行过程中出现争议是在所难免的,解决合同履行过程中争议的主要方法包括协商、调解、仲裁和诉讼四种。当发承包双方发生争议后,可以先进行协商和解从而达到消除争议的目的,也可以请第三方进行调解;若争议继续存在,发承包双方可以继续通过仲裁或诉讼的途径解决,当然,也可以直接进入仲裁或诉讼程序解决争议。不论采用何种方式解决发承包双方的争议,只有及时并有效的解决施工过程中的合同价款争议,才是工程建设顺利进行的必要保证。

一、监理或造价工程师暂定

从我国现行施工合同示范文本、监理合同示范文本、造价咨询合同示范文本的内容可以看出,合同中一般均会对总监理工程师或造价工程师在合同履行过程中发承包双方的争议如何处理有所约定。为使合同争议在施工过程中就能够由总监理工程师或造价工程师予以解决,"13计价规范"对总监理工程师或造价工程师的合同价款争议处理流程及职责权限进行了如下约定:

(1)若发包人和承包人之间就工程质量、进度、价款支付与扣除、工期延期、索赔、价款调整等发生任何法律上、经济上或技术上的争议,首先应根据已签约合同的规定,提交合同约定职责范围内的总监理工程师或造价工程师解决,并应抄送另一方。总监理工程师或造价工程师在收到此提交件后 14 天内应将暂定结果通知发包人和承包人。发承包双方对暂定结果认可的,应以书面形式予以确认,暂定结果成为最终决定。

(2)发承包双方在收到总监理工程师或造价工程师的暂定结果通知之后的 14 天内未对暂定结果予以确认也未提出不同意见的,应视为发承包双方已认可该暂定结果。

(3)发承包双方或一方不同意暂定结果的,应以书面形式向总监理工程师或造价工程师提出,说明自己认为正确的结果,同时抄送另一方,此时该暂定结果成为争议。在暂定结果对发承包双方当事人履约不产生实质影响的前提下,发承包双方应实施该结果,直到按照发承包双方认可的争议解决办法被改变为止。

二、管理机构的解释和认定

(1)合同价款争议发生后,发承包双方可就工程计价依据的争议以书面形式提请工程造价管理机构对争议以书面文件进行解释或认定。工程造价管理机构是工程造价计价依据、办法以及相关政策的制定和管理机构。对发包人、承包人或工程造价咨询人在工程计价中,对计价依据、办法以及相关政策规定发生的争议进行解释是工程造价管理机构的职责。

(2)工程造价管理机构应在收到申请的 10 个工作日内就发承包双方提请的争议问题进行解释或认定。

(3)发承包双方或一方在收到工程造价管理机构书面解释或认定后仍可按照合同约定的争议解决方式提请仲裁或诉讼。除工程造价管理机构的上级管理部门作出了不同的解释或认定,或在仲裁裁决或法院判决中不予采信的外,工程造价管理机构作出的书面解释或认定应为最终结果,并应对发承包双方均有约束力。

三、协商和解

(1)合同价款争议发生后,发承包双方任何时候都可以进行协商。

协商达成一致的,双方应签订书面和解协议,并明确和解协议对发承包双方均有约束力。

(2)如果协商不能达成一致协议,发包人或承包人都可以按合同约定的其他方式解决争议。

四、调解

按照《中华人民共和国合同法》的规定,当事人可以通过调解解决合同争议,但在工程建设领域,目前的调解主要出现在仲裁或诉讼中,即所谓司法调解;有的通过建设行政主管部门或工程造价管理机构处理,双方认可,即所谓行政调解。司法调解耗时较长,且增加了诉讼成本;行政调解受行政管理人员专业水平、处理能力等的影响,其效果也受到限制。因此,"13计价规范"提出了由发承包双方约定相关工程专家作为合同工程争议调解人的思路,类似于国外的争议评审或争端裁决,可定义为专业调解,这在我国合同法的框架内,为有法可依,使争议尽可能在合同履行过程中得到解决,确保工程建设顺利进行。

(1)发承包双方应在合同中约定或在合同签订后共同约定争议调解人,负责双方在合同履行过程中发生争议的调解。

(2)合同履行期间,发承包双方可协议调换或终止任何调解人,但发包人或承包人都不能单独采取行动。除非双方另有协议,在最终结清支付证书生效后,调解人的任期应即终止。

(3)如果发承包双方发生了争议,任何一方可将该争议以书面形式提交调解人,并将副本抄送另一方,委托调解人调解。

(4)发承包双方应按照调解人提出的要求,给调解人提供所需要的资料、现场进入权及相应设施。调解人应被视为不是在进行仲裁人的工作。

(5)调解人应在收到调解委托后28天内或由调解人建议并经发承包双方认可的其他期限内提出调解书,发承包双方接受调解书的,经双方签字后作为合同的补充文件,对发承包双方均具有约束力,双方都应立即遵照执行。

(6)当发承包双方中任一方对调解人的调解书有异议时,应在收到调解书后 28 天内向另一方发出异议通知,并应说明争议的事项和理由。但除非并直到调解书在协商和解或仲裁裁决、诉讼判决中作出修改,或合同已经解除,承包人应继续按照合同实施工程。

(7)当调解人已就争议事项向发承包双方提交了调解书,而任一方在收到调解书后 28 天内均未发出表示异议的通知时,调解书对发承包双方应均具有约束力。

五、仲裁、诉讼

(1)发承包双方的协商和解或调解均未达成一致意见,其中的一方已就此争议事项根据合同约定的仲裁协议申请仲裁,应同时通知另一方。进行协议仲裁时,应遵守《中华人民共和国仲裁法》的有关规定,如第四条:"当事人采用仲裁方式解决纠纷,应当双方自愿,达成仲裁协议。没有仲裁协议,一方申请仲裁的,仲裁委员会不予受理";第五条:"当事人达成仲裁协议,一方向人民法院起诉的,人民法院不予受理,但仲裁协议无效的除外";第六条:"仲裁委员会应当由当事人协议选定。仲裁不实行级别管辖和地域管辖"。

(2)仲裁可在竣工之前或之后进行,但发包人、承包人、调解人各自的义务不得因在工程实施期间进行仲裁而有所改变。当仲裁是在仲裁机构要求停止施工的情况下进行时,承包人应对合同工程采取保护措施,由此增加的费用应由败诉方承担。

(3)在前述(一)至(四)中规定的期限之内,暂定或和解协议或调解书已经有约束力的情况下,当发承包中一方未能遵守暂定或和解协议或调解书时,另一方可在不损害他可能具有的任何其他权利的情况下,将未能遵守暂定或不执行和解协议或调解书达成的事项提交仲裁。

(4)发包人、承包人在履行合同时发生争议,双方不愿和解、调解或者和解、调解不成,又没有达成仲裁协议的,可依法向人民法院提起诉讼。

第五节　工程计价资料与档案

一、工程计价资料

为有效减少甚至杜绝工程合同价款争议,发承包双方应认真履行合同义务,认真处理双方往来的信函,并共同管理好合同工程履约过程中双方之间的往来文件。

(1)发承包双方应当在合同中约定各自在合同工程中现场管理人员的职责范围,双方现场管理人员在职责范围内签字确认的书面文件是工程计价的有效凭证,但如有其他有效证据或经实证证明其是虚假的除外。

1)发承包双方现场管理人员的职责范围。首先是要明确发承包双方的现场管理人员,包括受其委托的第三方人员,如发包人委托的监理人、工程造价咨询人,仍然属于发包人现场管理人员的范畴;其次是明确管理人员的职责范围,也就是业务分工,并应明确在合同中约定,施工过程中如发生人员变动,应及时以书面形式通知对方,涉及到合同中约定的主要人员变动需经对方同意的,应事先征求对方的意见,同意后才能更换。

2)现场管理人员签署的书面文件的效力。首先,双方现场管理人员在合同约定的职责范围签署的书面文件必定是工程计价的有效凭证;其次,双方现场管理人员签署的书面文件如有错误的应予纠正,这方面的错误主要有两方面的原因,一是无意识失误,属工作中偶发性错误,只要双方认真核对就可有效减少此类错误;二是有意致错,如双方现场管理人员以利益交换,有意犯错,如工程计量有意多计等。对于现场管理人员签署的书面文件,如有其他有效证据或经实证证明其是虚假的,则应更正。

(2)发承包双方不论在何种场合对与工程计价有关的事项所给予的批准、证明、同意、指令、商定、确定、确认、通知和请求,或表示同意、否定、提出要求和意见等，均应采用书面形式，口头指令不得作为计价凭证。

（3）任何书面文件送达时，应由对方签收，通过邮寄应采用挂号、特快专递传送，或以发承包双方商定的电子传输方式发送，交付、传送或传输至指定的接收人的地址。如接收人通知了另外地址时，随后通信信息应按新地址发送。

（4）发承包双方分别向对方发出的任何书面文件，均应将其抄送现场管理人员，如系复印件应加盖合同工程管理机构印章，证明与原件相同。双方现场管理人员向对方所发任何书面文件，也应将其复印件发送给发承包双方，复印件应加盖合同工程管理机构印章，证明与原件相同。

（5）发承包双方均应当及时签收另一方送达其指定接收地点的来往信函，拒不签收的，送达信函的一方可以采用特快专递或者公证方式送达，所造成的费用增加（包括被迫采用特殊送达方式所发生的费用）和延误的工期由拒绝签收一方承担。

（6）书面文件和通知不得扣压，一方能够提供证据证明另一方拒绝签收或已送达的，应视为对方已签收并应承担相应责任。

二、计价档案

（1）发承包双方以及工程造价咨询人对具有保存价值的各种载体的计价文件，均应收集齐全，整理立卷后归档。

（2）发承包双方和工程造价咨询人应建立完善的工程计价档案管理制度，并应符合国家和有关部门发布的档案管理相关规定。

（3）工程造价咨询人归档的计价文件，保存期不宜少于五年。

（4）归档的工程计价成果文件应包括纸质原件和电子文件，其他归档文件及依据可为纸质原件、复印件或电子文件。

（5）归档文件应经过分类整理，并应组成符合要求的案卷。

（6）归档可以分阶段进行，也可以在项目竣工结算完成后进行。

（7）向接受单位移交档案时，应编制移交清单，双方应签字、盖章后方可交接。